Elektromagnetische Verträglichkeit biologischer Systeme

Electromagnetic Compatibility of Biological Systems

Band 5 / Volume 5

Biologische Wirkungen hochfrequenter elektromagnetischer Felder des Mobil- und Polizeifunks

Biological Effects of High-Frequency Electromagnetic Fields of Mobile Radiotelephone Systems and Police Radio

Prof. Dr.-Ing. Dr.-Ing. E. h. Karl Brinkmann (Hrsg./Ed.)

Dipl.-Ing. Gerd Friedrich (Hrsg./Ed.)

VDE-VERLAG GMBH · Berlin · Offenbach

Redaktion: Dipl.-Ing. Heiko Eisenbrandt
Dipl.-Ing. Jan Peter Grigat

Die Deutsche Bibliothek – CIP-Einheitsaufnahme

Elektromagnetische Verträglichkeit biologischer Systeme =
Electromagnetic compatibility of biological systems / hrsg. von
Karl Brinkmann und Gerd Friedrich. – Berlin ; Offenbach :
VDE-VERLAG
 Literaturangaben
 Bd. 5. Biologische Wirkungen hochfrequenter elektromagnetischer
 Felder des Mobil- und Polizeifunks. – 1997
 ISBN 3-8007-2294-1

ISBN 3-8007-2294-1

© 1997 VDE-VERLAG GMBH, Berlin und Offenbach
    Bismarckstraße 33, D-10625 Berlin

Alle Rechte vorbehalten

Druck: Druckerei Weinert, Berlin

9709

Inhalt / Contents

Vorwort 6

Preface 7

      K. Brinkmann, G. Friedrich

I   Technische Grundlagen
      der Mobilfunktechnik und Grenzwerte 10

I   Technical Principles
      of Mobile Radio Engineering and Limiting Values 11

      E. Zemann

II   Expositionsanlagen des 1. Forschungsvorhabens 42

II   Exposure Installations of the 1st Project 43

      U. Neibig

III   Expositionsanlagen des 2. Forschungsvorhabens 74

III   Exposure Installations of the 2nd Project 75

      H. Eisenbrandt, J.P. Grigat, E. Zemann,
      R. Elsner, G. Dehmel, W. Storbeck

| IV | Konzeption von Hochfrequenz-Expositionseinrichtungen für die Experimente in Bonn und Essen .... 102 |

| IV | Design of High-Frequency Exposure Setups for the Experiments in Bonn and Essen .... 103 |

J. Streckert, V. Hansen

| V | Zellproliferation, Schwesterchromatidaustausche, Chromosomenaberrationen, Mikrokerne und Mutationsrate des HGPRT-Locus nach Einwirkung von elektromagnetischen Hochfrequenzfeldern (440 MHz, 900 MHz and 1,8 GHz) auf humane periphere Lymphozyten .... 134 |

| V | Cell Proliferation, Sister-Chromatid Exchange, Chromosomal Aberrations, Micronuclei and Mutation Rate of the HGPRT Locus Following the Exposure of Human Peripheral Lymphocytes to Electromagnetic High-Frequency Fields (440 MHz, 900 MHz and 1.8 GHz) .... 135 |

P. Eberle, M. Erdtmann-Vourliotis, S. Diener, H.-G. Finke, B. Löffelholz, A. Schnor, M. Schräder

| VI | Der Einfluß von hochfrequenten elektromagnetischen Feldern auf den Zellzyklus und auf die Frequenz von Schwesterchromatidaustauschen: Analysen an menschlichen Lymphozyten in Kultur .... 156 |

| VI | The Effect of High-Frequency Electromagnetic Fields on the Cell Cycle and the Frequency of Sister-Chromatid Exchanges: Analyses Made for Human Culture Lymphocytes .... 157 |

A. Antonopoulos, G. Obe

| VII | Wachstumsverhalten von HL-60-Zellen unter Einfluß von hochfrequenten elektromagnetischen Feldern zur Prüfung auf krebspromovierende Effekte | 178 |

| VII | Growth Behaviour of HL-60 Cells under the Influence of High-Frequency Electromagnetic Fields: Investigation of Potential Cancer-Promoting Effects | 179 |

R. Fitzner, E. Langer, Ch. Reitmeier, J. v. Bülow

| VIII | Der Einfluß hochfrequenter elektromagnetischer Felder des Mobilfunkes auf die Kalziumhomöostase von erregbaren und nicht erregbaren Zellen | 204 |

| VIII | The Influence of High-Frequency Electromagnetic Fields of Mobile Communication on the Calcium-Homeostasis of Excitable and Non-Excitable Cells | 205 |

R. Meyer, S. Wolke, F. Gollnick, C. v. Westphalen, K. W. Linz

| IX | Medizinische Diskussion experimenteller Ergebnisse, Risiken und Verträglichkeiten hochfrequenter elektromagnetischer Felder | 244 |

| IX | Discussion of Test Results, Risks and Compatibility of High-Frequency Electromagnetic Fields from a Medical Point of View | 245 |

H.-J. Dulce

| X | Aufstellung der beteiligten Institute | 254 |
| X | List of Participating Institutes | 255 |

Vorwort

Der vorliegende Band enthält die Ergebnisse zweier Vorhaben des Forschungsverbunds Elektromagnetische Verträglichkeit biologischer Systeme, in denen die Wirkung von elektromagnetischen Feldern auf menschliche und tierische Zellen untersucht wurde. Verwendet wurden Felder mit Frequenzen, wie sie beim Einsatz von Mobilfunkgeräten und durch Funksysteme der Behörden und Organisationen mit Sicherheitsaufgaben (BOS) entstehen.

Da sich der Benutzer von z.b. Mobilfunkgeräten der Wirkung elektromagnetischer Strahlung aussetzt, muß sichergestellt werden, daß er keine körperliche Schädigung erleidet. Deshalb ist der Hersteller verpflichtet, Normenvorschriften einzuhalten. Diese Normen beruhen auf der Kenntnis der thermischen Wirkungen elektromagnetischer Felder oberhalb bestimmter Feldstärken. Daraus wurden unter Berücksichtigung von Sicherheitsfaktoren SAR-Grenzwerte (Spezifische Absorptionsrate) abgeleitet, die die allgemeine Bevölkerung vor thermischen Effekten und damit verbundenen möglichen Schädigungen schützt.

Von einigen nationalen und internationalen Wissenschaftlern wird darauf hingewiesen, daß elektromagnetische Felder auch athermische Wirkungen haben könnten. Festzustellen, ob solche Effekte auftreten, war Inhalt unserer Forschungsvorhaben.

Im ersten Vorhaben wurden die Untersuchungen im Mobilfunkbereich (C-, D- und E-Netz) mit Leistungsdichten durchgeführt, die in der Größenordnung der heute gebräuchlichen Mobiltelefone liegen und den zugelassenen Normwerten entsprechen. Im daran anschließenden Folgeprojekt stand die Frage im Vordergrund, ob elektromagnetische Felder ab bestimmten Schwellenwerten der Leistungsdichten einen möglichen athermischen Einfluß auf biologische Systeme haben. Daher wurde in den weiteren Untersuchungen im Mobilfunkbereich (D- und E-Netz) mit einem Vielfachen des Ganzkörper-SAR-Grenzwertes nach DIN 0848 exponiert. Die Versuche mit den analogen und den künftigen digitalen Funksystemen der BOS erfolgten im Bereich des Grenzwertes.

Die für die Durchführung der Zelluntersuchungen notwendigen Feldberechnungen wurden von der Projektleitung zusammen mit dem Institut für Nachrichtentechnik der TU Braunschweig und dem Lehrstuhl für Theoretische Elektrotechnik der Bergischen Universität-Gesamthochschule Wuppertal durchgeführt.

Preface

The present volume presents the findings of two research projects carried out by the Research Association Electromagnetic Compatibility of Biological Systems, which were to look into the effects electromagnetic fields have on human and animal cells. The frequency of the fields used compare to those of mobile radiotelephones and the radio systems employed by public safety services.

As users of, for instance, mobile radiotelephones are exposed to the effects of electromagnetic radiation, precautions have to be taken to preclude any physical injury. Suppliers of such systems are, therefore, obliged to comply with the relevant standards that reflect the current knowledge of electromagnetic fields above certain field strengths and their thermal effects. Due consideration being given to safety factors, SAR (specific absorption rate) limits were drawn up on this basis that are to protect the general public from thermal effects and any consequential harm.

Scientists have both nationally and internationally drawn the attention to possible athermal effects of electromagnetic fields, and it was the objective of our research project to find out whether such effects do occur.

Testing under the first project covered mobile radiotelephone (C, D, and E) systems providing energy densities that correspond to those of mobile telephones in use today and comply with the approved standard densities. The follow-up project concentrated on the question whether or not beyond certain energy density thresholds electromagnetic fields can have athermal effects on biological systems. Exposure for mobile radiotelephone (D and E) systems, therefore, now proceeded on values exceeding by many times the whole-body SAR limit to DIN 0848. Analogous radio systems and the digital radio systems to be used in future by public safety services were tested for values near the limit value.

The field calculations required for cell analysing were conducted by the project coordinators in collaboration with the Institute for Telecommunications Technology of the Technical University of Braunschweig and the Department of Theoretical Electrical Engineering of the Bergische Universität-Gesamthochschule Wuppertal.

Anhand dieser Ergebnisse wurden für die beteiligten biologischen und medizinischen Institute die notwendigen Expositionsanlagen entwickelt und gebaut. Als biologisches Versuchsmaterial dienten gesunde und entartete menschliche bzw. tierische Zellen. Sie stehen den Instituten als gut bekannte und etablierte Modelle zur Verfügung. Die Untersuchungen zum Zellwachstum von menschlichen Tumorzellen wurden im Institut für Klinische Chemie und Pathobiochemie der FU Berlin durchgeführt. Bei den Experimenten am Institut für Humanbiologie der TU Braunschweig und vom Fachbereich Genetik der Universität-Gesamthochschule Essen wurden periphere Lymphozythen verwendet. Das Verhalten befeldeter Herzmuskelzellen wurde am Physiologischen Institut II der Universität Bonn untersucht.

Abschließend erfolgt eine zusammenfassende Bewertung der in den einzelnen Untersuchungen erzielten Ergebnisse aus medizinischer Sicht.

Die Laboruntersuchungen wurden in den Jahren 1993-1996 unter anderem durch Mittel der Forschungsgemeinschaft Funk e.V. (FGF) gefördert.

                Karl Brinkmann   Gerd Friedrich
      (Prof. Dr.-Ing. Dr.-Ing. E. h.)   (Dipl.-Ing.)

The necessary exposure installations for the biological and medical institutes involved in this project were designed and constructed on the basis of these calculations. Used as biological test material were healthy and degenerated human and animal cells. These are available at the institutes as well-known and well-established models. Cell growth analyses for human tumour cells were performed at the Institute of Clinical Chemistry and "Pathobiochemie" of the Free University of Berlin. The Institute of Human Biology of the Technical University of Braunschweig and the Department of Genetics of the University of Essen used peripheral lymphocytes for their tests. The behaviour of field-exposed heart muscle cells was examined at the Institute of Physiology II of the University of Bonn.

Concluding the test programme was a final appraisal for all the tests from a medical point of view.

Subsidies received for the laboratory analyses in the years 1993-1996 included means provided by the Research Association for Radio Applications (FGF).

              Karl Brinkmann   Gerd Friedrich
(Prof. Dr.-Ing. Dr.-Ing. E. h.)   (Dipl.-Ing.)

I Technische Grundlagen der Mobilfunktechnik und Grenzwerte

Dipl.-Ing. *Egon Zemann*,
Forschungsverbund Elektromagnetische Verträglichkeit biologischer Systeme,
Technische Universität Braunschweig

1 Der Weg zum Mobilfunk

Schon Anfang der fünfziger Jahre entstanden in der Bundesrepublik Deutschland mehrere regionale Funktelefonnetze, sogenannte Inselnetze, in den Frequenzbereichen 30, 80 und 100 MHz. Der Zusammenschluß dieser Inselnetze zum sogenannten A-Netz erfolgte 1958 durch die Deutsche Bundespost. Die Bezeichnung A-Netz war seinerzeit eine willkürliche Namensfestlegung. Der Frequenzbereich betrug 156-174 MHz. Alle ankommenden und abgehenden Gespräche wurden noch manuell vermittelt.

Die steigende Nachfrage und der begreifliche Wunsch nach Selbstwahl des Gesprächsteilnehmers unter Umgehung der zeitaufwendigen manuellen Vermittlung führte 1972 zur Inbetriebnahme des B-Netzes. Dabei handelte es sich um das erste automatische Mobilfunknetz. Dieses Netz arbeitete im 150 MHz-Bereich und ließ wegen der Reservierung der Funkfrequenzen für Behörden und militärische Zwecke eine Erweiterung nicht zu.

Ein wesentlicher Nachteil dieses Netzes ist, daß eine bestehende Funkverbindung nicht selbsttätig in den nächsten Funkvermittlungsbereich weitergeschaltet wird. Das bedeutet, daß beim Verlassen eines Versorgungsbereiches die bestehende Funkverbindung abreißt. Die Annäherung an die Versorgungsgrenze macht sich durch zunehmendes Rauschen oder an Störgeräuschen bemerkbar.

Im Jahre 1985 wurde für private Auto-Telefonbenutzer das C-Netz in Betrieb genommen. Auch dieses Netz ist noch ein analoges Netz und arbeitet mit einem relativ kleinen Frequenzbereich bei 450 MHz (451,3 - 455,74 MHz und 461,3 - 465,74 MHz). Erstmals waren alle Teilnehmer unter einer einheitlichen Vorwahlnummer und einer siebenstelligen Rufnummer direkt erreichbar.

I Technical Principles of Mobile Radio Engineering and Limiting Values

Dipl.-Ing. *Egon Zemann*,
Research Association Electromagnetic Compatibility of Biological Systems,
Technical University of Braunschweig

1 The road to mobile radio systems

In the 1950s already, several regional radio telephone networks were set up in the Federal Republic of Germany, which were isolated networks operating on the frequencies 30, 80 and 100 MHz. In 1958, the Federal Postal Services integrated these networks to form the so-called A-network, the name being an absolutely arbitrary decision at the time. Its frequency range was 156-174 MHz. All the incoming calls and call requests were still connected manually.

In view of a constantly rising demand and as people understandably wanted to have the opportunity of automatic dialling to avoid time-consuming manual connection, the B-network was put into operation in 1972, which was the first automatic mobile radio telephone system. It operated on a frequency range of 150 MHz, but did not allow of any expansion, as radio frequencies had been reserved for public authorities and military purposes.

One major disadvantage of this system is that an already existing radio link is not automatically relayed to the next radio exchange area. To leave a service area thus automatically implies that existing radio links were disconnected. Also, the closer to the boundaries of a service area one gets, the more intensive will background noise become.

In 1985, the C-system started operation for users of private car telephones. It is again still an analogue system operating on a relatively small frequency range of around 450 MHz (451.3 - 455.74 MHz and 461.3 - 465.74 MHz). It was the first time that all partners could directly be called on a uniform area code and a 7-digit subscriber's telephone number.

Die immer wachsenden Ansprüche an Qualität und Verfügbarkeit der Kommunikationseinrichtungen führten 1992 zur Einführung eines neuen zellularen Mobilfunksystems in Deutschland. Bei diesem System wird die Sprache nicht mehr analog, sondern digital übertragen. Eingeführt wurde dieses System unter der Bezeichnung Global System for Mobile Communication (GSM). Dieses System arbeitet in allen europäischen Ländern nach dem gleichem Standard und ermöglicht also auch im Ausland jedem Benutzer das Telefonieren mit seinem eigenen Mobiltelefon. Dieses System arbeitet im 900 MHz-Bereich und ist in Deutschland als D-Netz (GSM900) bekannt geworden.

Das Bundespostministerium hat 1989 erstmals an die Mannesmann Mobilfunk GmbH als privaten Netzbetreiber eine Lizenz vergeben. Daher existiert parallel zum D1-Netz der Telekom das D2-Netz der Mannesmann Mobilfunk GmbH. Die technisch vergleichbaren D-Netze D1 und D2 verbinden in Deutschland etwa 6 Millionen Teilnehmer.

Nach den Plänen vom britischen Department of Trade and Industry (DTI) sollte ein Mobilfunknetz für Handtelefone (Personal Communications Network, PCN) geschaffen werden. Vorgesehen war ein Frequenzbereich zwischen 1,7 und 2,3 GHz. Zur Förderung des Wettbewerbs auf dem Mobilfunkmarkt hatte der Bundesminister für Post und Telekommunikation (BMPT) im April 1993 die E1-Lizenz erteilt. Damit begann der Aufbau des E-Netzes. Als markante Unterschiede zum oben genannten D-Netz gelten beim E-Netz außer der doppelten Sendefrequenz der Aufbau des Netzes und die Sendeleistung der Handgeräte: Es arbeitet als DCS1800-Standard mit einer Trägerfrequenz von 1,8 GHz und kommt mit einer schwächeren Sendeleistung aus. Neuerdings wird das System in Analogie zum GSM900-Standard auch als GSM1800-Standard bezeichnet.

Welchen Zuspruch das Mobiltelefon in Deutschland hat, sollen einige Zahlen zeigen: Monatlich wächst die Zahl der Handybenutzer um ca. 100.000. Bis zum Jahr 2000 werden in Deutschland alleine schätzungsweise 12 bis 14 Millionen mobile Telefone im Einsatz sein. Statistisch wäre das jeder sechste Deutsche, vom Baby bis zum Greis. Diese enorme Entwicklung wird sich aber auch in der Bürokommunikation revolutionierend auswirken. Feste Arbeitsplätze werden durch Fax, Computer, Drucker und Telefon, heute als Handy bezeichnet, zum großen Teil mobil. Die heute bedeutendsten Systeme sind das D- und das E-Netz. Die Netze bewähren sich im internationalen Einsatz, vor allem in Ballungsräumen und in stark frequentierten Verkehrsgegenden. Durch Verkleinerung der Funkzellen können mehr Teilnehmer verbunden werden.

With growing demands on quality and availability of communication facilities, a new cellular mobile radio system was introduced in 1992 in Germany, under which language transmission is no longer analogue but digital. The system was introduced under the name Global System for Mobile Communication (GSM). It uses the same standard in all European countries so that everybody can use their own mobile telephone also when telephoning from abroad. The system operates in the 900-MHz range and is known in Germany as the D-system (GSM900).

In 1989, the Federal Ministry of Post and Telecommunications for the first time granted a licence to the Mannesmann Mobilfunk GmbH as a private operator of a radio system. In parallel with the D1 Telekom system there is hence the D2-system of Mannesmann Mobilfunk GmbH. The two technically comparable D-systems, D1 and D2, connect about 6 million parties in Germany.

The British Department of Trade and Industry (DTI) had plans of setting up a mobile radio system for hand-held telephones (Personal Communications Network, PCN), for which the frequency range was to be between 1.7 and 2.3 GHz. To encourage competition in the mobile radio market, the Federal Minister for Post and Telecommunication (BMPT) granted the E1 licence in April 1993. This started the development of the E-system. The distinction that can be drawn between the aforementioned D-system and the E-system is the double transmission frequency of the latter, as well as its structure and the transmitting power of the mobile units: as a DCS1800-Standard it operates on a carrier frequency of 1.8 GHz; also, the transmitting power it requires is lower. More recently, the system has also been referred to as GSM1800-Standard, by analogy with the GSM900-Standard.

A few figures will underline the acceptance of the mobile telephone in Germany: the number of persons using a handy goes up by approx. 100,000 every month. An estimated 12 to 14 million mobile telephones will be in use by the year 2000 in Germany alone. Statistically this would be every sixth German, including babies and the oldest members of society. This dramatic development will not least revolutionise office communications. Fax, computer, printer and telephone, now known as handy, will turn many permanent jobs into mobile ones. Today, the D and E-systems play the most important role. They perform well in international operation, above all in connurbations and highly trafficked areas. The reduced size of radio cells allows more parties to be connected.

2 Grundlagen zur Nachrichtenübertragung

2.1 Schallwellen

Die normale Sprache bedient sich eines Frequenzbereiches zwischen 30 Hz bis ca. 20 kHz. Dabei handelt es sich um Schallwellen, bei denen sich der Luftdruck periodisch ändert. Ein besonderer Nachteil dieser Schallwellen ist, daß ihre Reichweite nicht besonders groß ist. Dazu kommt die niedrige Schall-Ausbreitungsgeschwindigkeit.

2.2 Elektromagnetische Wellen

Zur Nachrichtenübermittlung über weite Entfernungen muß man sich also einer anderen physikalischen Erscheinung bedienen. Es handelt sich um die elektromagnetischen Wellen, in denen elektrische und magnetische Felder miteinander gekoppelt sind. Handelt es sich um periodische Änderungen, dann spricht man von elektromagnetischen Schwingungen. Diese Schwingungen (Trägerfrequenz) kann man durch geeignete Einrichtungen (Mikrofon, Modulator) durch die Schallschwingungen steuern.

Beim Telefonieren muß die Information, das gesprochene Wort, als Schallwelle (Quelle) zunächst mit einem Wandler in eine proportionale elektrische Größe umgewandelt werden (Mikrofon). In dieser Form läßt sich der Informationsinhalt leicht über beliebige Entfernungen übertragen (Übertragungsstrecke). Beim Empfänger nach einer bestimmten Laufzeit angekommen, erfolgt wieder durch Einsatz geeigneter Wandler die Umwandlung in Schallwellen (Senke). Bild 1 zeigt die Blockdarstellung der Übertragungsstrecke in allgemeiner Form.

Ist die Übertragungsstrecke eine Leitung, dann breiten sich die elektromagnetischen Schwingungen leitungsgebunden aus. Am Leitungsende können die elektromagnetischen Schwingungen durch geeignete Einrichtungen (Lautsprecher) hörbar gemacht werden. Die Leitungen haben hier also die Aufgabe, die elektromagnetischen Wellen zu führen.

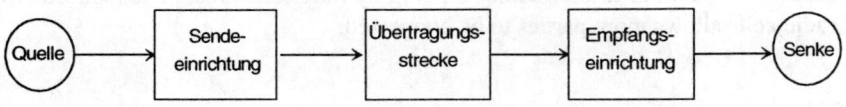

Bild 1   Blockdarstellung für eine Übertragungsstrecke

2 Principles of the transmission of information

2.1 Sound waves

Normal language takes place within a frequency range between 30 Hz and approx. 20 kHz. Basically, it involves sound waves with periodic changes in air pressure. A distinct disadvantage of these sound waves is that they do not have a very wide coverage. In addition, the sound propagates at a very low speed.

2.2 Electromagnetic waves

To transmit information over long distances, one thus has to resort to another physical phenomenon: electromagnetic waves in which electric and magnetic fields are linked. In connection with periodic changes, the term electromagnetic oscillations is used. With the aid of adequate means (microphone, modulator) these oscillations (carrier frequency) can be controlled by the acoustic oscillations.

When using a telephone, the information, i.e. the language in the form of sound waves (source), first has be converted into a proportional electric quantity by means of a transformer (microphone). Information can now easily be transmitted over any distance (transmission path). Having arrived at the receiving end after a certain transmission time, suitable transformers are again used for conversion into sound waves (drain). The block chart in Figure 1 shows the transmission path in a general form.

Should the transmission path be a transmission line, propagation of the electromagnetic oscillations is guided. At the end of the line, the electromagnetic oscillations can be made audible by means of a suitable device (loudspeaker). In this connection, the function of the lines is to guide the electromagnetic waves.

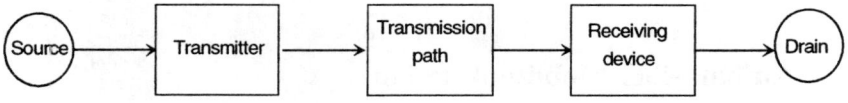

Figure 1   Block graph for a transmission path

Die Nutzung der physikalischen Gesetze zur Ausbreitung elektromagnetischer Wellen und die Digitaltechnik machen heute das Telefonieren von nahezu jedem Punkt möglich. Als Übertragungsstrecke muß dann der freie Raum dienen. Hier breiten sich elektromagnetische Wellen mit nahezu Lichtgeschwindigkeit (300.000 km/s) aus. In diesem Fall spricht man von Funkübertragung. Bei der Funkübertragung muß dafür gesorgt werden, daß sich die elektromagnetischen Wellen von der Leitung ablösen. Einrichtungen, die diese Eigenschaften besitzen, sind die Antennen.

2.3 Antennen

Antennen haben die Aufgabe elektromagnetische Wellen in den freien Raum abzustrahlen (Sendeantenne) oder zu empfangen (Empfangsantenne). Beide haben grundsätzlich bei beiden Betriebsarten das gleiche Verhalten. Deshalb spricht man vom Reziprozitätstheorem. Beim Ausbreitungsvorgang elektromagnetischer Strahlung in den freien Raum wird Leistung übertragen, die der Sendeantenne zugeführt werden muß. Dabei wird aber nur ein Bruchteil der von der Sendeantenne abgestrahlten Leistung von der Empfangsantenne aufgenommen.

Die Art der Abstrahlung in den freien Raum wird maßgebend von der Antennenform (z.B. Rundstrahler, Sektorstrahler) und von der Frequenz bestimmt. Dabei ist zwischen dem Nahfeld und dem Fernfeld zu unterscheiden:

Beim Nahfeld ist das elektromagnetische Feld in unmittelbarer Antennennähe mit den Schwingungen in der Antenne selbst noch verkoppelt.

Das Fernfeld folgt nach einem Übergangsbereich dem Nahfeld. Hier ist die vollständige Ablösung des elektromagnetischen Feldes von der Antenne erfolgt. Maßgebend für die Entfernungsgrenze zwischen diesen beiden Feldern ist die Wellenlänge.

3 Aufbau einer Mobilfunkstation

Der Betrieb von Mobilfunknetzen, also das Telefonieren mit dem Handy, erfordert zunächst entsprechende Antennen, die in ländlichen Gebieten allgemein auf Funkmasten, oder im städtischen Versorgungsbereich auf geeigneten erhöhten Punkten, z.B. Dächern, montiert werden. Diese Antennenstationen, auch Basis-

Using the physical laws of electromagnetic wave propagation and digital technology, the telephone can today be used from almost any conceivable point. In this case, the open space has to serve as the transmission path. Here, electromagnetic waves propagate almost at the velocity of light (300,000 km/s), transmission now being referred to as radio transmission. Care has to be taken in this connection that the electromagnetic waves actually leave the line. A facility offering this characteristic is the aerial.

2.3 Aerials

The purpose of an aerial is to emit electromagnetic waves into the open space (sending aerial) or to receive them (receiving aerial). For both modes of operation, both aerials basically reveal the same behaviour, hence the term reciprocity theorem. When electromagnetic radiation propagates in the open space, power is transmitted that has to be supplied to the sending aerial. However, only a fraction of the power emitted by the sending aerial is picked up by the receiving aerial.

The way of how emission into the open space proceeds is primarily determined by the type of aerial (e.g. omnidirectional or sectoral) and the frequency. A distinction has in this connection to be made between near and distant fields.

In the near field, the electromagnetic field in the immediate neighbourhood of the aerial is still coupled with the oscillations in the aerial itself.

Beyond a transition area, the distant field succeeds the near field. In the distant field, the electromagnetic field has completely been disconnected from the aerial. Decisive for the boundary between these two fields is the wavelength.

3 Structure of a mobile radio station

Operation of a mobile radio system, or, in other words, to be able to use a handy, presupposes first of all an adequate aerial, which in rural areas will generally be found on aerial masts. In urban areas, elevated points, e.g. rooftops, are used for this purpose.

stationen genannt, werden vom Netzbetreiber mit der Absicht, eine flächendeckende Versorgung zu sichern, geplant. Netzbetreiber sind die Unternehmen, die das Mobilfunknetz betreiben und dem Kunden zur Verfügung stellen.

Die Übertragungsstrecke stellt den Funkteil des GSM-Systems dar (Bild 1). Im Bild 2 bedeutet die Mobilstation (Mobile Station, MS) die gesamte technische Ausrüstung, die vom Gesprächsteilnehmer genutzt wird, das sind die Endeinrichtungen für die Sprach- und Datenkommunikation, das Funkgerät und die Antenne. Von der Mobilstation erfolgt die Datenübertragung zur Basisstation [1].

Die Sende-/Empfangsstation, Basisstation, (Base Transceiver Station, BTS) befindet sich, stationär installiert, in dem zu versorgenden Gebiet, Zelle genannt, an einem gemäß der Netzplanung optimal ausgesuchten Ort. Sie enthält die Sende- bzw. Empfangsantenne und alle weiteren Einrichtungen, um die Verbindung zwischen den Mobilstationen und dem Vermittlungsteil herzustellen.

Jeder Gesprächsteilnehmer einer Mobilstation hat den Wunsch, seinen Gesprächspartner auch im öffentlichen Telefonnetz zu erreichen. Der Vermittlungsteil stellt die Verbindung zwischen den Basisstationen und dem Telefonnetz her. Zur Überwachung und Steuerung des Netzbetriebs gehört ein umfangreiches Betriebs- und Wartungsnetz.

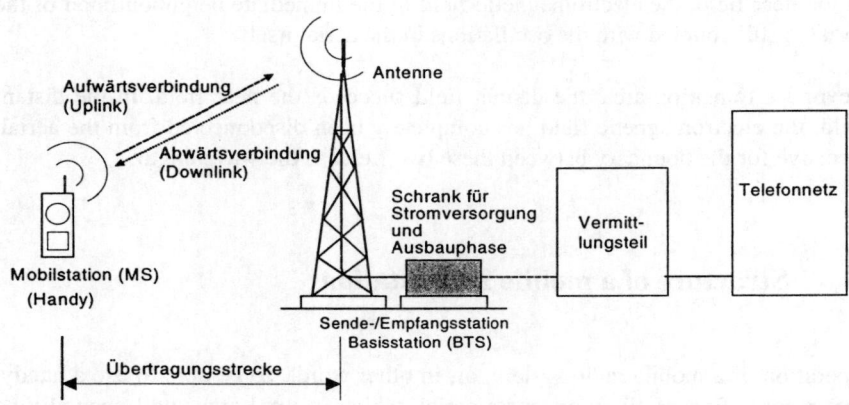

Bild 2 Prinzipdarstellung einer Funkverbindung zwischen Mobilstation und Basisstation mit Vermittlungsteil zum Anschluß an das Telefonnetz

System operators plan these aerial stations, or base stations, such that an area-wide service can be guaranteed. System operators are those companies that operate the mobile radio system and make it available for the customer.

The transmission path is the radio unit of the GSM system (Figure 1). In Figure 2, the mobile station (MS) represents the complete technical equipment used by the subscriber, i.e. the equipment for voice and data communication, the radio unit and the aerial. The mobile station provides for data transmission to the base station [1].

The sender / receiver station (Base Transceiver Station, BTS) is as a stationary unit installed within the area covered (the cell) in an optimum position. It comprises the sending and receiving aerials, as well as all the other facilities required to establish the connection between the mobile stations and the relay unit.

Subscribers to a mobile station will evidently also want to be able to contact their partners in the public telephone network. The relay unit is the connecting link between the base stations and the public telephone network. An extensive operating and servicing network is required for system monitoring and control.

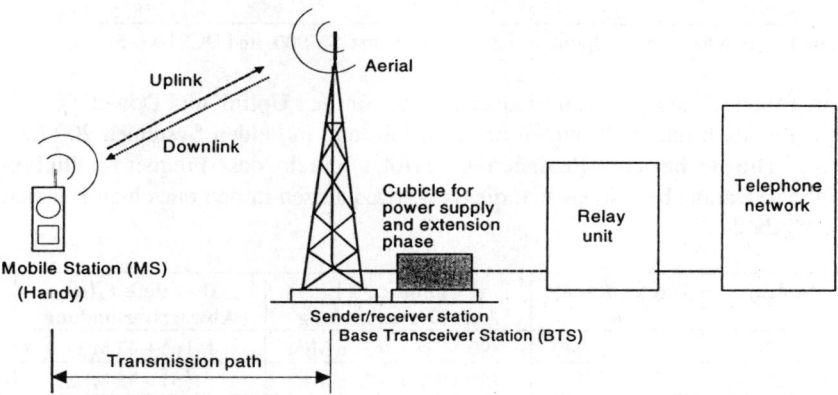

Figure 2 Schematic representation of a radio connection between mobile station and base station with relay unit for connection with the public network

4 Frequenzbereiche

4.1 Uplink und Downlink

Wenn von Frequenzen im Mobilfunkbetrieb die Rede ist, begnügt man sich allgemein mit der Nennung einer Frequenz, im GSM-System spricht man vom 900 MHz-Bereich, und im DCS-System vom 1800 MHz-Bereich. Gemeint ist damit die Trägerfrequenz. Tatsächlich hat jeder Gesprächsteilnehmer die Möglichkeit sowohl zu senden als auch zu empfangen. Diese Möglichkeit ergibt sich aus dem sogenannten Duplexbetrieb: Dabei werden für die Übertragung zwei Frequenzen verwendet, eine für die Senderichtung von der Mobilstation zur Basisstation (Uplink- oder Aufwärtsverbindung), und die zweite Frequenz für den Betrieb von der Basisstation zur Mobilstation (Downlink- oder Abwärtsverbindung). Beide Frequenzen gemeinsam werden als Duplexfrequenz bezeichnet.

System	Duplex-Kanäle n	Uplink MHz	Duplexabstand MHz	Downlink MHz
GSM900	124	890 - 915	45	935 - 960
DCS1800	75	1760 - 1775	95	1855 - 1870

Tabelle 1 Bandbreiten für Uplink und Downlink beim GSM900- und DCS1800-System

Die in Tabelle 1 angegebenen Frequenzbänder für den Uplink und Downlink werden in Kanäle n unterteilt, wobei der Kanalabstand in beiden Systemen 200 kHz beträgt. Die technische Realisierung erfolgt durch das Frequenzmultiplex-Verfahren. Daraus berechnen sich die Trägerfrequenzen in den einzelnen Kanälen gemäß Tabelle 2.

System	Duplex-Kanäle n	Uplink $f_u(n)$ Aufwärtsverbindung	Downlink $f_d(n)$ Abwärtsverbindung
GSM900	$1 \leq n \leq 124$	890 MHz + 0,2 · n MHz	$f_u(n)$ + 45 MHz
DCS1800	$1 \leq n \leq 75$	1760 MHz + 0,2 · n MHz	$f_u(n)$ + 95 MHz

Tabelle 2 Berechnung der Frequenzen für den Uplink und Downlink, n bedeutet die Anzahl der Duplex-Kanäle.

Für das GSM900- und DCS1800-System wurden die in Tabelle 2 angegebenen Frequenzbänder festgelegt. Dabei liegen die Downlinkfrequenzen um den Duplexabstand höher. Die Zuordnung von Uplink- und Downlinkfrequenzen zeigt Bild 3. Jeder der n Funkkanäle hat eine Bandbreite von 200 kHz (Trägerabstand) und ist durch seine Trägerfrequenz eindeutig bestimmt.

4 Frequency ranges

4.1 Uplink and downlink

When talking about frequencies in connection with the mobile radio system, reference is generally made to just one single frequency; for the GSM system this is the 900-MHz range, for the DCS-system the 1800-MHz range. What is meant is the carrier frequency. Each subscriber actually has the possibility to send as well as receive. This possibility follows from so-called duplex operation, where two frequencies are used for transmission: one for the direction mobile station to base station (uplink) and one for operation from the base station to the mobile station (downlink). Both frequencies together are referred to as duplex frequency.

System	Duplex channels n	Uplink MHz	Duplex spacing MHz	Downlink MHz
GSM900	124	890 - 915	45	935 - 960
DCS1800	75	1760 - 1775	95	1855 - 1870

Table 1 Bandwidths for uplink and downlink in the GSM900 and DCS1800 systems

The frequency bands for uplink and downlink given in Table 1 are subdivided into channels 'n', the channel space in both systems being 200 kHz. For technical realisation, the frequency division multiplex method is used. The carrier frequencies in the different channels can thus be calculated according to Table 2.

System	Duplex channels n	Uplink $f_u(n)$	Downlink $f_d(n)$
GSM900	$1 \leq n \leq 124$	890 MHz + 0.2 · n MHz	$f_u(n)$ + 45 MHz
DCS1800	$1 \leq n \leq 75$	1760 MHz + 0.2 · n MHz	$f_u(n)$ + 95 MHz

Table 2 Calculation of frequencies for uplink and downlink, 'n' indicating the number of duplex channels.

The frequency bands for the GSM900 and DCS1800 system are those shown in Table 2, the downlink frequencies being higher by the duplex spacing. Figure 3 illustrates the relationship between uplink and downlink frequencies. Each of the 'n' radio channels has a band width of 200 kHz (carrier spacing) and is clearly defined by the carrier frequency.

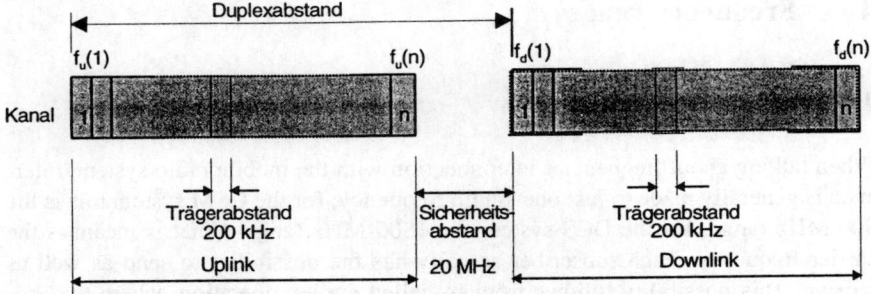

Bild 3 Zuordnung von Uplink- und Downlinkfrequenzen mit Duplexabstand

4.2 Zeitmultiplexbetrieb

Um mit geringen Sendeleistungen auszukommen, wird das Sprachsignal nicht kontinuierlich analog auf einem Funkkanal übertragen, sondern digital im Zeitmultiplexverfahren (TDMA, Time Division Multiple Access). Jeder Teilnehmer erhält innerhalb eines Zeitrahmens (Frame) von 4,615 Millisekunden einen festen Zeitschlitz (Timeslot) mit einer zeitlichen Länge von 577 µs zugewiesen. Das bedeutet, daß auf einem Funkkanal insgesamt acht Teilnehmer, mit den Nummern 0 bis 7 bezeichnet, gleichzeitig sprechen können (Bild 4). Diese acht Zeitschlitze bilden den TDMA-Rahmen und wiederholen sich ständig.

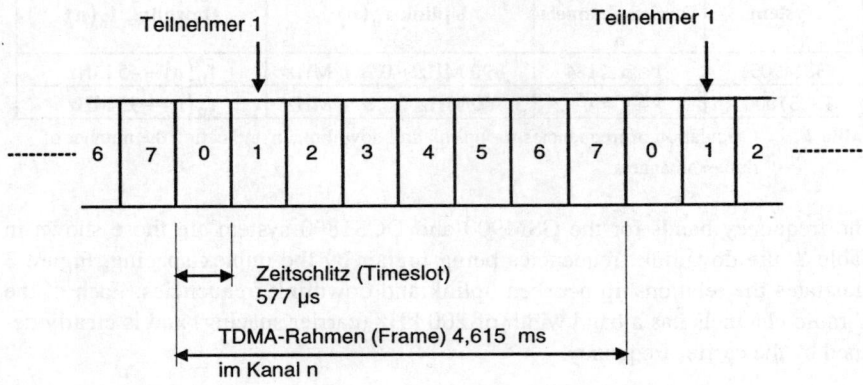

Bild 4 Unterteilung eines Zeitrahmens (Frame) in acht Zeitschlitze (Timeslots)

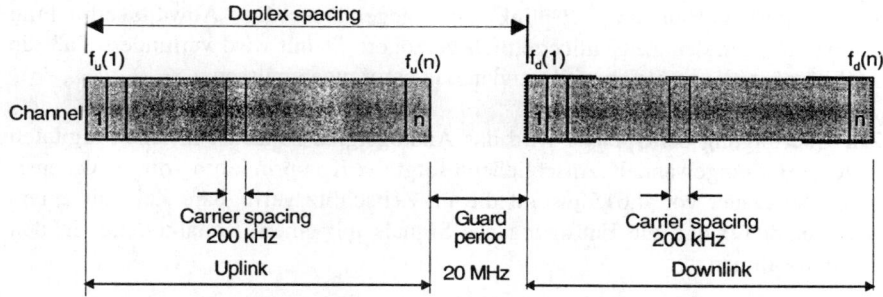

Figure 3 Relationship between uplink and downlink frequencies with duplex spacing

4.2 Time-division multiplex operation

For communication on low transmitting power, the voice signal is not transmitted in the form of a continuous analogue signal using one radio channel, but digitally using the time-division multiplex access (TDMA). Within a frame of 4.615 milliseconds each subscriber is assigned a fixed time slot 577 µs long. This implies that a total of eight subscribers, defined by the numbers 0 to 7, can use one radio channel at the same time (Figure 4). These eight time slots form the TDMA frame and are constantly repeated.

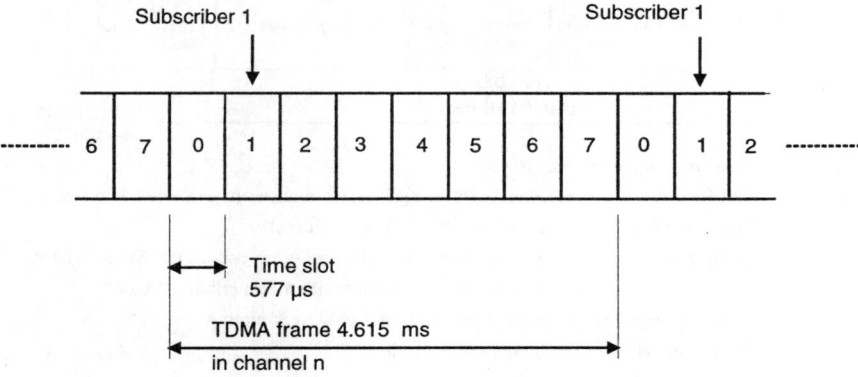

Figure 4 Frame subdivided into eight time slots

Die Aufwärtsverbindung (Uplink) ist gegenüber der Abwärtsverbindung (Downlink) um den Zeitschlitz zeitlich verzögert. Damit wird verhindert, daß die Mobilfunkstationen gleichzeitig senden und empfangen müssen.

Zur Übertragung der Sprache wird das Analogsignal zunächst in einen digitalen Datenstrom umgewandelt. Anschließend folgt die Komprimierung dieses Datensignals der Dauer von 4,615 ms auf die im Zeitschlitz verfügbare Zeit mit einem Sprachkodierer und die Einfügung des Signals mit einem Kanalkodierer in den TDMA-Rahmen.

Informationen werden als Digitalsignal innerhalb der Dauer des Zeitschlitzes (Timeslot) von 577 μs als kurze Impulsfolge (Burst) übertragen. Der Aufbau eines Zeitschlitzes ist wegen der zusätzlichen Signale für den sicheren Ablauf (Steuerung, Überwachung etc.) sehr komplex (Bild 5). Ein normaler Burst setzt sich aus 148 Bits zusammen. Er füllt nicht den gesamten Zeitschlitz aus. Zwischen jedem Zeitschlitz befindet sich ein Sicherheitsabstand (Guard Period) mit einer Länge von 8,25 Bits. Tatsächlich befindet sich die Guard Period am Anfang und am Ende eines jeden Normal Burst mit 4,125 Bits.

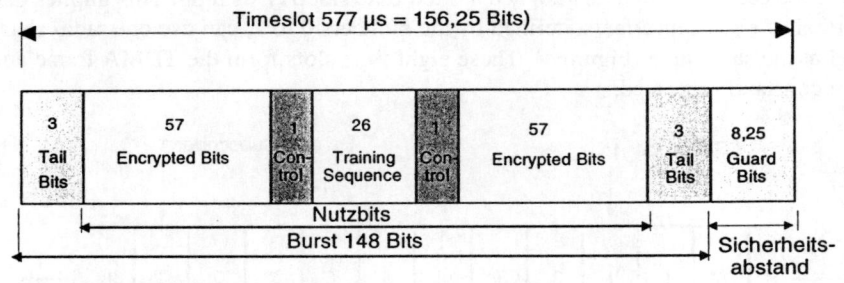

Bild 5 Zusammensetzung eines Burst:
Tail Bits = Flankenformungsbits, sie markieren den logischen Anfang
Encrypted Bits = Datenbits, werden verschlüsselt
Control Bits = Steuerbits zur Signalisierung, ob es sich um Sprach- bzw. Benutzerdaten oder um einen Steuerkanal handelt.
Training Sequence = Synchronisation und Fehlererkennung
Guard Period = Sicherheitsperiode

Uplink and downlink are time-delayed by the length of one time slot, which is to prevent mobile radio stations from having to send and receive at the same time.

For the transmission of voice, the analogue signal is converted into a digital data stream. This 4.615 ms data signal is then compressed to comply with the time available in the time slot using a voice encoder, following which the signal is by means of a signal encoder integrated into the TDMA frame.

Information is transmitted in the form of digital signals within the time slot period of 577 μs using short bursts. Because of the additional signals that are to safeguard smooth operation (monitoring, control, etc.), the structure of a time slot is rather complex (Figure 5). A normal burst comprises 148 bits. It does not take up the entire time slot. Between them the time slots leave a safety clearance (guard period) 8.25 bits long, which is in fact a period of 4.125 bits at the beginning and end of each normal burst.

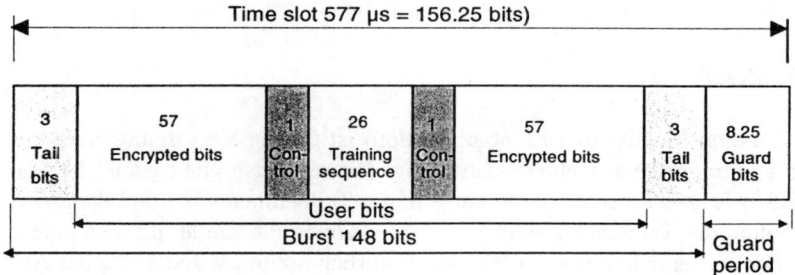

Figure 5 Composition of a burst:
    Tail bits = Signal edge marker bits defining the logic beginning
    Encrypted bits = Data bits, are encoded
    Control bits = indicating whether voice or user data are transmitted or whether this is a control channel
    Training sequence = Synchronisation and error detection
    Guard period = safety period

Der Aufbau einer Funkverbindung zwischen Basisstation und Mobilstation erfordert den Einsatz verschiedener Bursttypen zur

- Überprüfung von Sender und Empfänger, um eventuelle Frequenzabweichungen auszugleichen (Frequency Correction Burst),
- Sicherstellung des Gleichlaufs der Mobilstation mit der Basisstation (Synchronisation Burst),
- Signalisierung, daß der Sender funktioniert, wenn keine Informationen gesendet werden (Dummy Burst)
- Anforderung von der Mobilstation an die Basisstation um Zuteilung eines Signalisierungskanals (Access Burst). Es ist der erste Burst, den eine Mobilstation sendet.

5 Funknetz

5.1 Funkzelle

Jede Basisstation (Sende- und Empfangsstation) ist für die Versorgung eines bestimmten geographischen Gebietes zuständig. Dieses Versorgungsgebiet ist von den örtlichen funktechnischen Bedingungen, der Teilnehmerdichte und dem Verkehrsverhalten der Teilnehmer abhängig. Eine einzelne Funkzelle mit dem eingetragenen Funkzellenradius R zeigt Bild 6a. Natürlich breiten sich die von der Antenne abgestrahlten elektromagnetischen Wellen mehr oder weniger kreisförmig aus und halten sich auch nicht an theoretische Zellgrenzen. Die Funkzellengröße wird durch die geforderte Qualität der Übertragungskanäle beschränkt. Die Beschränkung ergibt sich aufgrund der Ausbreitungseigenschaften der elektromagnetischen Wellen in den verwendeten Frequenzbereichen. Grundsätzlich gilt aber, daß der Radius der Funkzellen nicht größer sein darf als die Reichweite der schwächsten Mobilstation. Zur Sicherstellung einer flächendeckenden Versorgung überlappen sich die Zellen benachbarter Basisstationen in den Grenzgebieten gegenseitig (Bild 6b). Eine Funkzelle wird näherungsweise durch ein Sechseck dargestellt. Ein Funknetz, man spricht vom zellulären System, entsteht durch die Aneinanderreihung dieser Funkzellen-Sechsecke (Bild 7).

A number of burst types are required to establish a radio connection between base station and mobile station in order to

- check sender and receiver in order to compensate any possible deviation in frequencies (frequency correction burst),
- safeguard synchronisation between mobile and base stations (synchronisation burst),
- signal that sender is operative, when no information is transmitted (dummy burst)
- allow the mobile station to request a signalling channel (access burst) from the base station. This is the first burst that a mobile station sends.

5 Radio network

5.1 Radio cell

Every base station (sending and receiving station) is responsible for a defined geographic area, its size depending on the local radio-specific conditions, the density of subscribers and their mobility. An individual radio cell with radio cell radius R is depicted in Figure 6a. Obviously, the electromagnetic waves emitted by the aerial propagate in a way that compares more or less to a circle, and they do not strictly follow the theoretical cell boundary lines. The size of the radio cell is defined by the required quality of the transmission channels, the limitation being determined by the propagation characteristics of the electromagnetic waves in the frequency ranges used. A basic requirement is, however, that the radio cell radius must not go beyond the working distance of the weakest mobile station. To safeguard area-wide coverage, the cells of adjacent base stations overlap at their outside areas (Figure 6b). A radio cell can by approximation be represented by a hexagon. A radio system, which is a cellular system, is formed by combining these radio cell hexagons (Figure 7).

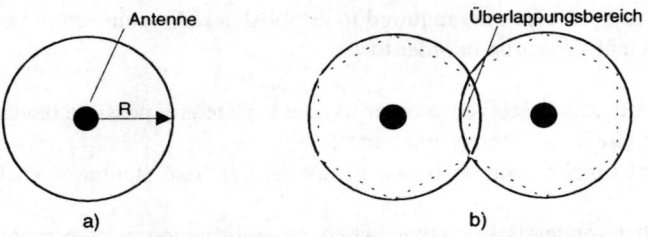

Bild 6 Funkzellen mit ihrer theoretischen Grenze und Elemente eines Funknetzes

Auch bei angestrebten geringen Sendeleistungen erfolgt die Ausbreitung der Wellen bei Funkzellen unter Umständen weit über den Radius des angestrebten Versorgungsbereiches hinaus. Dies kann zu Störungen (Gleichkanalstörungen) in benachbarten Funkzellen führen, wenn diese mit den gleichen Frequenzen arbeiten (Gleichkanalzellen) und der räumliche Abstand zu gering ist. Diese physikalisch begründete Erscheinung läßt sich durch eine passende Wahl der Trägerfrequenzen in den Basisstationen vermeiden. Das bedeutet, daß benachbarte Funkzellen nicht mit den gleichen Frequenzen arbeiten dürfen. Für die Netzplaner bedeutet das, daß in Abhängigkeit von der Größe der Abstand zwischen den Funkzellen, die mit den gleichen Trägerfrequenzkanälen arbeiten, so gewählt werden muß, daß andere Funkzellen mit anderen Trägerfrequenzen dazwischen liegen. Im Bild 7 sind Gleichkanalzellen grau gekennzeichnet. Es handelt sich also um eine Frequenzwiederholung oder Frequenzwiederverwendung. Dieses Verfahren ist bei den zur Verfügung stehenden Frequenzen eine wirtschaftliche Lösung.

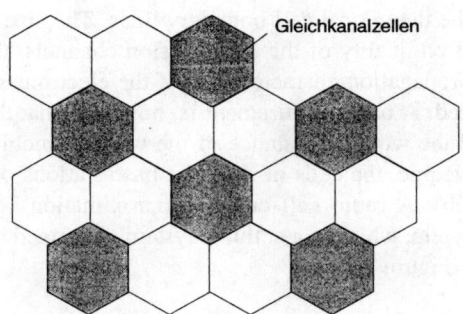

Bild 7 Darstellung eines Funkzellennetzes als Beispiel

Eine wichtige Forderung für den Gesprächsteilnehmer ergibt sich beim Wechsel von einer Funkzelle zur nächsten. Dabei sind zusätzliche Verwaltungsfunktionen notwendig. Wechselt bei einer bestehenden Gesprächsverbindung ein mobiles

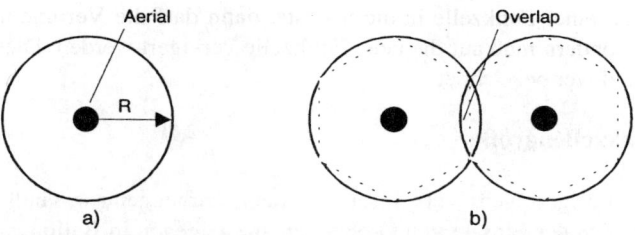

Figure 6 Radio cells with their theoretical boundaries and elements of a radio system

Even when aiming at low transmitting powers, the waves may go far beyond the radius of the intended service area. This may lead to disturbances (common channel interference) in neighbouring radio cells if these operate on the same frequencies (common channel cells) and if the clearance between them is not large enough. This physical phenomenon can be precluded by careful selection of the carrier frequencies in the base stations. In effect this implies that neighbouring radio cells must not operate on the same frequencies. For network planners this means that, subject to the size of the cell, the clearance between cells operating on the same carrier frequency channels has to be determined such that other radio cells using other carrier frequencies are placed between them. In Figure 7 the common channel cells are marked grey. This is hence a question of repeating or re-using frequencies, a concept which in view of the number of frequencies available is a highly efficient solution.

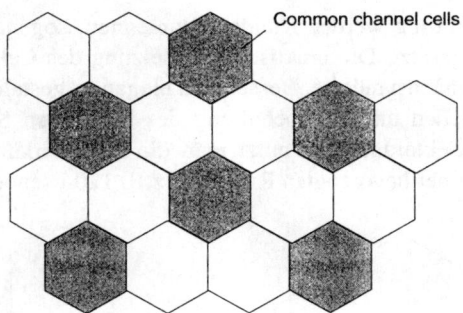

Figure 7 Illustration of a network of radio cells

An important factor for subscribers is the change from one radio cell to the next. This presupposes additional administrative functions. Should a mobile terminal change from one radio cell into the next with a connection already established, this

Endgerät von einer Funkzelle in die nächste, dann darf die Verbindung nicht abgebrochen, sondern muß auf die neue Funkzelle verlagert werden. Dieser Vorgang wird als Handover bezeichnet.

5.2 Funkzellengröße

In Gebieten mit geringem Verkehrsaufkommen, vorwiegend in ländlichen Bereichen, bietet sich der Einsatz von Großzellen an, wogegen in Ballungsgebieten der Einsatz von Kleinzellen bevorzugt wird. Eine Kapazitätserhöhung einer schon bestehenden Funkzelle kann erreicht werden, wenn diese z.B. in drei kleinere mit jeweils eigener Basisstation und eigener Frequenz aufgeteilt werden (Cell Splitting, Bild 8).

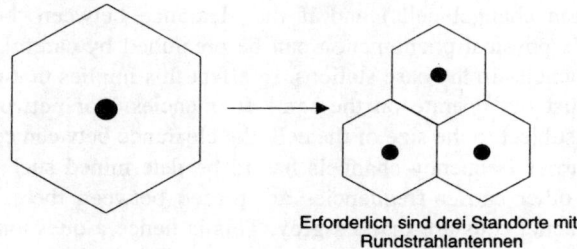

Erforderlich sind drei Standorte mit Rundstrahlantennen

Bild 8   Reduzierung der Funkzellengröße durch Cell Splitting

Auch beim Cell Splitting werden Rundstrahlantennen, sogenannte omnidirektionale Antennen, eingesetzt. Die praktische Umsetzung des Cell Splitting bedeutet aber drei neue Antennenstandorte. Besser und eleganter gestaltet sich die Sektorisierung von Funkzellen unter Beibehaltung des bisherigen Standortes (Bild 9). Beim Einsatz von Sektorantennen nutzt man die Richtwirkung dieser Antennen aus. Sie können in einer bevorzugten Richtung, z.B. 120^0, senden und empfangen.

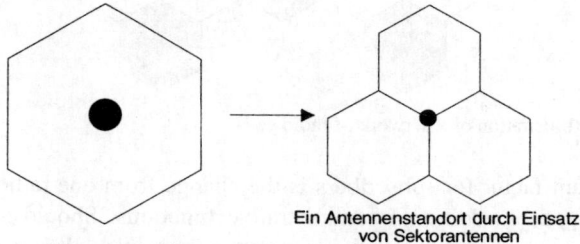

Ein Antennenstandort durch Einsatz von Sektorantennen

Bild 9   Reduzierung der Funkzellengröße durch Sektorisierung

connection must not be cut off, but has to be handed over to the new radio cell.

5.2 Size of radio cells

In areas of low traffic density, primarily in rural areas, large cells are the better option, while in connurbations, small cells should be preferred. The capacity of an already existing radio cell can be increased when splitting same up for instance into three smaller cells with their own individual base stations (Figure 8).

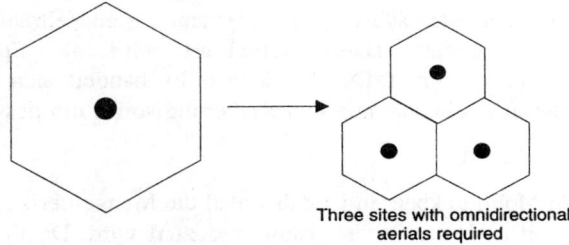

Three sites with omnidirectional aerials required

Figure 8   Radio cell size reduced by cell splitting

Cell splitting also uses omnidirectional aerials. In practice, cell splitting is tantamount to three new aerial sites. Radio cells are better sectorised by retaining the previous site, which is also the more elegant solution (Figure 9). When using sectoral aerials, their directivity is utilised. They can send and receive in a preferred direction, e.g. 120^0.

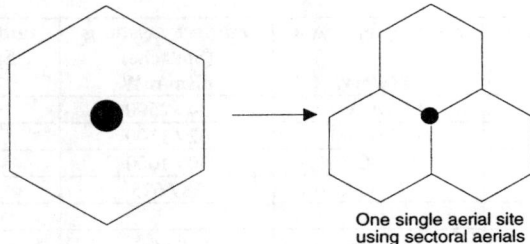

One single aerial site using sectoral aerials

Figure 9   Radio cell size reduced by sectorisation

6 Leistungsbedarf

Für die Mobilstationen sind verschiedene Klassen für die Sendeleistungen definiert. Die Sendeleistung der Mobilstationen kann den jeweiligen Entfernungsbedingungen angepaßt werden. Das bedeutet, daß die Sendeleistung in Gebieten mit gutem Empfang minimal ist. Die maximale Sendeleistung ist von der Mobilstation abhängig. Die Mobilstation erkennt, ob Sprechbetrieb herrscht oder nicht. Beim Sprechbetrieb wird in jedem Zeitrahmen (Frame) gesendet. Während der Sprechpausen erfolgt nur eine Statusübertragung in jedem 26sten Zeitrahmen, damit die Verbindung nicht abreißt. Diese Betriebsart wird als Sprachkodierung (Discontinous Transmission, DTX) bezeichnet. Es handelt sich dabei um die Steuerung der Sprachdigitalisierung und Kodierung sowie um das Erkennen von Sprechpausen.

Wichtig für den Mobilfunkbetrieb ist dabei, daß die Menge der zu übertragenden Signale und damit auch die Senderleistung reduziert wird. Damit verbunden ist eine Reduzierung des Energiebedarfs der Mobilfunkgeräte. Deshalb wird zwischen der mittleren Leistung beim Sprechen und in der Sprechpause unterschieden.

6.1 Leistungsbedarf im GSM900-System

Tabelle 3 gibt einen Teil der verwendeten Sendeleistungen im GSM900-System wieder [1].

Leistungsklasse	Leistung im Burst dBm/mW	mittlere Leistung (Sprache) dBm/mW	mittlere Leistung (Sprechpause) dBm/mW
0	43 / 20000	34 / 2500	20 / 100
1	41 / 12500	32 / 1500	18 / 60
2	39 / 8000	30 / 1000	16 / 39
3	37 / 5000	28 / 625	14 / 24
...	...	...	...
14	15 / 32	6 / 4	-8 / 0,15
15	13 / 20	4 / 2,5	-10 / 0,1

Tabelle 3   Sendeleistungen im Burst, und mittlerer Leistungsbedarf beim Sprechen und in einer Sprechpause beim GSM900-System

6 Power requirements

For mobile stations different categories of transmitting powers are defined. The transmitting power of mobile stations can be adjusted to the distances involved in each case, which implies that in areas of good reception the transmitting power is extremely low. The maximal transmitting power is determined by the mobile station. It recognises whether there is voice communication or not. In case of voice communication, transmission proceeds in every frame. During non-speech intervals, only the status is transmitted in every 26th frame, thus safeguarding that the connection is not interrupted. This mode is known as discontinuous transmission (DTX), which implies controlled voice digitalisation and encoding and the recognition of non-speech intervals.

An important element of mobile radio systems is that the number of signals, and thus also the transmitting power, is reduced. As a consequence, the power requirement of mobile radio units are reduced. This is why a distinction is made between the mean power during speech transmission and during non-speech intervals.

6.1 Power requirements in the GSM900 system

Table 3 shows part of the transmitting powers used in the GSM900 system [1].

Power category	Burst power dBm/mW	Mean power (speech) dBm/mW	Mean power (non-speech interval) dBm/mW
0	43 / 20000	34 / 2500	20 / 100
1	41 / 12500	32 / 1500	18 / 60
2	39 / 8000	30 / 1000	16 / 39
3	37 / 5000	28 / 625	14 / 24
...	...	...	...
14	15 / 32	6 / 4	-8 / 0.15
15	13 / 20	4 / 2.5	-10 / 0.1

Table 3   Burst transmitting power and mean power requirement during speech and non-speech intervals in the GSM900 system

6.2 Leistungsbedarf im DCS1800-System

Tabelle 4 enthält einen Ausschnitt der Sendeleistungen im DCS1800-System [1].

Leistungsklasse	Leistung im Burst dBm/mW	mittlere Leistung (Sprache) dBm/mW	mittlere Leistung (Sprechpause) dBm/mW
0	30 / 1000	21 / 125	7 / 5
1	28 / 600	19 / 80	5 / 3
2	26 / 400	17 / 50	3 / 2
3	24 / 250	15 / 32	1 / 1,25
...	...	...	...
12	6 / 4	-3 / 0,5	-17 / 0,02
13	4 / 2,5	-5 / 0,3	-19 / 0,0125

Tabelle 4 Sendeleistungen im Burst, mittlerer Leistungsbedarf beim Sprechen und in einer Sprechpause beim DCS1800-System

Wie in den Tabellen 3 und 4 dargestellt, sind die verschiedenen Leistungen in sogenannten Leistungsklassen definiert worden. Welche Leistungsklassen tatsächlich zur Anwendung kommen, ist von den Endgeräteherstellern bzw. den Netzbetreibern abhängig. Für die auf dem Markt befindlichen und zukünftig angebotenen Mobilfunkgeräte muß gewährleistet sein, daß die im folgenden Abschnitt dargelegten Grenzwerte unter allen auftretenden Betriebsbedingungen nicht überschritten werden. Gegebenenfalls müssen in den Gebrauchsanleitungen Anweisungen für die richtige Handhabung aufgenommen werden [2].

7 Grenzwerte

7.1 Allgemeines zur Grenzwertfindung

Die Grundlage für die Bewertung elektromagnetischer Felder sind die nach dem Stand der Forschung abgesicherten biologisch relevanten Wirkungen [3].

Eine Reihe von Institutionen (ICNIRP [Internationale Kommission für den Schutz vor nichtionisierender Strahlung] bei der IRPA [Internationale Strahlenschutzkommission], EU [Kommission der Europäischen Gemeinschaft], BMU [Bundesministerium für Umwelt, Naturschutz und Reaktorsicherheit], BG [Berufs-

6.2 Power requirement in the DCS1800 system

Table 4 reflects part of the transmitting powers in the DCS1800 system [1].

Power category	Burst power dBm/mW	Mean power (speech) dBm/mW	Mean power (non-speech interval) dBm/mW
0	30 / 1000	21 / 125	7 / 5
1	28 / 600	19 / 80	5 / 3
2	26 / 400	17 / 50	3 / 2
3	24 / 250	15 / 32	1 / 1.25
...	...	...	...
12	6 / 4	-3 / 0.5	-17 / 0.02
13	4 / 2.5	-5 / 0.3	-19 / 0.0125

Table 4 Burst transmitting power and mean power requirement during speech and non-speech intervals in the DCS1800 system

As shown in tables 3 and 4, the different powers are defined in accordance with power categories. What power categories will actually be used, depends on the manufacturer of the telephone units and/or the network operators. Mobile radio units available in the market, and also future units, have to guarantee that the limiting values outlined below will not be exceeded under any operating conditions. If necessary, the directions for use have to include instructions for proper handling [2].

7 Limiting values

7.1 Establishing limits

The basic factors in classifying electromagnetic fields are the effects that prior research has determined to be of biological relevance [3].

A number of German and international institutions (ICNIRP [International Commission on Non-Ionizing Radio Protection] of IRPA [International Radiation Protection Association], EU [Commission of the European Communities], BMU [Federal Ministry for the Environment, Nature Conservation and Reactor Safety],

genossenschaft], SSK [Strahlenschutzkommission], CENELEC [Europäisches Komitee für Elektrotechnische Normung], DKE [Deutsche Elektrotechnische Kommission]) hat dazu Vorschläge für Grenz- und Richtwerte erarbeitet.

Die für hochfrequente elektromagnetische Felder geltenden Grenzwerte beruhen hauptsächlich auf der Kenntnis ihrer thermischen Wirkung, die durch Energieabsorption hervorgerufen wird. Bis zu welcher Tiefe dabei das Körpergewebe durch das Feld erwärmt wird, ist von dessen Frequenz abhängig (bei Mobilfunkfrequenzen: max. wenige Zentimeter). Erwärmungen der Körpertemperatur von über 1°C, so haben Tierexperimente gezeigt, können unter anderem Verhaltensänderungen, Stoffwechselstörungen oder Einflüsse in der Embryonalentwicklung zur Folge haben. Daher wurde die spezifische Leistung ermittelt, die zu einer Temperaturerhöhung um mehr als 1°C bei 1 kg Körpergewebe führt. Die Versuche ergaben, daß für die Erwärmung von Körpergewebe um 1°C eine spezifische Absorptionsrate (SAR) von 4 W/kg (gemittelt über den ganzen Körper bei längerer Exposition) nötig ist. Durch die Blutzirkulation wird von einem gesunden Körper eine solche Leistungszufuhr bereits „weggekühlt" und bleibt damit für den Gesamtorganismus ohne größere Bedeutung [4].

Für die berufliche Exposition (z.B. technisches Personal im Bereich von Sendeanlagen) wird ein Zehntel des obigen Wertes als Ganzkörper-SAR-Grenzwert von 0,4 W/kg als ausreichend angesehen. Zum Schutz der allgemeinen Bevölkerung ist dieser Wert zusätzlich um den Faktor 5 auf 80 mW/kg reduziert worden. Wobei dieser Wert auch für körperlich geschwächte Personen als gesundheitlich unbedenklich gilt. Bei Einhaltung dieses Wertes treten sicher keine thermischen Wirkungen auf.

Bei speziellen Expositionsbedingungen im beruflichen Bereich können hohe lokale SAR-Werte zu räumlich begrenzten Temperaturerhöhungen führen (z.B. Auge). Daher sind zusätzlich zum Ganzkörper-SAR-Wert lokale SAR-Grenzwerte eingeführt worden. Diese gewährleisten, daß sich für kein Körperteil oder Organ als Folge der Hochfrequenzabsorption eine Temperaturerhöhung von mehr als 1°C ergibt [2].

Da die Bestimmung von SAR-Werten aber mit erheblichen Aufwand verbunden ist, werden in der Praxis ersatzweise die daraus abgeleiteten, frequenzabhängigen Werte der elektrischen und magnetischen Feldstärke bzw. die magnetische Flußdichte herangezogen und gemessen.

BG [Trade Association], SSK [Commission on Radiation Protection], CENELEC [European Committee on Electrotechnical Standardisation], DKE [German Electrotechnical Commission]) have in this connection proposed limiting and standard values.

The limiting values for high-frequency electromagnetic fields primarily start from their known thermal effects, which are the result of energy absorption. Down to what depths the body tissue will be heated by the field is determined by the frequency of this field (for mobile radio frequencies: a maximum of a few centimetres). Tests on animals reveal that heating the body temperature by more than 1°C can change behaviour, produce metabolic disorders or affect the embryonic development, to mention but a few effects. For this reason, the specific power was determined that will produce a rise in temperature by more than 1°C in 1 kg of body tissue. The experiments showed that a specific absorption rate (SAR) of 4 W/kg (averaged for the whole body, at prolonged exposure) is needed to heat body tissue by 1°C. The blood circulating in a healthy body can be expected to cool away this power supply, which is why it will remain without any significance for the organism as a whole [4].

For occupationally exposed persons (e.g. technical staff in the vicinity of transmitting stations), a tenth of the above value, i.e. a whole-body SAR limit of 0.4 W/kg, is regarded as adequate. For the safety of the general public, this value has additionally been reduced by factor 5 to 80 mW/kg, a value that is also regarded as safe for persons of poor physical health. As long as this value is observed, thermal effects can positively be excluded.

Under specific conditions of exposure in the professional field, high local SAR limits can imply local temperature increase (e.g. in the eye), which is why local SAR limits were introduced in addition to the whole-body SAR. These safeguard that as a consequence of high-frequency absorption no part of the body and nor organ will have to tolerate a rise in temperature by more than 1°C [2].

As, however, establishing SAR values is a rather complex matter, it is common practice to measure and start instead from the frequency-related values of the electric and magnetic field strength or the magnetic field strength derived from the SAR values.

7.2 DIN VDE 0848

Die in diesem Zusammenhang in der Bundesrepublik Deutschland meist herangezogene Norm ist die DIN VDE 0848 (Sicherheit in elektromagnetischen Feldern). Sie stützt sich auf die international akzeptierten Werte und enthält weitere zusätzliche Forderungen (z.B. für die Durchführung der Messungen). Die Norm setzt sich aus mehreren Teilen zusammen, die sich auf die niederfrequenten und hochfrequenten Felder beziehen. Aus dieser Norm können somit die von der Frequenz abhängigen Grenzwerte im gesamten Frequenzbereich von 0 Hz bis 300 GHz entnommen werden [5].

Dabei muß nochmals betont werden, daß zwischen den anfangs erwähnten, bekannten Wirkungen und den festgelegten Grenzwerten große Sicherheitsabstände liegen. Eine geringe Überschreitung der Werte führt damit also noch nicht zwangsläufig zu einer gesundheitlichen Beeinträchtigung.

7.3 Verordnung zur Durchführung des Bundes-Immissionsschutzgesetzes (Verordnung über elektromagnetische Felder, 26.BImSchV)

Seit dem 1. Januar 1997 ist zum Schutz der Bevölkerung die Verordnung über elektromagnetische Felder in Kraft. Die in der Verordnung festgelegten Immissionsgrenzwerte basieren auf den Empfehlungen der IRPA und der ICNIRP, die von der SSK bestätigt wurden. Die Verordnung gilt für die Errichtung und den Betrieb von Nieder- und Hochfrequenzanlagen, die gewerblichen Zwecken dienen oder im Rahmen wirtschaftlicher Unternehmungen Verwendung finden [6]. Dabei sind unter Hochfrequenzanlagen Sendefunkanlagen zu verstehen, die mit einer Sendeleistung von 10 W EIRP (äquivalente isotrope Strahlungsleistung) oder mehr elektromagnetische Felder im Frequenzbereich von 10 MHz bis 300.000 MHz erzeugen. Die nach dieser Verordnung für den Hochfrequenzbereich verbindlich geltenden Grenzwerte sind in Tabelle 5 dargestellt.

Frequenz	Effektivwerte der elektrischen Feldstärke E und der magnetischen Feldstärke H	
f (MHz)	E (V/m)	H (A/m)
10 - 400	27,5	0,073
400 - 2.000	$1{,}375 \cdot \sqrt{f}$	$0{,}0037 \cdot \sqrt{f}$
2.000 - 300.000	61,0	0,16

Tabelle 5 Grenzwerte für die allgemeine Bevölkerung im Bereich von 10 bis 300.000 MHz nach 26. BImSchV

7.2 DIN VDE 0848

The basic standard in Germany is in this connection the DIN VDE 0848 Standard (safety in electromagnetic fields). It starts from the internationally accepted values and includes a number of additional requirements (e.g. as to how measurements should be made). The Standard comprises several parts that relate to low-frequency and high-frequency fields. For the frequency-related limits, reference can hence be made to this Standard for the entire frequency range between 0 Hz and 300 GHz [5].

It should in this context be underlined again that there are considerable safety margins between the known effects mentioned above and the official limits. To slightly go beyond the limits does thus not automatically imply a health risk.

7.3 Regulations on the implementation of the Federal German Immission Protection Act (regulation governing electromagnetic fields - 26.BImSchV)

The regulation on electromagnetic fields, designed to protect the public, has been in effect since 1 January 1997. The immission limits set forth in this regulation are based on IRPA and ICNIRP recommendations that were confirmed by SSK. The regulation applies to the installation and operation of low-frequency and high-frequency systems intended for commercial or industrial use [6]. High-frequency systems are in this context understood to be radio installations which, at a transmitting power of 10 W EIRP (equivalent isotropic radiant power) or more, produce electromagnetic fields within the 10 MHz to 300,000-MHz frequency range. The limits that officially apply under this regulation for the high-frequency range are listed in Table 5.

Frequency	Effective values of the electric field strength E and the magnetic field strength H	
f (MHz)	E (V/m)	H (A/m)
10 - 400	27.5	0.073
400 - 2,000	$1.375 \cdot \sqrt{f}$	$0.0037 \cdot \sqrt{f}$
2,000 - 300,000	61.0	0.16

Table 5   Limits for the general public within the 10 to 300,000-MHz range (26. BImSchV)

Kurzzeitige Überschreitungen dieser für die Dauerexposition geltenden Werte um bis zu 100 % wurden von der ICNIRP für unbedenklich erachtet und sind demnach auch nach dem BImSchV zulässig.

Unterhalb der in der Verordnung enthaltenen Schwellenwerte werden von einigen Seiten sogenannte „athermische Wirkungen" vermutet. Die in den folgenden Beiträgen dargestellten Untersuchungen gehen diesen Vermutungen nach und überprüfen mögliche Wirkungen von hochfrequenten elektromagnetischen Feldern anhand verschiedener Labormodelle.

8 Literatur

[1] Crumbach, R.: Beschreibung der GSM900-/DCS1800-Signalform. Informationsblatt der Nokia Mobile Phones, 1994
[2] Empfehlung der Strahlenschutzkommission: Schutz vor elektromagnetischer Strahlung beim Mobilfunk. Bundesanzeiger, 03.03.1992
[3] Brinkmann, K.; Grigat, J.P.: Der Einfluß elektromagnetischer Felder der schienengebundenen Verkehrstechnik auf biologische Systeme. Eisenbahntechnische Rundschau Nr. 1-2, 71-74, 1996
[4] Müller, K.-O.; Stecher, M.: EMV - Gesetze und Normen. Informationsheft der ROHDE&SCHWARZ GmbH & Co KG, Februar 1995
[5] DIN VDE 0848 Teil 2: Sicherheit in elektromagnetischen Feldern; Schutz von Personen im Frequenzbereich 30 kHz bis 300 GHz. April 1993
[6] Verordnung zur Durchführung des Bundes-Immissionsschutzgesetzes (Verordnung über elektromagnetische Felder, 26.BImSchV), Bundesgesetzblatt Jahrgang 1996 Teil I Nr. 66, Bonn, 20.12.1996

Values briefly going by up to 100 % beyond the limits meant for continuous exposure are regarded to be safe by ICNIRP and are hence also acceptable by BImSchV standards.

In some cases, so-called "athermal effects" are assumed to exist at values below the thresholds set forth in the regulations. The investigations presented in the following chapters take a closer look at these assumptions and examine possible effects of high-frequency electromagnetic fields using different laboratory models.

Literature

[1] Crumbach, R.: Beschreibung der GSM900-/DCS1800-Signalform. Informationsblatt der Nokia Mobile Phones, 1994
[2] Empfehlung der Strahlenschutzkommission: Schutz vor elektromagnetischer Strahlung beim Mobilfunk. Bundesanzeiger, 03.03.1992
[3] Brinkmann, K.; Grigat, J.P.: Der Einfluß elektromagnetischer Felder der schienengebundenen Verkehrstechnik auf biologische Systeme. Eisenbahntechnische Rundschau Nr. 1-2, 71-74, 1996
[4] Müller, K.-O.; Stecher, M.: EMV - Gesetze und Normen. Informationsheft der ROHDE&SCHWARZ GmbH & Co KG, Februar 1995
[5] DIN VDE 0848 Teil 2: Sicherheit in elektromagnetischen Feldern; Schutz von Personen im Frequenzbereich 30 kHz bis 300 GHz. April 1993
[6] Verordnung zur Durchführung des Bundes-Immissionsschutzgesetzes (Verordnung über elektromagnetische Felder, 26.BImSchV), Bundesgesetzblatt Jahrgang 1996 Teil I Nr. 66, Bonn, 20.12.1996

II Expositionsanlagen des 1. Forschungsvorhabens

Dr.-Ing. *Uwe Neibig*,
Institut für Nachrichtentechnik,
Technische Universität Braunschweig

1 Felderzeugende Einrichtungen

In verschiedenen Experimenten sollte der Einfluß elektromagnetischer Felder in den Frequenzbereichen des C-, D- und E-Mobilfunknetzes auf biologische Systeme untersucht werden. Gemäß den Anforderungen der Experimente wurden als felderzeugende Einrichtungen die TEM-Zelle sowie die GTEM-Zelle ausgewählt. Es wurden Versuchsaufbauten mit diesen Felderzeugern, einer modulierbaren Hochfrequenz-Signalquelle und Einrichtungen zur Aufnahme und Temperierung des Nährmediums, das die biologischen Untersuchungsobjekte (Zellen) enthält, erstellt.

1.1 Auswahlkriterien

Die Auswahl einer geeigneten felderzeugenden Einrichtung wurde anhand folgender Kriterien vorgenommen: Feldstruktur, Prüfobjektvolumen, Frequenzbereich, Abschirmung von Fremdfeldern und biologische Versuchsbedingungen.

Die Feldstruktur beinhaltet den Feldtyp, die räumliche Feldstärkeverteilung und die erreichbaren Feldstärkeamplituden in dem leeren Felderzeuger. Hier wurde als Feldtyp eine transversal-elektromagnetische (TEM-) Welle angesetzt, die beispielsweise auch im Fernfeld vor einer Sendeantenne vorliegt. Bei ihr stehen das elektrische und magnetische Feld senkrecht aufeinander und beide verlaufen senkrecht zur Ausbreitungsrichtung der Welle. Im Freiraum ist das Verhältnis von elektrischer zu magnetischer Feldstärke durch den Freiraumwellenwiderstand $Z_F = 377\ \Omega$ gegeben. Die räumliche Feldstärkeverteilung sollte möglichst über das gesamte Volumen des einzubringenden Prüfobjekts homogen sein und der Felderzeuger so beschaffen sein, daß mit gängigen Speiseleistungen ausreichende Feldstärkewerte erzielt werden können.

II Exposure Installations of the 1st Project

Dr.-Ing. *Uwe Neibig*,
Institute for Telecommunications Technology,
Technical University of Braunschweig

1 Field-generating setups

Different experiments were conducted to examine in what way biological systems are affected by electromagnetic fields with frequencies corresponding to those of the mobile radiotelephone C, D and E-systems. In compliance with the test requirements, it was decided to use the TEM cell and the GTEM cell as field-generating units. Test installations were prepared using these field generators, a high-frequency signal source capable of modulation, and devices designed to accommodate the nutrient medium containing the biological test sample (cells).

1.1 Criteria

For selection of a suitable field-generating installation, the following criteria were applied: field structure, volume of test item, frequency range, external field shielding, and biological test conditions.

The field structure covers the type of field, the spatial distribution of field strength, and the field strength amplitudes that can be achieved in the empty field generator. In this case, the type of field used is a transversal electromagnetic (TEM) wave, which will for instance also be found in the distant field in front of a sending aerial. In this wave, the electric and the magnetic fields are perpendicular to each other and both are perpendicular to the direction of wave propagation. In the free space, the relationship between electric and magnetic field strengths is determined by the free space wave resistance of $Z_F = 377\ \Omega$. The spatial distribution of the field strength should be uniform across the entire volume of the test item, and the field generator should be designed such that common supply-system powers can produce sufficient field strengths.

Die als Untersuchungsobjekte verwendeten Zellen befinden sich in einem Nährmedium, das in einem Behältnis dem Feld ausgesetzt wird. Weiterhin sind Vorrichtungen zur Temperierung des Mediums vorzusehen. Durch diese Vorgaben sind die Abmessungen des Prüfobjekts, das in den Felderzeuger einzubringen ist und hier auch mit Probenhalter bezeichnet werden soll, festgelegt. Damit sind auch die minimalen Abmessungen des Felderzeugers festgelegt, da der Probenhalter nur einen gewissen Teil des Gesamtvolumens ausfüllen darf. So ist sichergestellt, daß die Rückwirkungen des Probenhalters auf den Meßaufbau gering bleiben.

Die felderzeugende Einrichtung ist für den geforderten Frequenzbereich des C-, D- oder E-Mobilfunknetzes auszulegen. Diese Funknetze umfassen jeweils eine Bandbreite von wenigen 10 MHz bei den Frequenzen von 450 MHz, 900 MHz bzw. 1800 MHz. Die erforderlichen Versuchsaufbauten lassen sich vereinfachen, wenn der nutzbare Frequenzbereich des Felderzeugers mehrere Mobilfunkfrequenzbereiche umfaßt. Dann besteht darüber hinaus die Möglichkeit, den Einfluß elektromagnetischer Felder in weiteren Frequenzbereichen, die in der Umwelt hohe Feldstärkewerte aufweisen, zu untersuchen.

Um eindeutige Ergebnisse bei den Versuchen zu erhalten, sind fremde Felder weitestgehend abzuschirmen. Als Felderzeuger sind daher geschirmte Räume zu bevorzugen; offene Anordnungen wie Freifeldmeßplätze oder offene Leitungen scheiden aus. Auf diese Weise werden gleichzeitig die postalischen Bestimmungen erfüllt, da die erzeugten Hochfrequenzfelder nicht in die Umgebung gelangen. Eine ausreichende Schirmung niederfrequenter magnetischer Felder, besonders des 50 Hz-Lichtnetzes, ist meist nur mit beträchtlichem Aufwand zu erreichen. Daher ist eine angemessene Entkopplung von diesen Feldern bei der Versuchsdurchführung sicherzustellen.

Schließlich sind die biologischen Anforderungen an den Versuchsaufbau zu erfüllen. Dazu zählen hier die Temperierung des Nährmediums auf eine vorgegebene, konstante Temperatur und die Möglichkeit, das Untersuchungsobjekt während des Versuchs mit einem Mikroskop zu beobachten.

Nach diesen Kriterien fiel die Wahl auf die TEM-Zelle und die GTEM-Zelle, deren Eigenschaften im folgenden näher erläutert werden sollen.

The cells used as test items are included in a nutrient medium inside a container which is exposed to the field. Also provided have to be devices to regulate the medium temperature. These conditions determine the dimensions of the test item to be placed into the field generator, which will in this context also be referred to as sample holder. At the same time, the minimum dimensions of the field generator have thus been determined, as the sample holder may only take up a certain part of the total volume to safeguard that any sample holder feedback on the measuring installation is limited.

The field-generating setup has to be designed for the required frequency range of the C, D or E mobile radio systems. All these systems cover a band width of just a few 10 MHz at frequencies of 450 MHz, 900 MHz and 1800 MHz. The required test installations can be simplified when the usable frequency range of the field generator covers several mobile radio frequency ranges. This additionally allows the effect of electromagnetic fields to be examined in further frequency ranges that reveal high field strengths in the environment.

For obvious test results it is important to shield external fields as much as possible. Preference should hence be given to shielded compartments; open facilities such as free-field measuring stations or open lines are not suitable. The installations in this way automatically comply with the requirements of the German postal services, as the high-frequency fields generated do not get into the environment. Adequate shielding for low-frequency magnetic fields, in particular for the 50 Hz lighting mains, can normally only be achieved with elaborate installations, which is why adequate decoupling of these fields in performing the tests has to be safeguarded.

Finally, the test installation has to meet the biological requirements. This includes temperature regulation for the nutrient medium to maintain a given constant temperature, and the possibility of examining the test item during the test with a microscope.

With these criteria in mind, the TEM cell and the GTEM cell were selected. Details of their properties will be described below.

1.2 TEM-Zelle

Für Untersuchungen der Elektromagnetischen Verträglichkeit (EMV) stellt die TEM-Zelle ein wichtiges Meßwerkzeug dar [1]. Eine TEM-Zelle ist als aufgeweitete koaxiale Leitung mit großem rechteckförmigen Querschnitt vorstellbar, der beidseitig mittels trichterförmiger Übergangsstücke auf die Querschnittsabmessungen gewöhnlicher Koaxialkabel überführt wird (Bild 1). Der Innenraum ist durch eine Tür in der Seitenwand zugänglich. Die TEM-Zelle stellt einen geschirmten Raum dar, wobei die ungenügende Schirmung niederfrequenter magnetischer Felder zu beachten ist, wenn der Außenleiter aus Aluminium gefertigt ist.

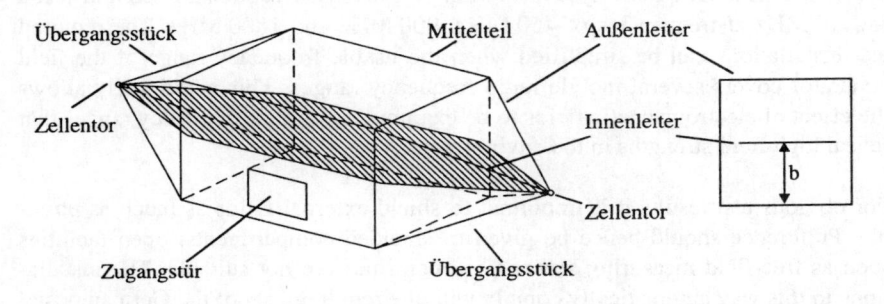

Bild 1 TEM-Zelle

Im längshomogenen Mittelteil der TEM-Zelle bildet sich in guter Näherung eine TEM-Welle aus. Dies gilt für einen Frequenzbereich, der sich von Gleichspannung (DC) bis zu einer oberen Grenzfrequenz erstreckt, von der an zusätzlich Hohlleiterwellen ausbreitungsfähig sind. Diese Hohlleiterwellen bewirken unerwünschte räumliche Feldstärkeinhomogenitäten, die sich z.B. in resonanzartigen Extremstellen beträchtlicher Größe im Frequenzgang der elektrischen Feldstärke äußern [2]. Die Grenzfrequenz läßt sich aus der Querschnittsgeometrie des Zellenmittelteils berechnen und ist um so höher, je kleiner die Querschnittsabmessungen sind. Die kleinsten möglichen Abmessungen sind allerdings festgelegt, da das eingebrachte Prüfobjekt mit seinen vorgegebenen Abmessungen nur einen gewissen Teil des TEM-Zellenvolumens ausfüllen darf [1]. Danach sollte die Höhe des Prüfobjekts ein Drittel des Abstands zwischen Innen- und Außenleiter nicht übersteigen. Zum Betrieb wird in ein Tor der TEM-Zelle eine Hochfrequenzleistung eingespeist und das andere Tor mit einem Widerstand reflexionsfrei abgeschlossen. Die Leitungsimpedanz der TEM-Zelle läßt sich auf den üblichen Wert von 50 Ω dimensionieren.

1.2 TEM cell

The TEM cell is an important tool in electromagnetic compatibility (EMC) testing [1]. A TEM cell can be described as an expanded coaxial line of a large rectangular cross-section, which by means of tapering reducers at both ends is made to match the cross-sectional dimensions of common coaxial cables (Figure 1). Access to the interior is through an opening at its side. The TEM cell is a shielded compartment. Consideration has, however, to be given to inadequate shielding of low-frequency magnetic fields when the outer conductor is made of aluminium.

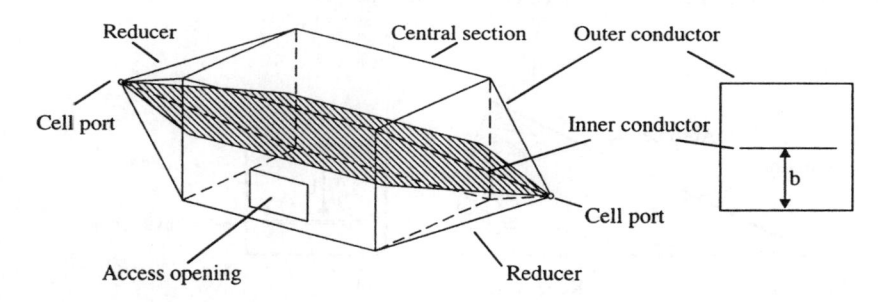

Figure 1 TEM cell

In the longitudinally homogenous central section of the TEM cell a well approximated TEM wave is produced. This applies to a frequency range extending from direct voltage (DC) to an upper threshold frequency beyond which waveguide waves can propagate in addition. These waveguide waves produce undesirable spatial field strength non-homogeneity that can manifest itself for instance in resonance-like extremes in the frequency response of the electric field strength [2]. The threshold frequency can be calculated from the cross-sectional geometry of the central cell section; it is the higher, the smaller the cross-sectional dimensions. The smallest possible dimensions are, however, fixed as the test item may only take up a certain part of the TEM cell volume [1]. This means that the height of the test item should not exceed one third of the clearance between inner and outer conductor. For cell operation, high-frequency energy is fed through one port of the TEM cell, the other port being terminated by a resistor such that there are no reflections. The line impedance of the TEM cell can be dimensioned for the standard 50 Ω.

1.3 GTEM-Zelle

Die GTEM-Zelle (Gigahertz-TEM-Zelle) wird ebenfalls in der EMV-Meßtechnik eingesetzt [3]. Sie ist als geschlossener trichterförmiger Wellenleiter rechteckigen Querschnitts aufgebaut, der an seinem Ende durch eine Kombination aus konzentrierten Widerständen und Absorbern breitbandig abgeschlossen ist (Bild 2). Dabei bilden im unteren Frequenzbereich, wo die Absorber nur eine geringe Wirkung aufweisen, die konzentrierten Widerstände den Abschluß. Zu höheren Frequenzen, wo ein Abschluß aus konzentrierten Bauelementen schwierig zu realisieren ist, sorgen dann die Absorber für geringe Reflexionen.

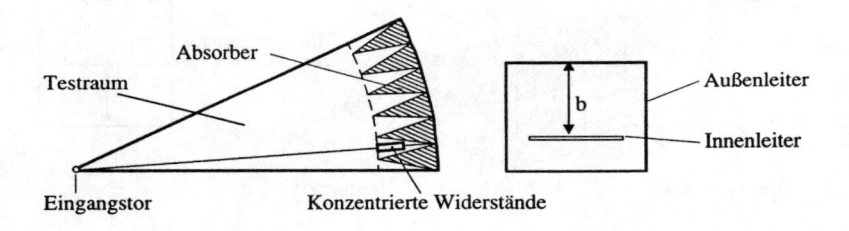

Bild 2   GTEM-Zelle

In der GTEM-Zelle bildet sich näherungsweise eine TEM-Welle aus. Höhere Moden sind zwar ausbreitungsfähig, können aber – im Gegensatz zur TEM-Zelle – wegen des großflächigen Abschlusses nicht zu Resonanzerscheinungen führen. Der nutzbare Frequenzbereich einer GTEM-Zelle ist damit größer als der einer TEM-Zelle und erstreckt sich von DC bis zu einigen GHz. Auch in der GTEM-Zelle sollte das eingebrachte Prüfobjekt in seiner Höhe auf ein Drittel des Abstandes zwischen Innen- und Außenleiter beschränkt sein. Zum Betrieb wird in das Eingangstor der GTEM-Zelle eine Hochfrequenzleistung gespeist, die sich als Welle ausbreitet und im ausgangsseitigen Abschluß absorbiert wird.

Bei der praktischen Ausführung von GTEM-Zellen besteht die Schwierigkeit, den hybriden Abschluß für den gesamten Frequenzbereich reflexionsarm auszuführen. Reflexionen jedoch bedeuten stehende Wellen, die mit einer inhomogenen Feldverteilung in Ausbreitungsrichtung der Welle gleichbedeutend sind.

1.3 GTEM cell

The GTEM cell (Gigahertz-TEM cell) is also employed in EMC measurements [3]. It is a closed, funnel-shaped waveguide of rectangular cross-section, a combination of concentrated resistors and absorbers providing a wide-band termination at its end (Figure 2). In the lower frequency range, where absorbers have a limited effect, the concentrated resistors are the terminating elements. Towards higher frequencies, where concentrated elements are difficult to realise, the absorbers safeguard low reflections.

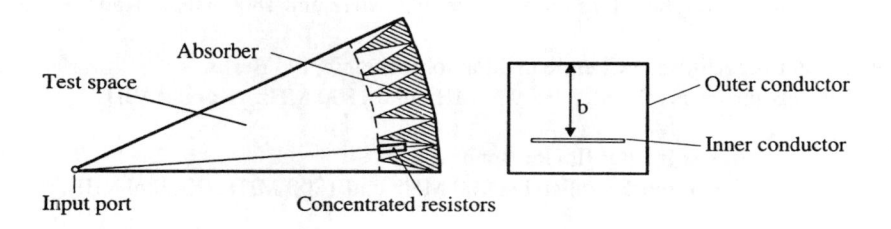

Figure 2 GTEM cell

In the GTEM cell a wave is formed that by approximation compares to that of a TEM wave. Although higher modes are capable of propagation, they do in this case - and contrary to the conditions in the TEM cell - not produce any resonances, which is due to the wide-band termination. The useful frequency range of a GTEM cell is thus larger than that of a TEM cell and extends from DC to several GHz. In the GTEM cell the height of the test item should again be limited to one third of the clearance between inner and outer conductor. For operation, high-frequency power is fed through the input port of the GTEM cell that propagates in the form of a wave and is absorbed by the output-end termination.

In practice it proves to be problematic to have the hybrid termination of GTEM cells free from reflections for the entire frequency range. Reflections, however, mean standing waves which in turn are tantamount to a non-homogenous field distribution in the direction of wave propagation.

2 Beschreibung der Versuchsaufbauten

Es wurden vier Versuchsaufbauten zur Untersuchung des Einflusses elektromagnetischer Hochfrequenzfelder auf Zellen für folgende Forschungsvorhaben entwickelt und aufgebaut:

- Institut für Humanbiologie, TU Braunschweig:
  Einfluß auf periphere Lymphozyten bei 450 MHz, (Kapitel V),

- Institut für Humanbiologie, TU Braunschweig:
  Einfluß auf periphere Lymphozyten bei 900 MHz und 1800 MHz, (Kapitel V),

- Institut für Klinische Chemie und Pathobiochemie, FU Berlin:
  Einfluß auf Promyelozyten bei 900 MHz und 1800 MHz, (Kapitel VII),

- Physiologisches Institut II, Uni Bonn:
  Einfluß auf Herzmuskelzellen bei 900 MHz und 1800 MHz, (Kapitel VIII).

Im folgenden werden diese Versuchsaufbauten beschrieben und Meßergebnisse von Zweitorparametern und Feldstärkefrequenzgängen der verwendeten Felderzeuger angegeben.

2.1 450 MHz - Braunschweig

Für dieses Experiment wurde ein Versuchsaufbau mit einer TEM-Zelle erstellt. Die Außenleiterabmessungen ($600 \cdot 600 \cdot 600$ mm³) wurden so gewählt, daß sie etwa sechs mal so groß wie die Abmessungen des Probenhalters sind. Damit sind nach [1] die Rückwirkungen auf den Meßaufbau zu vernachlässigen. Die Breite des Innenleiters wurde für eine Leitungsimpedanz von 50 Ω dimensioniert. Die Anpassung an den Wellenwiderstand des Meßsystems von 50 Ω zeigt sich im Frequenzgang des Eingangsreflexionsfaktors S_{11}, dessen Betrag im interessierenden Frequenzbereich bis 500 MHz mit Ausnahme von schmalbandigen Maxima an Hohlleiterresonanzfrequenzen kleiner als 10 % ist. Bei 450 MHz ergibt sich ein Wert von 5 %, was eine gute Anpassung darstellt. Der Betrag des Transmissionsfaktors S_{21} weicht nur geringfügig von 1 ab, die daraus berechenbare Durchgangsdämpfung ist also im gesamten Frequenzbereich sehr gering und liegt mit 0,1 dB im Bereich der Meßgenauigkeit. Die gute Anpassung und geringe Durchgangsdämpfung bleiben auch mit eingebrachtem Probenhalter erhalten.

2 Description of test installations

Four test setups were used to examine the effect of electromagnetic high-frequency fields on cells for the following research projects:

- Institute of Human Biology, Technical University of Braunschweig:
  Influence on peripheral lymphocytes at 450 MHz, (Chapter V),

- Institute of Human Biology, Technical University of Braunschweig:
  Influence on peripheral lymphocytes at 900 MHz and 1800 MHz, (Chapter V),

- Institute of Clinical Chemistry and "Pathobiochemie", Free University of Berlin:
  Influence on promyelocytes at 900 MHz and 1800 MHz, (Chapter VII),

- Institute of Physiology II, University of Bonn:
  Influence on heart muscle cells at 900 MHz and 1800 MHz, (Chapter VIII).

The setups for these tests will be described below, giving results for two-port parameters and field strength frequency responses of the field generators used.

2.1 450 MHz - Braunschweig

The test setup for this experiment comprised a TEM cell. The dimensions of the outer conductor (600 · 600 · 600 mm³) exceeded by about six times those of the sample holder. According to [1], feedback on the setup can thus be neglected. The width of the inner conductor was dimensioned for a line impedance of 50 Ω. Conditioning to the characteristic wave impedance of the measuring system of 50 Ω is reflected by the frequency response of the input s-parameter S_{11}, which within the frequency range of up to 500 MHz considered is below 10 %, except for narrow-band maximums of waveguide resonance frequencies. For 450 MHz the value is 5 %, which reflects good conditioning. The transmission factor S_{21} deviates only slightly from the value 1; the throughput attenuation calculated from same is hence very low for the entire frequency range and is at 0.1 dB within the range of measuring accuracy. Good conditioning and low throughput attenuation are maintained also with the sample holder fitted.

Im Zentrum des unteren oder oberen Halbraumes der leeren TEM-Zelle gilt für die elektrische Feldstärke E_0 der TEM-Welle [1]:

$$E_0 = \frac{\sqrt{P \cdot Z_L}}{b} \ . \tag{1}$$

Dabei ist P die eingespeiste Leistung, Z_L die Leitungsimpedanz ($Z_L = 50\ \Omega$) und b der Abstand zwischen Innen- und Außenleiter (vgl. Bild 1). Da im Fall der TEM-Welle Freiraumverhältnisse vorliegen, kann aus E_0 die magnetische Flußdichte B_0 berechnet werden:

$$B_0 = \mu_0 \cdot H_0 = \mu_0 \cdot \frac{E_0}{Z_F} \ . \tag{2}$$

Mit $\mu_0 = 4\pi \cdot 10^{-7}$ Vs/Am und $Z_F = 120\pi\ \Omega$ sowie der Bezeichnung 1 Vs/m^2 = 1 T folgt daraus:

$$\frac{B_0}{\mu T} = \frac{1}{300} \cdot \frac{E_0}{V/m} \ . \tag{3}$$

Durch die Geometrie des Probenhalters sind die Abmessungen der TEM-Zelle festgelegt. Daraus resultiert eine Grenzfrequenz der ersten ausbreitungsfähigen Hohlleiterwelle (TE$_{01}$-Welle) von etwa 143 MHz. Die TEM-Zelle wird also oberhalb ihrer Grenzfrequenz betrieben. Dies ist zulässig, wenn die Feldverteilung bei der Untersuchungsfrequenz etwa derjenigen der TEM-Welle entspricht. Dazu wurden Messungen der Feldstruktur durchgeführt.

Von DC bis 190 MHz liegt die gewünschte reine TEM-Welle vor. Ab etwa 250 MHz treten schmalbandige Resonanzen auf, bei denen die Feldstärkeverteilung sehr inhomogen verläuft und die daher gemieden werden müssen. Zwischen den Resonanzen überwiegt jedoch wieder der TEM-Modus. Daher wurden die Versuche nicht bei 450 MHz, wo eine starke Resonanz auftritt, sondern bei 440 MHz durchgeführt. Messungen der räumlichen Verteilung des Feldstärkevektors belegen, daß bei dieser Frequenz näherungsweise der gewünschte TEM-Modus vorliegt. Allerdings ist die Feldstärke insgesamt geringer und beträgt 0,6·E_0. Dieser Faktor 0,6 ist bei der Berechnung der Feldstärke in der leeren TEM-Zelle nach Gl.(1) und Gl.(2) für 440 MHz stets zu berücksichtigen. Die Verwendung einer etwa 2 % kleineren Untersuchungsfrequenz sollte keinen Einfluß auf das Verhalten der biologischen Prüfobjekte haben.

In the centre of the bottom or top half-space of the empty TEM cell, the following applies for the electric field strength E_0 of the TEM wave [1]:

$$E_0 = \frac{\sqrt{P \cdot Z_L}}{b}, \qquad (1)$$

where P is the power fed into the system, Z_L the line impedance ($Z_L = 50\ \Omega$), and b the clearance between inner and outer conductor (cf. Figure 1). As for the TEM wave the conditions are those of a free space, the magnetic flux density B_0 can be calculated from E_0:

$$B_0 = \mu_0 \cdot H_0 = \mu_0 \cdot \frac{E_0}{Z_F}. \qquad (2)$$

For $\mu_0 = 4\pi \cdot 10^{-7}$ Vs/Am and $Z_F = 120\pi\ \Omega$ as well as 1 Vs/m^2 = 1 T follows:

$$\frac{B_0}{\mu T} = \frac{1}{300} \cdot \frac{E_0}{V/m}. \qquad (3)$$

The dimensions of the TEM cell are determined by the sample holder geometry. This results in a threshold frequency of the first waveguide wave (TE_{01} wave) capable of propagation of about 143 MHz, which means that the TEM cell is operated at frequencies above its threshold frequency. This is acceptable as long as the field distribution for the frequency examined corresponds by approximation to that of the TEM wave. For this purpose, measurements were made for the field structure.

Between DC and 190 MHz, the intended pure TEM wave is available. Beyond about 250 MHz narrow-wave resonances occur, at which the field strength distribution is highly inhomogeneous so that they have to be avoided. Between the resonances, however, the TEM mode again dominates. For this reason, testing did not proceed at 450 MHz, where considerable resonances occur, but at 440 MHz. Measurements of the spatial distribution of the field strength vector reveal that at this frequency the intended TEM mode is available by approximation. The field strength is, however, on the whole lower (0.6·E_0). When calculating the field strength in the empty TEM cell to eq.(1) and eq.(2), this factor 0.6 always has to be considered for 440 MHz. Using a test frequency which is lower by about 2 % should not have any influence on the response of the biological test items.

Die TEM-Zelle wird von einem Signalgenerator, dem ein Breitband-Leistungsverstärker nachgeschaltet ist, gespeist. Die eingespeiste Leistung beträgt 2 W. Damit ergibt sich unter Berücksichtigung des Faktors von 0,6 bei 440 MHz nach Gl.(1) eine elektrische Feldstärke von 20 V/m bzw. nach Gl.(2) eine magnetische Flußdichte von 67 nT in der leeren TEM-Zelle. Im C-Mobilfunknetz wird für die Sprechkanäle FM-Modulation verwendet, die durch eine konstante Trägerleistung gekennzeichnet ist. Zur Nachbildung in den Experimenten wurde daher die Signalquelle unmoduliert, also im Dauerstrich (CW), betrieben.

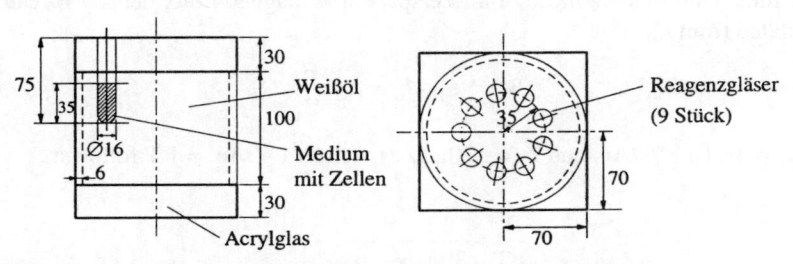

Bild 3 Probenhalter für 450 MHz (Braunschweig), alle Maßangaben in mm

Die Abmessungen des Probenhalters gehen aus Bild 3 hervor. Zur Exposition wird er in das Zentrum des unteren Halbraumes der TEM-Zelle eingebracht. Er ist zur Aufnahme von 9 Reagenzgläsern, die mit dem Nährmedium und den zu untersuchenden Zellen gefüllt sind, bestimmt und besteht aus Acrylglas. Der Probenhalter dient weiterhin zur Temperierung des Nährmediums. Dazu ist er mit einer Flüssigkeit gefüllt, die über einen geschlossenen Kreislauf von einem Badthermostaten außerhalb der TEM-Zelle umgewälzt und auf einer konstanten, einstellbaren Temperatur gehalten wird. Als Temperierflüssigkeit wird Weißöl verwendet, das eine geringe relative Dielektrizitätszahl ε_r besitzt. Wasser mit $\varepsilon_r = 81$ ist ungeeignet, da es zu einer erheblichen Verminderung der elektrischen Feldstärke im Probenhalter führen würde.

Der konstante Temperaturabfall auf dem Verbindungsschlauch zwischen Badthermostat und Probenhalter wird durch eine höhere Badtemperatur kompensiert. Mit einem Wert von 37,7°C konnte in allen 9 Reagenzgläsern die geforderte Temperatur von 37,0°C erreicht werden, wobei die Temperaturunterschiede zwischen den Reagenzgläsern kleiner als die Temperaturauflösung von 0,1°C des verwendeten Digitalthermometers sind. Ebenfalls zu vernachlässigen ist die Eigenerwärmung des Nährmediums aufgrund der eingestrahlten Hochfrequenzleistung. Dies wurde durch eine Temperaturmessung unmittelbar nach einer Speisung von 2 W über eine Stunde festgestellt.

The TEM cell is fed from a signal generator succeeded by a wide-band power amplifier. The power supplied is 2 W. Considering factor 0.6 at 440 MHz, one thus obtains according to eq.(1) an electric field strength of 20 V/m, and, to eq.(2), a magnetic flux density of 67 nT in the empty TEM cell. The type C mobile radio system uses FM-modulation for voice channels, which is characterised by a constant carrier energy. For experimental simulation, the signal source was, therefore, operated in an unmodulated way, i.e. in the continuous wave (CW) mode.

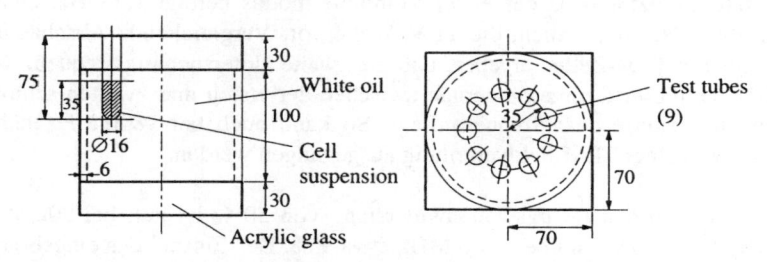

Figure 3 Sample holder for 450 MHz (Braunschweig), all dimensions in mm

The sample holder dimensions are shown in Figure 3. For exposure, it is placed into the centre of the TEM cell bottom half. It is made from acrylic glass and designed to hold 9 test tubes containing the nutrient medium and the cells to be tested. The sample holder also has to provide for temperature regulation of the nutrient medium. For this purpose, it is filled with a liquid circulated in a closed circuit and maintained by a bath thermostat outside the TEM cell at a constant temperature that can be set. The liquid used is white oil, which is characterised by a low relative dielectric constant ε_r. Water, with $\varepsilon_r = 81$, is not suited for this purpose as it would considerably reduce the electric field strength in the sample holder.

The constant temperature drop along the hose connecting bath thermostat and sample holder is compensated by a raised bath temperature. With 37.7°C, the required temperature of 37.0°C was obtained in all 9 test tubes, the temperature difference between the test tubes remaining below the 0.1°C resolution of the digital thermometer used. Any nutrient medium self-heating in the presence of the high-frequency power supplied can also be neglected. This effect was verified by temperature measurement immediately after having supplied 2 W for one hour.

2.2 900/1800 MHz - Bonn

Für diese Untersuchungen wurde ebenfalls eine TEM-Zelle als Felderzeuger verwendet, deren Abmessungen etwa um den Faktor 9 kleiner sind, als die in Abschnitt 2.1 beschriebene TEM-Zelle. Dadurch ist einerseits der Einfluß des Prüfobjekts auf die Meßanordnung zu vernachlässigen und andererseits liegt bei beiden Frequenzen näherungsweise eine TEM-Feldverteilung vor. Die rechnerisch abgeschätzte Grenzfrequenz des ersten Hohlleitermodus beträgt 1,2 GHz. Damit liegt bei 900 MHz sicher allein die TEM-Welle vor. Vergleichende Abschätzungen mit anderen TEM-Zellen ergeben, daß die zweite Untersuchungsfrequenz von 1800 MHz bei dieser Geometrie gerade zwischen der ersten und zweiten schmalbandigen Hohlleiterresonanzfrequenz liegt. So kann auch bei 1800 MHz näherungsweise von einer TEM-Feldverteilung ausgegangen werden.

Die Anpassung an den Bezugswellenwiderstand von 50 Ω ist gut; bei 900 MHz beträgt $|S_{11}|$ etwa 5 % und bei 1800 MHz etwa 9 %. Der Einfluß des eingebrachten Prüfobjekts wurde durch Messung des Reflexionsfaktors im Zeitbereich mit einem Impulsreflektometer [4] überprüft. Es zeigt sich, daß die Leitungsimpedanz an der Stelle des Prüfobjekts nur um 2 % kleiner ist als in der TEM-Zelle ohne Prüfobjekt. Die zum Betrieb der TEM-Zelle notwendige Bedingung geringer Reflexionen ist daher auch mit eingebrachtem Prüfobjekt erfüllt.

Bei diesem Versuch sollten die Zellen während der Feldeinwirkung mit einem Mikroskop zu beobachten sein. Der Probenhalter mußte daher auf dem Boden (Außenleiter) der TEM-Zelle angeordnet werden. Eine elektrostatische Abschätzung, die gleichfalls für die TEM-Welle gilt, ergibt, daß in der leeren TEM-Zelle an diesem Ort die Feldstärke gleich der 0,835-fachen Feldstärke nach Gl.(1) im Zentrum des Halbraumes ist.

Als Signalquelle wird ein UHF-Leistungsmeßsender verwendet, der um die Möglichkeit einer externen Pulsmodulation erweitert wurde. Im D- und E-Mobilfunknetz wird im Zeitmultiplex mit digitaler Modulation (Kapitel I) gearbeitet. Das tatsächliche, relativ komplizierte Modulationssignal wird vereinfachend durch eine Pulsmodulation der Trägerfrequenz von 900 MHz bzw. 1800 MHz mit einer Pulsbreite von 0,577 ms und einer Periodendauer von 4,615 ms nachgebildet. Der Sender gibt also für eine Zeit von 0,577 ms eine vorgegebene Spitzenleistung ab, während in der übrigen Zeit einer Periode die Sendeleistung Null ist. Die in die TEM-Zelle eingespeiste Spitzenleistung beträgt 5 W bei 900 MHz und 2 W bei 1800 MHz.

2.2 900/1800 MHz - Bonn

These tests also started from a TEM cell as field generator, its dimensions remaining by factor 9 below those of the TEM cell in section 2.1. On the one hand, the influence of the test item on the measuring installation can thus be neglected, and, there is, on the other hand, an approximate TEM field distribution for both frequencies. The threshold frequency of the first waveguide mode estimated by calculation is 1.2 GHz. At 900 MHz it can thus safely be expected that only the TEM wave is available. Comparative estimates made on other TEM cells reveal that with this geometry, the second test frequency of 1800 MHz will be found between the first and the second narrow-band waveguide resonance frequency. The field distribution can thus for 1800 MHz again be expected to be a TEM field distribution by approximation.

Conditioning for the reference wave resistance of 50 Ω is good; at 900 MHz, $|S_{11}|$ is about 5 %, at 1800 MHz about 9 %. To examine the influence of the test item, the reflection factor was within the time range measured using a pulse reflectometer [4]. It was found that the line impedance near the test item is lower by only 2 % than for the TEM cell without test item. The condition of low reflections required for TEM cell operation is thus also met for a cell incorporating the test item.

This experiment was to allow for cell observation on a microscope during field exposure. For this purpose, the sample holder had to be placed on the bottom (outer conductor) of the TEM cell. Electrostatic assessment, which equally applies to the TEM wave, shows that in the _empty_ TEM cell the field strength is at this point equal to 0.835 times the field strength to eq.(1) in the centre of the half-space.

The signal source used is a UHF high-power signal generator, which was modified to also provide for external pulse modulation. In the pulse-time multiplex, the D and E mobile radio systems use digital modulation (Chapter I). The real, and relatively complex, modulation signal is simulated for simplification by a carrier frequency pulse modulation of 900 MHz or 1800 MHz, using a pulse width of 0.577 ms and a period of 4.615 ms. This means that for a time of 0.577 ms, the generator emits a given peak power, while for the rest of a period, the transmitting power equals zero. The peak power fed into the TEM cell is 5 W for 900 MHz and 2 W for 1800 MHz.

Damit ergibt sich am Boden in der <u>leeren</u> TEM-Zelle gemäß Gl.(1) und Gl.(2) und unter Berücksichtigung des Faktors 0,835 eine elektrische Feldstärke von 377 V/m und eine magnetische Flußdichte von 1,26 µT bei 900 MHz, während bei 1800 MHz 239 V/m und 0,80 µT vorliegen.

Der Probenhalter besteht hier aus einem 6 mm flachen Acrylglasgefäß zur Aufnahme des Nährmediums mit den Zellen. Dieses Gefäß befindet sich direkt auf dem Boden der TEM-Zelle, wo eine Bohrung von 1 cm Durchmesser eingebracht ist, die mit feinmaschiger, leitfähiger Gaze hochfrequenzmäßig verschlossen ist. Durch die Maschen der Gaze können die Zellen während der Feldeinwirkung mit einem Mikroskop beobachtet werden. Die Temperierung erfolgt durch einen in das Acrylglasgefäß eingearbeiteten Kanal, der von dem als Temperierflüssigkeit verwendeten Öl durchflossen wird. Zwei weitere Kunststoffschläuche, die vom Probenhalter aus der TEM-Zelle führen, dienen der Perfusion.

2.3 900/1800 MHz - Berlin

Für diese Untersuchungen sollen mehrere, mit dem Nährmedium und den Zellen gefüllte Reagenzgläser einem Hochfrequenzfeld ausgesetzt werden. Aufgrund des dazu erforderlichen Probenhaltervolumens kommt eine TEM-Zelle in diesem Frequenzbereich nicht in Betracht. Als Feldgenerator wurde daher eine GTEM-Zelle verwendet (Bild 2).

Laut Herstellerangaben weist diese GTEM-Zelle einen Frequenzbereich von DC bis 2 GHz und eine nominelle Eingangsimpedanz von 50 Ω auf. Die maximal zulässige Eingangsleistung beträgt 50 W. Die maximalen Prüfobjektabmessungen zur Ausnutzung einer möglichst homogenen Feldverteilung werden mit $83 \cdot 83 \cdot 83$ mm³ angegeben. Die Abmessung von 83 mm entspricht gerade einem Drittel des maximal verfügbaren Abstandes zwischen Innenleiter und Außenleiter. Der Betrag des Eingangsreflexionsfaktors soll im gesamten Frequenzbereich kleiner als 0,2 sein. Eine Messung von $|S_{11}|$ bestätigte diesen Wert. Die Anpassung ist damit nicht so gut wie beispielsweise bei den vorgestellten TEM-Zellen. Bei 900 MHz beträgt $|S_{11}|$ etwa 9 % und bei 1800 MHz 18 %.

Die Feldstärke in der <u>leeren</u> GTEM-Zelle läßt sich nicht explizit wie in der TEM-Zelle angeben. Näherungsweise kann diese Feldstärke nach Gl.(1) bestimmt werden, wenn für die Größe b der Abstand zwischen Innen- und Außenleiter an der Position des Prüfobjekts angenommen wird (vgl. Bild 2).

According to eq.(1) and eq.(2), and considering the 0.835 factor, the electric field strength at the bottom of the empty TEM cell for 900 MHz is thus 377 V/m, and the magnetic flux density is 1.26 µT; for 1800 MHz these figures are 239 V/m and 0.80 µT, respectively.

The sample holder accommodating the nutrient medium with the cells is in this case a flat, 6 mm container made of acrylic glass. It is placed immediately on the bottom of the TEM cell, where an opening 1 cm in diameter has been provided that is closed by fine-meshed, conductive gauze to meet high-frequency conditions. The gauze allows the cells to be observed on a microscope during field exposure. For temperature regulation, the acrylic glass container incorporates a duct through which the oil used for this purpose can flow. Two plastic hoses passed outside the TEM cell from the sample holder provide for perfusion.

2.3   900/1800 MHz - Berlin

For these experiments, a number of test tubes holding the nutrient medium with the cells are to be exposed to a high-frequency field. Because of the sample holder volume this requires, a TEM cell can for this frequency range not be used, which is why a GTEM cell had to serve as the field generator (Figure 2).

The supplier's specifications give for this GTEM cell a frequency range between DC and 2 GHz, and a nominal input impedance of 50 Ω. The maximum permissible input power is 50 W. For the maximum test item dimensions, 83 · 83 · 83 mm³ are specified for utilisation of a homogenous field distribution. The 83 mm given correspond to just one third of the maximum clearance available between inner and outer conductor. The input s-parameter is to be below 0.2 for the entire frequency range. $|S_{11}|$ measurement confirmed this value. Conditioning is thus not as good as, for instance, for the TEM cells already mentioned. For 900 MHz, $|S_{11}|$ is about 9 % and for 1800 MHz 18 %.

The field strength for the empty GTEM cell cannot be specified explicitly as in the case of the TEM cell. It can by approximation be determined to eq.(1), if quantity 'b' is assumed to equal the clearance between inner and outer conductor at the position of the test item (cf. Figure 2).

Als Signalquelle wird ein Signalgenerator verwendet, dem je ein Bandverstärker für den Frequenzbereich von 900 MHz und für 1800 MHz nachgeschaltet wird. Da der Signalgenerator nicht pulsmodulierbar ist, wurde ein Pulsmodulator entwickelt und aufgebaut, der zwischen Signalgenerator und Leistungsverstärker in den HF-Pfad eingefügt wird. Dieser Pulsmodulator erlaubt ein manuelles Ein- und Ausschalten der Trägerfrequenz (CW), eine Pulsmodulation mit einem externen Modulationssignal und eine Pulsmodulation mit einem internen Pulsgenerator. Dieser Pulsgenerator bildet das GSM-Zeitmultiplexsignal nach, indem er mit einer Periodendauer von 4,615 ms den Hochfrequenzträger für eine Dauer von 0,577 ms tastet. Dabei wird in beiden Frequenzbereichen eine Spitzenleistung von 10 W in die GTEM-Zelle eingespeist. Mit einem Abstand b von 0,24 m am Ort des Probenhalters läßt sich dann die elektrische Feldstärke in der leeren GTEM-Zelle nach Gl.(1) zu 93 V/m und die magnetische Flußdichte zu 0,31 µT abschätzen.

Der Probenhalter ist ähnlich wie der Probenhalter für die 450 MHz-Versuche in der TEM-Zelle aufgebaut und dient ebenfalls zur Aufnahme der Reagenzgläser (hier 6 Stück) und der Temperierung der Untersuchungsobjekte mit einem Weißölkreislauf.

Mit einer Höhe von 120 mm übersteigt er die maximal empfohlene Prüfobjekthöhe von 83 mm. Messungen des Eingangsreflexionsfaktors der GTEM-Zelle zeigen jedoch, daß die Rückwirkungen des Probenhalters auf den Meßaufbau noch tolerierbar sind. Der Probenhalter wird an dem Ort des größtmöglichen Abstandes zwischen Innen- und Außenleiter in die GTEM-Zelle eingebracht, und zwar mittig zwischen Innen- und Außenleiter. Durch entsprechende Styroporhalterungen sind drei Orientierungen der Reagenzgläser möglich: stehend, liegend und schräg unter einem Winkel von 45°. Die Temperaturkonstanz in den Reagenzgläsern ist sichergestellt; in allen 6 Reagenzgläsern wurde die geforderte Temperatur von 37,0°C mit einer Abweichung von weniger als ±0,1°C erreicht. Dazu ist am Badthermostaten eine Badtemperatur von 38,1°C (Erfahrungswert) einzustellen. Eine meßbare Eigenerwärmung des Nährmediums durch die Hochfrequenzenergie tritt nicht auf. Dies wurde bei einer einstündigen Speisung mit einem ungetasteten Träger von 10 W Leistung mit direkt anschließender Temperaturmessung festgestellt.

2.4 900/1800 MHz - Braunschweig

Für diese Versuche wurden die gleiche GTEM-Zelle und der gleiche Probenhalter wie bei den Untersuchungen in Berlin verwendet. Hier wurden die Reagenzgläser nur in der vertikalen Position in die GTEM-Zelle eingebracht. Als Signalquelle dient ein UHF-Leistungsmeßsender, der so modifiziert wurde, daß er das bereits

The signal source is a signal generator, connected to the load side of which is a band amplifier each for the frequency range of 900 MHz and 1800 MHz. As the signal generator cannot be pulsed, a pulse modulator was developed, which is fitted between signal generator and power amplifier in the HF-circuit. This pulse modulator provides for manual connection and disconnection of the carrier frequency (CW), pulse modulation with an external modulation signal, and pulse modulation with an internal pulse generator. This pulse generator simulates the GSM time-division multiplex signal by pulsing the high-frequency carrier with 4.615 ms periods for 0.577 ms. In doing so, a 10 W peak is for both frequency ranges fed into the GTEM cell. Using the clearance $b = 0.24$ m at the sample holder location, the electric field strength in the <u>empty</u> GTEM cell can then according to eq.(1) be estimated at 93 V/m and the magnetic flux density at 0.31 µT.

Like in the 450 MHz tests, the sample holder is placed into the TEM cell; again it is designed to receive the test tubes (6 ea. in this case) and to temperature-regulate the test items with circulating white oil.

At a height of 120 mm, the sample holder exceeds the 83 mm recommended as a maximum for the test item. Measurements made for the input reflection factor of the GTEM cell reveal, however, that the sample holder feedback on the measuring installation remains within tolerable limits. The sample holder is placed into the GTEM cell at the point of the greatest clearance between inner and outer conductor, i.e. in the middle between these two conductors. Styrofoam supports provide for three orientations of the test tubes: upright, horizontal and inclined at an angle of 45°. Constant temperature conditions in the test tubes are safeguarded; in all the 6 test tubes, the required temperature of 37.0°C was met at a deviation of less than ±0.1°C. For this purpose a bath temperature of 38.1°C (experimental value) has to be set on the bath thermostat. There is no measurable nutrient medium self-heating as a result of the high-frequency power. This is verified for a 1-hour power supply with an unpulsed 10 W carrier, following which temperatures were immediately measured.

2.4 900/1800 MHz - Braunschweig

For these experiments, the GTEM cell and the sample holder were the same as those used in the Berlin tests. In this case, the GTEM cell only accommodated test tubes in the vertical position. The signal source was a UHF high-power signal generator modified such that it emits the signal as described in section 2.3 above.

im Abschnitt 2.3 beschriebene Signal abgibt. Die Spitzenleistung, die in die GTEM-Zelle eingespeist wird, beträgt in beiden Frequenzbereichen 5 W, so daß sich in der <u>leeren</u> GTEM-Zelle am Ort des Probenhalters die elektrische Feldstärke zu 66 V/m und die magnetische Flußdichte zu 0,22 µT abschätzen läßt.

3 Feldbestimmung

3.1 Voraussetzungen

Zur Beurteilung der Expositionsversuche ist die Feldstärke in der Flüssigkeit, in der sich die Zellen befinden, zu bestimmen. Feldstärkemessungen scheiden wegen der geringen Abmessungen und der Leitfähigkeit des Nährmediums aus. Eine analytische Berechnung ist aufgrund der komplizierten Geometrie ebenfalls nicht möglich. Daher wurde ein numerisches Berechnungsverfahren verwendet. Dazu stand bei der Telekom das Programmpaket "MAFIA" zur Verfügung, das nach der Finite-Differenzen-Methode arbeitet und das sich zur Feldberechnung in geschlossenen dreidimensionalen Strukturen eignet [5]. Das zu untersuchende Gebiet ist mit einem orthogonalen Gitter zu überziehen, und die tatsächliche Materialverteilung ist auf das Gitter abzubilden. Aufgrund der dreidimensionalen Geometrie ergeben sich beträchtliche Gitterelementanzahlen. Um die Berechnungen auf der verfügbaren Rechenanlage überhaupt und dazu noch in akzeptabler Rechenzeit durchführen zu können, sind vereinfachende Annahmen bei der Modellierung notwendig. So werden die Felderzeuger nicht in ihrer vollständigen Geometrie einschließlich der verhältnismäßig kleinen Einspeisestellen nachgebildet. Vielmehr wurde bei beiden TEM-Zellen nur das längshomogene Mittelteil und bei der GTEM-Zelle ein kurzes, ebenfalls längshomogenes Leitungsstück modelliert, das die mittleren Querschnittsabmessungen am Ort des eingebrachten Probenhalters repräsentieren soll. Diese Wellenleiterabschnitte mit den nachgebildeten Probenhaltern wurden vereinfachend mit einer TEM-Welle gespeist. Die Anregung höherer Moden, die ja in den trichterförmigen Übergängen erfolgt, und ihre Ausbreitung wurde also nicht berücksichtigt. Der dadurch bedingte Rechenfehler konnte für den Fall der TEM-Zelle mit einer Kontrollrechnung abgeschätzt werden. Dazu wurde ein vereinfachter Probenhalter modelliert, der zum einen in den Wellenleiterabschnitt und zum anderen in eine vollständig nachgebildete TEM-Zelle eingebracht wurde. In beiden Fällen wurde die gleiche Frequenz und Speiseleistung verwendet. Es zeigt sich, daß die elektrischen Feldstärken und magnetischen Flußdichten zwischen den beiden Modellen um maximal ±10 % voneinander

The peak power fed into the GTEM cell is 5 W for both frequency ranges so that in the empty GTEM cell, the electric field strength can be estimated to be 66 V/m and the magnetic flux density 0.22 µT at the location of the sample holder.

3 Field determination

3.1 Conditions

For evaluation of the exposure tests, the field strength in the liquid containing the cells has to be determined. Measuring the field strength is in view of the limited dimensions and the conductivity of the nutrient medium not feasible, and the complicated geometry involved also renders analytic calculations inappropriate. The procedure adopted was hence numerical calculation. For this purpose, the German telecommunications company Telekom had the "MAFIA" program package at its disposal, which uses the finite-difference (FD) method and is employed for field calculation in enclosed, three-dimensional structures [5]. The area to be analysed has to be covered with an orthogonal grid, the actual material distribution being mapped on the grid. The three-dimensional geometry produces considerable numbers of grid elements. To be able to perform the required calculations on the available computer, and this within an acceptable time, modelling has to start from simplifying assumptions. Simulation does, for instance, not refer to the real geometry of the field generators or that of the relatively small infeed points. For both TEM cells, only the axially homogeneous central section and for the GTEM cell a short, also axially homogeneous line section were modelled, which was to represent the central cross-sectional dimensions at the location of the sample holder. These waveguide sections with the simulated sample holders were for simplification fed with a TEM wave. The excitation of higher modes, which takes place in the tapering reducers, and their propagation was hence not considered. Any calculation errors as may follow from this approach, could for the TEM cell be estimated by means of a check calculation, for which purpose a simplified sample holder was modelled and placed, on the one hand, into the waveguide section and, on the other, in a completely copied TEM cell. The frequency and supplied power was the same in both cases. It was found that the electric field strengths and the magnetic flux densities of the two models deviated by a maximum of ±10 %.

abweichen. Diese geringen Abweichungen dürften auch für die vorliegenden Modelle mit einer TEM-Zelle gelten.

Für die GTEM-Zelle konnte eine solche Abschätzung nicht vorgenommen werden, da über das Absorbermaterial, das bei den verwendeten Frequenzen den HF-Abschluß bildet und damit die Feldstruktur mitbestimmt, keinerlei Daten verfügbar sind.

Die Gitterelementweite wurde im Bereich des Nährmediums so gewählt, daß sie bei allen Modellen maximal 1,5 % der kleinsten vorkommenden Wellenlänge beträgt. Weiterhin können mit MAFIA Materialbegrenzungen auch auf den Raumdiagonalen der kartesischen Gitterelemente festgelegt werden, so daß sich die runde Form der Nährmedien gut approximieren läßt. Rechenfehler aufgrund einer möglicherweise zu groben Diskretisierung sollten daher zu vernachlässigen sein.

Das Speisesignal hat einen sinusförmigen Verlauf mit der Frequenz des entsprechenden Mobilfunknetzes (450 MHz, 900 MHz, 1800 MHz). Bei allen Frequenzen wurde einheitlich eine Speiseleistung von 1 W verwendet; eine Umrechnung auf andere Speiseleistungen ist aufgrund der vorausgesetzten Linearität der Anordnung zulässig. Die Berechnung mit MAFIA erfolgt mit dem T3-Modul im Zeitbereich. Dazu wird als Anfangswert auf allen Gitterelementen eine Feldstärke von Null vorgegeben und zum Zeitpunkt t = 0 das anregende Signal in das Eingangstor des Wellenleiters eingespeist. Die Berechnung ist solange durchzuführen, bis auf allen Gitterelementen der eingeschwungene Zustand erreicht ist. Die sich über der letzten vollständigen Periode der Anregefrequenz einstellenden Feldstärkewerte können zur Beurteilung der Feldstruktur herangezogen werden.

Die elektrischen Materialeigenschaften sind in Form der relativen Permeabilität μ_r, der relativen Dielektrizitätszahl ε_r und der Leitfähigkeit κ vorzugeben. Es werden die Stoffe Acrylglas, Weißöl, das Nährmedium (HAM's F-10 oder eine Tyrode-Lösung) und eine Mischung des Nährmediums mit den Zellen verwendet. Das in Berlin verwendete Nährmedium RPMI 1640 hat etwa die gleiche Zusammensetzung und daher auch Eigenschaften wie das Medium HAM´s F-10. Für alle diese Stoffe gilt $\mu_r = 1$. Die beiden übrigen Größen ε_r und κ wurden für HAM´s F-10 und Tyrode-Lösung durch Messungen ermittelt. Dazu stand im Frequenzbereich bis 1000 MHz ein Meßverfahren zur Verfügung, das auf der Bestimmung der Leitungskonstanten einer mit der Stoffprobe gefüllten Koaxialleitung beruht [6]. Kleine Verlustfaktoren $\tan\delta$ sind mit diesem Verfahren schwer zu erfassen. Daher wurden für das Acrylglas und das Weißöl ein frequenzunabhängiger Wert aus der Literatur [7] von $\tan\delta = 0{,}015$ angenommen.

These minor deviations should also apply to the available models with a TEM cell.

For the GTEM cell, this kind of estimation was not possible, as no data were available for the absorber material, which provides the HF termination for the frequencies used and thus contributes to the field structure.

The width of the grid elements in the area of the nutrient medium was chosen such that for all the models it is a maximum 1.5 % of the smallest possible wavelength. MAFIA can also be used to determine material limitations on the body diagonals of the Cartesian grid elements such that the circular shape of the nutrient media can well be approximated. Calculation errors as may result from too coarse a discrete representation should hence be negligible.

The feeder signal is sinusoidal in compliance with the frequency of the relevant mobile radio system (450 MHz, 900 MHz, 1800 MHz). For all the frequencies, the input power was 1 W; in view of the assumed linearity of the installation, conversion to other input powers is admissible. MAFIA calculation was made with the T3 module within the time range. For this purpose, the initial field strength on all the grid elements is given as zero and the excitation signal is fed into the waveguide port at time $t = 0$. Calculation has to proceed until the steady-state condition is available on all the grid elements. The field strengths produced for the last complete period of the excitation frequency can be referred to for evaluation of the field structure.

The electric material properties have to be given in the form of the relative permeability μ_r, the relative dielectric constant ε_r, and the conductivity κ. The materials used are acrylic glass, white oil, the nutrient medium (HAM's F-10 or a tyrode solution), and a mixture consisting of nutrient medium and cells. The composition, and hence also the characteristics, of the nutrient medium used in Berlin (RPMI 1640) are about the same as those of the HAM's F-10 medium. For all these substances $\mu_r = 1$ applies. The two other quantities, ε_r and κ, were established by measurement for HAM's F-10 and the tyrode solution. For this purpose, a measuring method was available for the frequency range of up to 1000 MHz, which starts from the circuit constant determined for a coaxial system filled with the sample [6]. Minor loss factors $\tan\delta$ are difficult to establish with this method, which is why for acrylic glass and white oil a frequency-independent value ($\tan\delta = 0.015$) as used in the literature [7] was assumed.

Aus dem Verlustfaktor tanδ berechnet sich mit $\varepsilon_0 = 8{,}8542 \cdot 10^{-12}$ As/Vm die Leitfähigkeit κ bei der Frequenz f zu:

$$\kappa = 2\pi f \cdot \varepsilon_0 \cdot \varepsilon_r \cdot \tan\delta \ . \tag{4}$$

Weiterhin standen für das Nährmedium HAM's F10 Meßergebnisse der komplexen Permittivität $\underline{\varepsilon}_r = \varepsilon_r' - j\varepsilon_r''$ in einem Frequenzbereich von 10 MHz bis 3 GHz zur Verfügung. Hierfür wurde ein Meßaufbau verwendet, bei dem der Reflexionsfaktor einer kurzen, mit der Flüssigkeit gefüllten Leitung bestimmt wird [8]. Aus $\underline{\varepsilon}_r$ lassen sich ε_r' und tanδ zu

$$\varepsilon_r = \varepsilon_r' \ , \quad \tan\delta = \frac{\varepsilon_r''}{\varepsilon_r'} \tag{5), (6}$$

bestimmen. Die Meßergebnisse stimmen mit den Meßwerten, die nach dem ersten vorgestellten Meßverfahren bestimmt wurden, gut überein. Daher ist es zulässig, die Materialeigenschaften der Tyrode-Lösung bei 1,8 GHz, die ja nicht gemessen werden konnten, durch Extrapolation des Frequenzgangs zu gewinnen.

Nach dem ersten Verfahren durchgeführte Messungen ergeben, daß die Materialeigenschaften eines homogenen Gemisches aus dem Nährmedium HAM's F-10 und Blut den Eigenschaften des Mediums sehr ähnlich sind. Es kann davon ausgegangen werden, daß dies für alle hier verwendeten Gemische aus Nährmedium und Zellen gilt. Vereinfachend wurden daher für die Reagenzglasflüssigkeiten stets die Materialeigenschaften des Mediums zugrunde gelegt. Sämtliche für die numerischen Berechnungen erforderlichen elektrischen Materialparameter sind in Tabelle 1 zusammengestellt. Bei den Leitfähigkeiten κ [S/m] für Acrylglas und Weißöl handelt es sich um Werte, die mit Gl. (4) aus den Literaturangaben [7] für die Verlustfaktoren dieser Stoffe berechnet wurden. Die übrigen Werte resultieren aus den durchgeführten Messungen.

Material	450 MHz		900 MHz		1800 MHz	
	ε_r	κ	ε_r	κ	ε_r	κ
Acrylglas	2,6	0,001	2,6	0,002	2,6	0,0039
Weißöl	2,2	0,0008	2,2	0,0017	2,2	0,0033
HAM's F-10	70,0	1,5	65,0	1,75	62,0	2,0
Tyrode			70,0	1,6	67,0	1,8

Tabelle 1 Verwendete elektrische Materialparameter

Using loss factor $\tan\delta$ and $\varepsilon_0 = 8.8542 \cdot 10^{-12}$ As/Vm, the conductivity κ for frequency f is calculated by

$$\kappa = 2\pi f \cdot \varepsilon_0 \cdot \varepsilon_r \cdot \tan\delta .\qquad(4)$$

Also available for the nutrient medium HAM's F10 were measurements for the complex permittivity $\underline{\varepsilon}_r = \varepsilon'_r - j\varepsilon''_r$ within a frequency range of between 10 MHz and 3 GHz. The measuring installation used for this purpose determines the reflectance factor of a short circuit filled with a liquid [8]. From $\underline{\varepsilon}_r$, both ε'_r and $\tan\delta$ can be determined by

$$\varepsilon_r = \varepsilon'_r , \qquad \tan\delta = \frac{\varepsilon''_r}{\varepsilon'_r} .\qquad(5), (6)$$

The results from measurements are found to agree well with the values determined with the aid of the first measuring method. It is thus admissible to determine the material properties of the tyrode solution at 1.8 GHz, which could not be measured, by extrapolation of the frequency response.

Measurements made using the first method reveal that the material properties of a homogeneous mixture produced from the nutrient medium HAM's F-10 and blood and those of the medium are very similar, which is why it can be assumed that this equally applies to all nutrient medium / cell mixtures used here. For simplification, the material properties of the medium where hence always used as a basis for the test-tube liquids. All the electric material parameters required for numerical calculation are shown in Table 1. The values for the acrylic glass and white oil conductivities κ [S/m] were calculated with eq.(4), using data available in the literature [7] for the loss factors of these substances. The remaining values are those produced by measurement.

Material	450 MHz		900 MHz		1800 MHz	
	ε_r	κ	ε_r	κ	ε_r	κ
Acrylic glass	2.6	0.001	2.6	0.002	2.6	0.0039
White oil	2.2	0.0008	2.2	0.0017	2.2	0.0033
HAM's F-10	70.0	1.5	65.0	1.75	62.0	2.0
Tyrode			70.0	1.6	67.0	1.8

Table 1 Electric material parameters used

3.2 Rechenergebnisse

Im folgenden werden die Ergebnisse der numerischen Berechnungen für die Expositionseinrichtungen vorgestellt. Angegeben werden die elektrische und magnetische Feldstärke im Leerfeld und im Medium, sowie die spezifische Absorptionsrate (SAR) im Medium. Der SAR-Wert gibt die in einem Stoff umgesetzte Leistung aufgrund von Verlusten bezogen auf die Masse an.

Allen Berechnungen wurde eine zeitlich konstante Leistung (CW-Betrieb) von 1 W zugrunde gelegt. Der SAR-Wert ist aufgrund der vorausgesetzten Linearität der verwendeten Materialien proportional der Speiseleistung, so daß er einfach auf andere Speiseleistungen umgerechnet werden kann.

Die Ergebnisse (s.a. [9]) sind in Tabelle 2 zusammengestellt. In den ersten Spalten sind Ort und Felderzeuger als Kurzbezeichnung des Versuchs sowie die verwendete Frequenz aufgeführt. In Spalte 3 ist die in den Felderzeuger eingespeiste Leistung P angegeben. Bei 450 MHz ist dies die Dauerleistung des unmodulierten Trägers, während es sich bei den pulsmodulierten Signalen bei 900 MHz und 1800 MHz um die Spitzenleistung handelt. Aus der Speiseleistung P und der Geometrie des Felderzeugers läßt sich die elektrische Feldstärke E_{leer} am Ort des Nährmediums in dem leeren Felderzeuger abschätzen (Spalte 4). Die Berechnung der magnetischen Leerflußdichte B_{leer} aus E_{leer} erfolgt unter Annahme von Freiraumverhältnissen. In den beiden folgenden Spalten 6 und 7 sind die Feldänderungen im Nährmedium als Quotienten E_{Med}/E_{leer} bzw. B_{Med}/B_{leer} angegeben, die mit dem FD-Rechenprogramm MAFIA numerisch berechnet wurden. Dabei handelt es sich jeweils um den Mittelwert über das Volumen des Nährmediums. Damit kann die elektrische Feldstärke E_{Med} und die magnetische Flußdichte B_{Med} im Medium, denen die untersuchten Zellen ungefähr ausgesetzt sind, angegeben werden. In den Spalten 8 und 9 sind diese Größen als Mittelwerte mit ihren maximalen Abweichungen im Volumen des Nährmediums aufgeführt. Bei den pulsmodulierten Signalen handelt es sich wiederum um Spitzenwerte. Die elektrische Feldstärke und magnetische Flußdichte sind proportional zu $\sqrt{P}$; die angegebenen Werte lassen sich somit umrechnen, wenn andere Leistungen verwendet werden. In der letzten Spalte ist schließlich die spezifische Absorptionsrate (SAR) im Nährmedium als zeitlicher Mittelwert angegeben. Bei den pulsmodulierten Signalen wurde das Tastverhältnis von 8 berücksichtigt. Für die Versuche mit einer TEM-Zelle als Felderzeuger ist die rechnerisch abgeschätzte Unsicherheit des SAR-Wertes in Prozent aufgeführt. Bei den Versuchen mit der GTEM-Zelle können keine Angaben über diese Unsicherheit gemacht werden. Für den Probenhalter in Berlin wurde nur die senkrechte Stellung der Probenröhrchen moduliert.

3.2 Calculated results

Presented below are the results of numerical calculations made for the exposure installations. What is given are the electric and magnetic field strengths in the empty field and in the medium, as well as the specific absorption rate (SAR) in the medium. The SAR indicates the power converted in a substance starting from losses as related to mass.

All the calculations started from a <u>time-constant</u> wattage (CW mode) of 1 W. Because of the assumed linearity of the materials used, the SAR is proportional to the power supplied, which is why it can simply be converted for other power supply rates.

Results (cf. [9]) are listed in Table 2. The first columns give the location and the field generator in the test using a short test reference, as well as the frequency used. Column 3 indicates the power P fed into the field generator. For 450 MHz, this is the continuous power of the unmodulated carrier, while for the pulse-modulated signals at 900 MHz and 1800 MHz it is the peak power. From the input power P and the geometry of the field generator, the electric field strength E_{empty} at the location of the nutrient medium in the <u>empty</u> field generator can be estimated (column 4). To calculate magnetic empty flux density B_{empty} from E_{empty}, free-space conditions are assumed. In the next two columns (Nos. 6 and 7), field changes in the nutrient medium are given in the form of quotients E_{med}/E_{empty} and B_{med}/B_{empty} that were numerically calculated using the FD calculation program "MAFIA". Values are mean values across the volume of the nutrient medium. This allows the electric field strength E_{med} and the magnetic flux density B_{med} in the medium to be given, to which the cells examined are roughly exposed. Columns 8 and 9 list these quantities in the form of mean values with their maximum deviations within the volume of the nutrient medium. The pulse-modulated signals are again peak values. The electric field strength and magnetic flux density are proportional to $\sqrt{P}$; the values given can thus be converted when other power rates are used. The last column finally shows the specific absorption rate (SAR) in the nutrient medium in the form of a time-averaged mean value. The pulse-modulated signals consider the pulse-duty factor 8. For the tests using a TEM cell as field generator, the uncertainty of SAR estimated by calculation is given as a percentage figure. For the GTEM cell tests, no details can be provided for this uncertainty. For the sample holder in Berlin, only the vertical position of the test tubes was modulated.

Die angegebenen SAR-Werte liegen mit Ausnahme des Versuchs bei 1800 MHz in Berlin deutlich unterhalb des zugelassenen Grenzwertes von 80 mW/kg. Thermische Wirkungen durch die elektromagnetischen Felder können daher ausgeschlossen werden.

Für athermische Wirkungen sind neben den SAR-Werten auch die Leerfeldstärken von Bedeutung. Hier treten Werte sowohl oberhalb als auch unterhalb der Grenzwerte auf, die nach DIN VDE 0848, Teil 2 [10] bei 100 V/m und 0,33 µT liegen. Dadurch wird mit den Untersuchungen ein weiter Bereich möglicher athermischer Wirkungen abgedeckt.

Versuch	f	P	Leerfeld		Änderung		Feld im Medium		SAR
Felderzeuger	(MHz)	(W)	E_{leer} (V/m)	B_{leer} (µT)	$\frac{E_{Med}}{E_{leer}}$	$\frac{B_{Med}}{B_{leer}}$	E_{Med} (V/m)	B_{Med} (µT)	$\left(\frac{mW}{kg}\right)$
Braunschweig (TEM-Zelle)	450	2	20	0,067	0,145	1,0	3 ±40%	0,067 ±5%	7,4 ±20%
Bonn (TEM-Zelle)	900	5	380	1,26	0,019	1,1	7 ±25%	1,4 ±5%	6,9 ±20%
Bonn (TEM-Zelle)	1800	2	240	0,80	0,029	1,4	7 ±30%	1,1 ±10%	8,5 ±20%
Braunschweig (GTEM-Zelle)	900	5	66	0,22	0,190	2,3	12 ±50%	0,5 ±20%	6,2 -
Braunschweig (GTEM-Zelle)	1800	5	66	0,22	0,230	2,8	15 ±60%	0,6 ±40%	29,4 -
Berlin (GTEM-Zelle senkrecht)	900	10	93	0,31	0,210	2,0	19 ±35%	0,6 ±10%	12,5 -
Berlin (GTEM-Zelle, senkrecht)	1800	10	93	0,31	0,280	3,4	26 ±50%	1,0 ±60%	91,0 -

Tabelle 2 Zusammenstellung der Feldverhältnisse aller Versuche

Except for the 1800 MHz test in Berlin, the SAR given remain clearly below the admissible limit of 80 mW/kg. Thermal effects resulting from the electromagnetic fields can thus be excluded.

For athermal effects, not only SAR, but also the empty-field strengths are of relevance. Here, values both above and below the limits occur, which DIN VDE 0848, part 2 [10] specifies to be 100 V/m and 0.33 µT. The experiments made thus cover a wide range of possible athermal effects.

Test	f	P	Empty field		Change		Field in medium		SAR
Field generator	(MHz)	(W)	E_{empty} (V/m)	B_{empty} (µT)	$\frac{E_{med}}{E_{empty}}$	$\frac{B_{med}}{B_{empty}}$	E_{med} (V/m)	B_{med} (µT)	$\left(\frac{mW}{kg}\right)$
Braunschweig (TEM cell)	450	2	20	0.067	0.145	1.0	3 ±40%	0.067 ±5%	7.4 ±20%
Bonn (TEM cell)	900	5	380	1.26	0.019	1.1	7 ±25%	1.4 ±5%	6.9 ±20%
Bonn (TEM cell)	1800	2	240	0.80	0.029	1.4	7 ±30%	1.1 ±10%	8.5 ±20%
Braunschweig (GTEM cell)	900	5	66	0.22	0.190	2.3	12 ±50%	0.5 ±20%	6.2 -
Braunschweig (GTEM cell)	1800	5	66	0.22	0.230	2.8	15 ±60%	0.6 ±40%	29.4 -
Berlin (GTEM cell, vertical)	900	10	93	0.31	0.210	2.0	19 ±35%	0.6 ±10%	12.5 -
Berlin (GTEM cell, vertical)	1800	10	93	0.31	0.280	3.4	26 ±50%	1.0 ±60%	91.0 -

Table 2 Field conditions in all the tests

4 Literatur

[1] Crawford, M.L.; Workman, J.L.: Using a TEM Cell for EMC Measurements of Electronic Equipment, Technical Bureau of Standards, Boulder, Colorado, U.S.A., April 1979
[2] Hill, D.A.: Bandwidth Limitations of TEM Cells due to Resonances, Journal of Microwave Power, 18(2), 1983, S. 181-195
[3] Hansen, D.; Garbe, H.: Eigenschaften und Anwendungen der GTEM-Zellen, Tagungsband zur Vortragsveranstaltung TEM-Wellenleiter, Frankfurt, 6. Februar 1991, S. 12.1-12.22
[4] Meinke; Gundlach (Hrsg.): Taschenbuch der Hochfrequenztechnik, 5. Auflage, Springer Verlag, Berlin Heidelberg New York Tokyo, 1992
[5] Weiland, T. [u.a.]: Maxwell's Grid Equations, FREQUENZ 33 (1990) 1, S. 9-16
[6] Altmaier, H.: Messung komplexer Materialkonstanten von Absorbermaterialien mit einem automatischen Netzwerkanalysator, Tagungsband zum Kongreß "Elektromagnetische Verträglichkeit", Karlsruhe, 13.-15. März 1990, VDE-Verlag, Berlin, 1990, S. 189-202
[7] Brinkmann, Curt: Die Isolierstoffe der Elektrotechnik, Springer Verlag, Berlin Heidelberg New York, 1975
[8] Kaatze, U.; Lönnecke-Gabel, V.; Pottel, R.: Broad-band Dielectric Relaxation Study of Aqueous Samples with High Content of Organic Molecules, Zeitschrift für Physikalische Chemie Neue Folge, Bd. 175, 1992, S. 165-186
[9] Neibig, U.: Expositionseinrichtungen. Newsletter Edition Wissenschaft Nr. 3 der FGF e.V., Bonn, 1996
[10] DIN VDE 0848, Teil 2: Gefährdung durch elektromagnetische Felder: Schutz von Personen im Frequenzbereich von 10 kHz bis 3000 GHz, VDE-Verlag, Berlin, Juli 1984

4 Literature

[1] Crawford, M.L.; Workman, J.L.: Using a TEM Cell for EMC Measurements of Electronic Equipment, Technical Bureau of Standards, Boulder, Colorado, U.S.A., April 1979

[2] Hill, D.A.: Bandwidth Limitations of TEM Cells due to Resonances, Journal of Microwave Power, 18(2), 1983, pp. 181-195

[3] Hansen, D.; Garbe, H.: Eigenschaften und Anwendungen der GTEM Zellen, Tagungsband zur Vortragsveranstaltung TEM-Wellenleiter, Frankfurt, 6. Februar 1991, pp. 12.1-12.22

[4] Meinke; Gundlach (Hrsg.): Taschenbuch der Hochfrequenztechnik, 5. Auflage, Springer Verlag, Berlin Heidelberg New York Tokyo, 1992

[5] Weiland, T. [u.a.]: Maxwell's Grid Equations, FREQUENZ 33 (1990) 1, pp. 9-16

[6] Altmaier, H.: Messung komplexer Materialkonstanten von Absorbermaterialien mit einem automatischen Netzwerkanalysator, Tagungsband zum Kongreß "Elektromagnetische Verträglichkeit", Karlsruhe, 13.-15. März 1990, VDE-Verlag, Berlin, 1990, pp. 189-202

[7] Brinkmann, Curt: Die Isolierstoffe der Elektrotechnik, Springer Verlag, Berlin Heidelberg New York, 1975

[8] Kaatze, U.; Lönnecke-Gabel, V.; Pottel, R.: Broad-band Dielectric Relaxation Study of Aqueous Samples with High Content of Organic Molecules, Zeitschrift für Physikalische Chemie Neue Folge, Bd. 175, 1992, pp. 165-186

[9] Neibig, U.: Expositionseinrichtungen. Newsletter Edition Wissenschaft Nr. 3 der FGF e.V., Bonn, 1996

[10] DIN VDE 0848, Teil 2: Gefährdung durch elektromagnetische Felder: Schutz von Personen im Frequenzbereich von 10 kHz bis 3000 GHz, VDE-Verlag, Berlin, Juli 1984

III Expositionsanlagen des 2. Forschungsvorhabens

Dipl.-Ing. *Heiko Eisenbrandt*, Dipl.-Ing. *Jan Peter Grigat*, Dipl.-Ing. *Egon Zemann*,
Forschungsverbund Elektromagnetische Verträglichkeit biologischer Systeme,
Technische Universität Braunschweig

Prof. Dr.-Ing. *Rudolf Elsner*, Dr. Ing. *Günther Dehmel*, Dipl.-Ing. *Werner Storbeck*,
Institut für Nachrichtentechnik,
Technische Universität Braunschweig

1 Felderzeugende Einrichtungen

In verschiedenen Experimenten sollte der Einfluß elektromagnetischer Felder auf biologische Systeme in den Frequenzbereichen des D- und E-Mobilfunknetzes sowie des Polizeifunks (BOS) untersucht werden.

Bei den ersten Untersuchungen wurden, wie im vorherigen Kapitel dargelegt, GTEM-Zellen als felderzeugende Einrichtungen für die Frequenzbereiche des D- und E-Mobilfunknetzes eingesetzt. In diesen Einrichtungen konnten bei den verfügbaren Eingangsleistungen nur relativ kleine spezifische Absorptionsraten (SAR) von 6,2 bis 91 mW/kg in der biologischen Probe erreicht werden. Zugelassen sind in Normen Grenzwerte von 80 mW/kg. In dem daran anschließenden Folgeprojekt sollten daher die Zellen bei höheren SAR-Werten auf ihr Verhalten untersucht werden. Dies war bei gleicher verfügbarer Eingangsleistung nur möglich, wenn der Querschnitt der felderzeugenden Einrichtungen verkleinert wurde. Die Grenze der Verkleinerung ist durch den Probenhalter gegeben, der die Probenröhrchen mit dem Nährmedium und den zu untersuchenden Zellen enthält. Deshalb kamen als felderzeugende Einrichtungen nur Hohlleiter in Frage, die im Grundmode betrieben werden. Der Einsatz von Hohlleitern an Stelle der GTEM-Zelle hat auch den Vorteil, daß genauere Feldberechnungen möglich sind (Kapitel IV). Bis zur Fertigstellung der Hohlleiter wurden mit den schon verfügbaren GTEM-Zellen Untersuchungen durchgeführt (Kapitel VII).

In der GTEM-Zelle wurden die bisherigen Probenhalter verwendet (Kapitel II). Bei diesen sind die Reagenzgläser in einem Kreis angeordnet und lassen sich leicht mit umfließendem Öl auf konstanter Temperatur (37°C ±0,1°C) halten.

III Exposure Installations of the 2nd Project

Dipl.-Ing. *Heiko Eisenbrandt*, Dipl.-Ing. *Jan Peter Grigat*, Dipl.-Ing. *Egon Zemann*,
Research Association Electromagnetic Compatibility of Biological Systems,
Technical University of Braunschweig

Prof. Dr.-Ing. *Rudolf Elsner*, Dr. Ing. *Günther Dehmel*, Dipl.-Ing. *Werner Storbeck*,
Institute for Telecommunications Technology,
Technical University of Braunschweig

1 Field generating setups

Different experiments were conducted to examine in what way biological systems are affected by electromagnetic fields with frequencies corresponding to those of the mobile radiotelephone D and E-systems as well as the police radio system.

As described in the previous chapter, GTEM cells were for the first tests used as field generating setups for the frequency range of the mobile D and E radiotelephone systems. In view of the input energy available, the specific absorption rates (SAR) in the biological sample remained with these setups at a relatively low 6.2 to 91 mW/kg. As the relevant standards provide for a limit of 80 mW/kg, the cell behaviour was in the follow-up project to be analysed at higher SAR values. With the same available input energy this could only be achieved when reducing the cross-sections of the field generating setups, a measure that is limited by the sample holder accommodating the test tubes with the nutrient medium and the cells to be analysed. Waveguides, operated in the fundamental mode, consequently turned out to be the only suitable field generating setups. To replace GTEM cells by waveguides offers the additional advantage of more exact field calculations (Chapter IV). As long as the waveguides were not available, testing proceeded with the GTEM cells (Chapter VII).

The GTEM cell used the sample holders (Chapter II) previously employed, where the test tubes are arranged to form a circle and the temperature can easily be maintained at a constant (37°C ±0.1°C) by oil circulation.

Bei dem kleineren Hohlleiterquerschnitt mußten die Röhrchen im Probenhalter hintereinander angeordnet werden. Das erschwert die Konstanthaltung der Temperatur und führt zu deutlichen Unterschieden der SAR-Werte im ersten und letzten Röhrchen, da die Leistung der elektromagnetischen Welle von den vorderen Röhrchen gedämpft wird, so daß bei den hinteren weniger ankommt. Diese Unterschiede sind aber noch klein gegen die Feldstärkeunterschiede innerhalb jedes Röhrchens, wie sie sich aus den Berechnungen ergeben haben. So ist die elektrische Feldstärke E am Röhrchenrand wesentlich höher als in der Röhrchenmitte. Entsprechend sind auch die SAR-Werte verteilt, da diese sich aus $E^2 \cdot \kappa$ ergeben, wobei κ die spezifische elektrische Leitfähigkeit des Nährmediums ist. Die berechneten SAR-Werte wurden über die sechs Röhrchen gemittelt. Genauere Aussagen über die Berechnungen enthält Kapitel IV. Diese Berechnungen wurden allerdings nur für die Expositionseinrichtungen in Essen durchgeführt. Die Einrichtung in Berlin unterscheidet sich geringfügig in der Menge und Art der Zellsuspensionen in den Röhrchen. Bei gleicher eingespeister Eingangsleistung ist dabei ein etwas geringerer SAR-Wert zu erwarten, der sich weniger als 10 % vom gewünschten Wert unterscheiden wird.

Berechnet wurden nicht nur die elektrische Feldstärke, sondern auch die magnetische Feldstärke. Diese schwankt innerhalb eines Röhrchens weniger stark. Sie hat im Gegensatz zur elektrischen Feldstärke ihren Maximalwert in der Röhrchenmitte und den kleinsten Wert am Röhrchenrand. Bei der Betrachtung athermischer Wirkungen ist zu beachten, daß der Mobilfunk mit dem Tastverhältnis 8 arbeitet. Daher ist der während der Sendezeit von 0,577 ms verfügbare SAR-Wert um den Faktor 8 größer als der zeitlich gemittelte. Entsprechend sind auch die elektrische und magnetische Feldstärke während der Sendezeit höher, als dem Mittelwert der Leistung entspricht.

Für den Polizeifunk bei 380 MHz wurde die TEM-Zelle eingesetzt, wie sie in (Kapitel II) für 450 MHz beschrieben wird. Für die veränderte Frequenz wurden Berechnungen des SAR-Wertes durchgeführt. Bei Einspeisung mit einem 100 W-Verstärker konnte der gewünschte SAR-Wert von 80 mW/kg erreicht werden.

Die genannten und im weiteren genauer beschriebenen Expositionseinrichtungen wurden bei den Laboruntersuchungen in Essen und Berlin (Kapitel VI und VII) eingesetzt.

With the smaller waveguide cross-section, the tubes had to be arranged in tandem in the sample holder, an arrangement that makes it difficult to maintain temperatures at a constant level and produces significant deviations in the SAR values between the first and the last tubes. This can be explained by the fact that the electromagnetic wave energy is dampened by preceding tubes so that less of this energy reaches downstream tubes. As against the field strength deviations within each tube (which calculations produced), these deviations are, however, comparatively small. The electric field strength E for instance is much higher near the tube wall than in its middle, a difference also reflected by the SAR values that follow from $E^2 \cdot \kappa$, where κ is the specific electric conductance of the nutrient medium. The SAR values calculated were averaged for the 6 test tubes. For details of calculation, reference is made to Chapter IV. It should, however, be noted that these calculations were only made for the exposure facilities used in Essen. The Berlin installation differs slightly in the amount and type of the cell suspensions in the tubes. For the same input energy, the SAR value can in this case expected to be slightly lower, it will, however, differ by less than 10 % from the intended value.

Calculations were not only made for the electric, but also for the magnetic field strength. The latter reveals less distinct deviations within the tube. Unlike the electric field strength, its maximum will be found in the middle of the tube, while the lowest value is near the tube wall. When considering athermal effects it should be noted that mobile radio systems use a pulse duty factor of 8, which is why the SAR value available during a transmission period of 0.577 ms is higher by factor 8 than the time-averaged value. Accordingly, the electric and magnetic field strengths are higher during the transmission period than would correspond to the energy mean value.

For the 380 MHz police radio system, the TEM cell used is the one described in Chapter II for 450 MHz. Separate SAR value calculations were made to account for the difference in frequency. When fed by a 100 W amplifier, the intended SAR value of 80 mW/kg could be achieved.

The exposure setups, for which further details will be provided below, were employed in the laboratory tests in Essen and Berlin (Chapters VI and VII).

1.1 Hohlleiter

1.1.1 Aufbau

Für die Untersuchungen im D- und E-Netz wurden vom Institut für Nachrichtentechnik Hohlleiter als Felderzeuger mit Abmessungen, die den in Kapitel IV dargestellten Berechnungen entsprechen, aufgebaut. In Bild 1 ist der Aufbau des Hohlleiters für das E-Netz dargestellt. Der Querschnitt dieses Hohlleiters beträgt $79 \cdot 158$ mm² bei einer Länge von 1300 mm (Innenmaße). Die hiervon abweichenden Abmessungen des Hohlleiters für das D-Netz sind in Tabelle 1 angegeben.

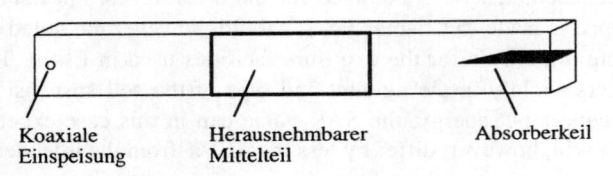

Bild 1 Schematischer Aufbau des Hohlleiter für das E-Netz

	E-Netz (Berlin)	E-Netz (Essen)	D-Netz (Berlin)	D-Netz (Essen)
Frequenz	1,8 GHz	1,8 GHz	0,9 GHz	0,9 GHz
Innenmaß	$79 \cdot 158 \cdot 1300$ mm³	$79 \cdot 158 \cdot 1300$ mm³	$129,5 \cdot 259 \cdot 1300$ mm³	$129,5 \cdot 259 \cdot 1300$ mm³
$|r|$	19 %	18 %	4 %	4 %
s	1,11	1,11	1,02	1,02
V_T	8,5	8,5	8,33	8,33
$SAR_{1W,CW}$	10 W/kg *	10 W/kg *	0,3 W/kg	0,3 W/kg
$\overline{P}$	170 mW	170 mW	650 mW	650 mW
$\overline{SAR}$	1700 mW/kg **	1700 mW/kg	208 mW/kg	208 mW/kg
U_{det}	63,5 mV	21,3 mV	454 mV	18 mV

Tabelle 1 Daten der verwendeten Hohlleiter
    * Statt dem in Kapitel IV angegebenen SAR-Wert von 15,8 W/kg wurde mit einem SAR-Wert von 10 W/kg gerechnet, der sich für den untersten ml im Röhrchen ergab.
    ** In Berlin wurden weitere Versuche bei 680 mW/kg durchgeführt.

Auf der einen Seite am Hohlleiter befindet sich die koaxiale Einspeisung. Im wesentlichen wird hier der Innenleiter der Koaxialleitung als Stift in den Innenraum des Hohlleiters weitergeführt, der Außenleiter der Koaxialleitung ist mit dem Kasten des Hohlleiters verbunden. Auf diese Weise wird im Hohlleiter die niedrigste Hohlleitermode, die magnetische Grundwelle H_{10}, angeregt. Diese breitet sich in Längsrichtung im Hohlleiter aus.

1.1 Waveguides

1.1.1 Configuration

For D and E-system testing, the Institute for Telecommunications Technology used waveguides as field generators that correspond in their dimensions to the calculations presented in Chapter IV. Figure 1 depicts the waveguide configuration for the E-system. This waveguide has a cross-section of $79 \cdot 158$ mm² and a length of 1300 mm (inside). The deviating dimensions of the D-system waveguide are shown in Table 1.

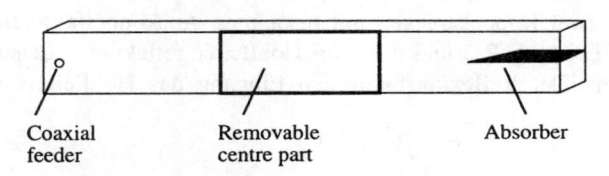

Coaxial feeder   Removable centre part   Absorber

Figure 1   Schematic representation of the E-system waveguide

	E-system (Berlin)	E-system (Essen)	D-system (Berlin)	D-system (Essen)
Frequency	1.8 GHz	1.8 GHz	0.9 GHz	0.9 GHz
Inside dimension	$79 \cdot 158 \cdot 1300$ mm³	$79 \cdot 158 \cdot 1300$ mm³	$129.5 \cdot 259 \cdot 1300$ mm³	$129.5 \cdot 259 \cdot 1300$ mm³
$|r|$	19 %	18 %	4 %	4 %
s	1.11	1.11	1.02	1.02
V_T	8.5	8.5	8.33	8.33
$SAR_{1w,cw}$	10 W/kg *	10 W/kg *	0.3 W/kg	0.3 W/kg
$\overline{P}$	170 mW	170 mW	650 mW	650 mW
SAR	1700 mW/kg **	1700 mW/kg	208 mW/kg	208 mW/kg
U_{det}	63.5 mV	21.3 mV	454 mV	18 mV

Table 1   Details of waveguides used
     * Instead of the SAR value of 15.8 W/kg given in Chapter IV, calculation started from an SAR of 10 W/kg as determined for the lowermost ml in the test tube.
     ** In Berlin, additional tests were carried out for 680 mW/kg.

At one end the waveguide has a coaxial feeder. Basically, at this point the inner conductor of the coaxial lead extends into the inside of the waveguide in the form of a pin, the outer conductor being connected with the waveguide box. In this way, the lowest waveguide mode, the magnetic fundamental wave H_{10}, is stimulated in the waveguide. This wave propagates along the longitudinal waveguide axis.

Am anderen Ende des Hohlleiters ist ein Absorberkeil angebracht. Dadurch wird eine Reflexion der sich ausbreitenden Welle und die daraus resultierende stehende Welle im Hohlleiter bedämpft. Im Fall des D-Netz-Hohlleiters werden drei Absorberkeile übereinander verwendet. Der Mittelteil der vorderen Hohlleiterwand ist herausnehmbar, an ihr ist der Probenhalter mit den Schläuchen für die Temperaturkonstanthaltung fest montiert.

1.1.2 Reflexionsfaktor

Für die Messung des Reflexionsfaktors |r| am Eingang des leeren Hohlleiters wird zwischen dem Verstärker und der koaxialen Einspeisung ein Richtkoppler angeschlossen. Über zwei Koppelstrecken mit bekannten Auskoppelfaktoren können die hinlaufende Leistung P_{vor} und die vom Hohlleiter reflektierte Leistung $P_{rück}$ gemessen werden. Der Reflexionsfaktor am Eingang des Hohlleiters wird bestimmt mit:

$$|r| = \sqrt{P_{rück} / P_{vor}} \;. \tag{1}$$

Die koaxiale Einspeisung ist durch konstruktive Maßnahmen so gestaltet worden, daß der Reflexionsfaktor minimal wird. Die an den Hohlleitern gemessenen Reflexionsfaktoren sind Tabelle 1 zu entnehmen.

1.1.3 Welligkeit

Die Qualität des Hohlleiterabschlußes durch den eingebrachten Absorberkeil wird durch die Messung der Welligkeit im leeren Hohlleiter kontrolliert. Dazu ist die hintere Hohlleiterwand mit einem Schlitz in Längsrichtung versehen worden. Dieses Vorgehen ist zulässig, wenn der Schlitz schmal ist und sich dort befindet, wo auf der Hohlleiterwand keine Ströme fließen. Beim E-Netz-Hohlleiter ist hierfür ein zweites herausnehmbares, geschlitztes Mittelteil gefertigt worden, beim D-Netz-Hohlleiter wegen der größeren Wellenlänge eine zweite geschlitzte Rückwand. Mit einem verschiebbaren Schlitten und einer in den Feldraum hineinragenden kurzen Monopolantenne wurde die Welligkeit im Hohlleiter über der Länge gemessen. Die Welligkeit ist berechnet mit:

$$s = U_{max} / U_{min} \;. \tag{2}$$

Für den D-Netz-Hohlleiter gilt s = 1,02, für den E-Netz-Hohlleiter ist s = 1,11. Sie ist bei den drei aufgebauten Hohlleitern hinreichend klein, so daß durch den Absorberkeil eine Reflexion der hinlaufenden Welle und damit eine stehende Welle im Hohlleiter ausreichend genug gedämpft wird.

An absorber fitted to the far end of the waveguide is to dampen reflections of the propagating wave and any stationary wave this might produce. For the D-system waveguide, three absorbers are placed above each other. The centre of the waveguide front wall can be removed. Fitted to same is the sample holder with the hose lines for temperature maintenance.

1.1.2 Reflection coefficient

To measure the reflection coefficient $|r|$ at the intake end of the empty waveguide, a directional coupler is connected between the amplifier and the coaxial feeder. Two coupling sections with known decoupling coefficients can be used to measure the supplied energy $P_{forward}$ and the energy reflected by the waveguide P_{return}. The reflection coefficient at the waveguide intake is determined by:

$$|r| = \sqrt{P_{return} / P_{forward}} \ . \tag{1}$$

The coaxial feeder is designed so as to produce very low reflection coefficients. The reflection coefficients measured for the waveguides are listed in Table 1.

1.1.3 Standing wave ratio

The waveguide integrity in the presence of the absorber is tested by measuring the standing wave ratio in the empty waveguide. For this purpose, the rear waveguide wall was provided with a slot in longitudinal direction, a measure that is acceptable as long as the slot remains narrow and restricted to an area where no current flows along the waveguide wall. For the E-system waveguide, a second, removable slotted centre part was produced, for the D-system waveguide, where wavelengths are longer, a second slotted rear wall. A carriage and a short monopole aerial extending into the field space were used to measure the standing wave ratio inside the waveguide along its length. The standing wave ratio is calculated by:

$$s = U_{max} / U_{min} \ . \tag{2}$$

For the D-system waveguide $s = 1.02$ applies, for the E-system waveguide $s = 1.11$. For the three waveguides used, the standing wave ratio remains low which implies that a reflection of the forward wave, and consequently a standing wave, are adequately dampened in the waveguide by the absorber.

1.1.4 Tastverhältnis

Das D- und E-Netz werden digital moduliert. Für die Modulation beträgt in beiden Fällen die Rahmenlänge $t_R = 4{,}615$ ms und die Burstlänge $t_B = 0{,}577$ ms, das Tastverhältnis ist damit $V_T = t_R / t_B = 8$. Für den Aufbau in Berlin wurde ein Signalgenerator verwendet, bei dem die Pulsmodulation im Gerät einprogrammiert werden kann. Für den Aufbau in Essen wurde ein selbstgebauter Pulsmodulator zwischen Signalgenerator und Verstärker geschaltet. Dieser Pulsmodulator wurde schon bei den Versuchen mit der GTEM-Zelle verwendet (Kapitel II). Bei Verwendung dieses Pulsmodulators ergibt sich aus Messungen mit einem thermischen Leistungsmesser das Verhältnis zwischen Leistung im unmodulierten Betrieb zu Leistung im Pulsbetrieb zu 8,5. Das sich aus der Rechnung ergebende Tastverhältnis $V_T = 8{,}0$ kann nicht ganz erreicht werden.

1.1.5 Berechnung der Leistung für den geforderten SAR-Wert

Für die Versuche im D- und E-Netz sollte durch die vom Verstärker gelieferte Leistung ein mittlerer SAR-Wert von 200 mW/kg in der Nährlösung der Probenröhrchen eingestellt werden. Dazu wurde zunächst mit dem numerischen Feldberechnungsprogramm MAFIA berechnet, wie groß bei einer vorgegebenen, in den Hohlleiter eingespeisten Leistung der SAR-Wert in den Röhrchen ist. In diese Rechnung gehen die Abmaße des Hohlleiters ein sowie Form und Materialparameter des Probenhalters und der Nährlösung. Für Einzelheiten hierzu wird auf Kapitel IV verwiesen. Als Ergebnis dieser Berechnung wird in Tabelle 1 für den E-Netz-Hohlleiter in Essen angegeben, daß bei der in den Hohlleiter eingespeisten, unmodulierten Leistung von 1 W ein mittlerer SAR-Wert von $SAR_{1W,CW} = 10$ W/kg in den Probenröhrchen erreicht wird. Für die anderen Hohlleiter sind die berechneten mittleren SAR-Werte in Tabelle 1 angegeben. Mit diesem SAR-Wert aus der Berechnung und der eingespeisten thermischen, über der Zeit gemittelten Leistung $\overline{P}$ ergeben sich die SAR-Werte in den Röhrchen ($\overline{SAR}$). Für das D-Netz wurde ein SAR-Wert von ca. 200 mW/kg und für das E-Netz ein SAR-Wert von 1700 mW/kg eingestellt.

1.1.6 Berechnung der elektrischen und magnetischen Feldstärke

Aus den während der Burst-Zeit anliegenden mittleren SAR-Werten läßt sich mit der elektrischen Leitfähigkeit κ (Kapitel IV) und der Dichte ρ eine im Medium vorliegende mittlere elektrische Feldstärke $\hat{E}_{Med}$ (zeitlicher Spitzenwert gemittelt über die räumlichen Schwankungen) berechnen:

1.1.4 Pulse duty factor

The D and E-systems have digital modulation. For modulation, the frame length is $t_R = 4.615$ ms in both cases, the burst length $t_B = 0.577$ ms; the pulse duty factor is thus $V_T = t_R / t_B = 8$. For the Berlin setup a signal generator was used where the pulse modulation can be programmed in the unit. The Essen setup had a locally made pulse modulator fitted between signal generator and amplifier. This pulse modulator had already been used in the tests with the GTEM cell (Chapter II). When using this pulse modulator, measurements with a thermal wattmeter yield a ratio of 8.5 for the energy under unmodulated operation and the pulsed operation energy. The pulse duty factor of $V_T = 8.0$ produced by calculation cannot completely be reached.

1.1.5 Calculating the energy for the required SAR value

For D and E-system testing, the energy supplied by the amplifier was to provide for a mean SAR value of 200 mW/kg in the nutrient medium of the test tubes. To this end, the numerical field calculation program MAFIA was first used to calculate the SAR value in the tubes for a given energy fed into the waveguide. Entered in this calculation are the waveguide dimensions, as well as shape and material parameters of the sample holders and the nutrient medium. For details, reference is made to Chapter IV. For the Essen E-system waveguide, this calculation produces for an unmodulated energy of 1 W fed into the waveguide a mean SAR value of $SAR_{1W,CW} = 10$ W/kg in the test tubes. For the other waveguides, the calculated mean SAR values are listed in Table 1. This SAR value obtained from calculation and the thermal time-averaged energy $\overline{P}$ fed into the waveguide yields the SAR values in the tubes ($\overline{SAR}$). For the D-system, an SAR value of approx. 200 mW/kg was set; for the E-system an SAR value of 1700 mW/kg.

1.1.6 Calculating the electric and magnetic field strength

Using the electric conductance κ (Chapter IV) and the density ρ, a mean electric field strength $\hat{E}_{med}$ available in the medium (time peak averaged for spatial variations) can be calculated from the mean SAR values available during the burst period:

$$\overline{SAR} = \frac{1}{2}\hat{E}_{Med}^2 \cdot \frac{\kappa}{\rho} \quad . \tag{3}$$

Neben dieser elektrischen Feldstärke wurde auch eine mittlere magnetische Flußdichte $\hat{B}_{Med}$ im Medium abgeleitet (Kapitel II und IV):

$$\hat{B}_{Med} = \frac{\sqrt{\varepsilon_r}}{300} \cdot \hat{E}_{Med} \quad . \tag{4}$$

Es ergibt sich für die Exposition bei 1800 MHz während der Burst-Zeit eine elektrische Feldstärke $\hat{E}_{Med}$ = 108 V/m und eine magnetische Feldstärke $\hat{B}_{Med}$ = 3,1 µT. Für 900 MHz ist $\hat{E}_{Med}$ = 42 V/m und $\hat{B}_{Med}$ = 1,2 µT.

1.1.7 Kontrolle der Feldstärke

Zur Kontrolle der Feldstärke über die Dauer der Exposition wurde im hinteren Bereich des Hohlleiters vor den Absorberkeilen ein kurzer Monopolsensor in den Hohlleiter eingebaut. Das von diesem Sensor empfangene Hochfrequenzsignal wird von einer anschließenden HF-Detektordiode gleichgerichtet. Am Ausgang der Detektordiode liegt eine Gleichspannung vor. Diese Ausgangsspannung wird über eine A/D-Karte in einen Computer eingelesen. Vor Beginn einer Versuchsreihe wird diese Detektorausgangsspannung kalibriert. Dazu wird mit einem Richtkoppler und einem thermischen Leistungsmesser die vom Verstärker gelieferte Leistung gemessen und gleichzeitig die Gleichspannung U_{Det} aus der Detektordiode, die vom PC angezeigt wird, notiert. Anschließend werden Richtkoppler und Leistungsmesser entfernt. Während der gesamten Versuchsdauer wird in regelmäßigen Abständen die Detektorspannung in den PC eingelesen und in einer Datei abgespeichert. Auf diese Weise wird kontrolliert, ob die Hochfrequenz während der gesamten Versuchsdauer im Hohlleiter angelegen hat. Die Detektorausgangsspannung U_{Det} für die verwendeten Hohlleiter ist in Tabelle 1 angegeben. Sie sind unterschiedlich groß, weil sich die Längen der eingebauten Monopolsensoren und die Kennlinien der verwendeten Detektordioden voneinander unterscheiden.

1.2 TEM-Zelle

Für die BOS-Versuche bei 380 MHz ist die gleiche TEM-Zelle verwendet worden, die auch im ersten gemeinsamen Vorhaben mit der FGF bei Messungen mit 450 MHz benutzt wurde. Für eine ausführliche Beschreibung dieser TEM-Zelle als Felderzeuger wird auf Kapitel II verwiesen.

$$\overline{SAR} = \frac{1}{2}\hat{E}^2_{med} \cdot \frac{\kappa}{\rho} .\tag{3}$$

Also derived, next to this electric field strength, was a mean magnetic flux density $\hat{B}_{med}$ in the medium (Chapters II and IV):

$$\hat{B}_{med} = \frac{\sqrt{\varepsilon_r}}{300} \cdot \hat{E}_{med} .\tag{4}$$

For 1800 MHz exposure during the burst time, the electric field strength is found to be $\hat{E}_{med} = 108$ V/m, the magnetic field strength $\hat{B}_{med} = 3.1$ µT. For 900 MHz this is $\hat{E}_{med} = 42$ V/m and $\hat{B}_{med} = 1.2$ µT.

1.1.7 Checking the field strength

To be able to check the field strength during exposure, a short monopole sensor was integrated in the rear section of the waveguide in front of the absorbers. The high-frequency signal this sensor receives is rectified by a downstream HF detector diode. The voltage available at the detector diode is direct voltage. This output voltage is read into a computer by an A/D card; it is calibrated before commencing a test series. For calibration, a directional coupler and a thermal wattmeter measure the energy supplied by the amplifier; at the same time, the direct voltage U_{Det} from the detector diode (displayed on the PC) is recorded. Now, directional coupler and wattmeter are removed. For the whole of the test period, the detector voltage is read into the PC at regular intervals and stored in a file. In this way, constant check can be kept on whether or not the high frequency is available in the waveguide during the entire test period. The detector output voltage U_{Det} for the waveguides used is given in Table 1. The fact that they vary can be explained by the different lengths of the monopole sensors and the different characteristics of the detector diodes used.

1.2 TEM cell

For the police radio tests at 380 MHz the TEM cell was the same as that used in the first project jointly performed with FGF for 450 MHz measurements. For a detailed description of this TEM cell used as a field generator, reference is made to Chapter II.

Bei dem hier durchgeführten Versuch wurde die Frequenz von 380 MHz gewählt, die im Bereich des künftigen BOS-Funksystems TETRA 25 liegt und bei der der Reflexionsfaktor kleiner ist als im Bereich um 400 MHz. Weiterhin wurde durch ein Programm im Signalgenerator eine Pulsmodulation vorgenommen, wobei die Rahmenlänge 56,67 ms und die Burstlänge 13,11 ms beträgt. Das Tastverhältnis ist somit 4,32.

Mit dem Feldberechnungsprogramm MAFIA wurde berechnet, wie groß bei einer eingespeisten Leistung von 1 W (unmoduliert) die mittleren SAR-Werte in den Röhrchen sind. Die Ergebnisse für Essen und Berlin sind in Tabelle 2 dargestellt ($\overline{SAR}_{1W,CW}$).

Der Verstärker für diese Versuche wurde auf eine Ausgangsleistung von 90 W eingestellt, um die Zellen mit dem Grenzwert von 80 mW/kg (DIN 0848) zu exponieren. Aufgrund der Pulsmodulation des HF-Signals sinkt die mittlere, in die TEM-Zelle eingespeiste Leistung $\overline{P}_{PM}$ um den Faktor 4,32 auf 20,83 W. Dies ist wieder die thermische, zeitlich gemittelte Leistung. Nur während der Burstdauer von 13,11 ms wird eine Leistung von 90 W in die Zelle eingespeist. Mit der so bestimmten thermischen, zeitlich gemittelten Leistung wird in der TEM-Zelle im betrachteten Volumen der Nährlösung der mittlere SAR-Wert von 82,9 mW/kg (Essen) bzw. 77,7 mW/kg (Berlin) erreicht.

	Essen	Berlin
Frequenz	380 MHz	380 MHz
V_T	4,32	4,32
$\overline{SAR}_{1W,CW}$	3,98 mW/kg	3,73 mW/kg
$\overline{P}$	20,83 W	20,83 W
$\overline{SAR}$	82,9 mW/kg	77,7 mW/kg

Tabelle 2 Zusammenstellung der Versuche in der TEM-Zelle

Aufgrund der Größe des Probenhalters ist im 1. Vorhaben (Kapitel II) der Abstand zwischen dem Septum und dem Außenleiter der TEM-Zelle zu 30 cm gewählt worden. Dies hat zur Folge, daß mit der TEM-Zelle als Felderzeuger bei der vorgegebenen Pulsmodulation nur bei großen eingespeisten Leistungen die geforderten SAR-Werte in der Nährlösung erzielt werden können.

For the present test it was decided to have a frequency of 380 MHz, which corresponds to the future police radio system TETRA 25. For this frequency, the reflection coefficient remains below that of the 400 MHz range. Also, a program in the signal generator provided for pulse modulation, the frame length being 56.67 ms and the burst length 13.11 ms. The pulse duty factor is thus 4.32.

Using the field calculation program MAFIA, the mean SAR values in the tubes were determined for an energy input of 1 W (unmodulated). The results for Essen and Berlin are shown in Table 2 ($\overline{SAR}_{1W,CW}$).

The amplifier for these tests was set at an output energy of 90 W to provide for cell exposure at the limit value of 80 mW/kg (DIN 0848). Due to the HF signal pulse modulation, the energy $\overline{P}_{PM}$ fed into the TEM cell drops by factor 4.32 to 20.83 W. Again, this is the time-averaged thermal energy. Only during the 13.11 ms burst period is an energy of 90 W fed into the cell. With the time-averaged thermal energy thus defined, the mean SAR value of 82.9 mW/kg (Essen) and 77.7 mW/kg (Berlin), respectively, is achieved in the TEM cell in the nutrient medium volume analysed.

	Essen	Berlin
Frequency	380 MHz	380 MHz
V_T	4.32	4.32
$\overline{SAR}_{1W,CW}$	3.98 mW/kg	3.73 mW/kg
$\overline{P}$	20.83 W	20.83 W
$\overline{SAR}$	82.9 mW/kg	77.7 mW/kg

Table 2   TEM cell tests

In view of the size of the sample holder in the first project (Chapter II) the clearance between the septum and the TEM cell outer conductor was determined to be 30 cm. As a result, with the TEM cell as the field generator and the given pulse modulation, the required SAR value is obtained in the nutrient medium only for high energy inputs.

1.3 GTEM-Zelle

Zusätzlich zu den Felderzeugern Hohlleiter und TEM-Zelle wurden in Berlin im E-Netz weitere Versuche mit der GTEM-Zelle vorgenommen. Diese wurde schon in Kapitel II beschrieben. Der Aufbau zur Felderzeugung und der Probenhalter der Kulturröhrchen waren die gleichen, ebenso gilt die gleiche Einstellung der Verstärkerleistung und die gleiche Berechnung für den SAR-Wert. In den Röhrchen wurde damit wieder der gleiche mittlere SAR-Wert von 91,0 mW/kg eingestellt.

2 Feldberechnung für die TEM-Zelle

Die zur Beurteilung der Expositionsversuche notwendige Bestimmung der Feldstärke in der Flüssigkeit wurde mit dem schon in Kapitel II beschrieben Programmpaket MAFIA durchgeführt. Dafür wurden die elektrischen Materialeigenschaften (Tabelle 3), die z.T. durch Messungen ermittelt bzw. aus der Literatur übernommen wurden, in das Programm eingegeben. Es werden die Materialien Acrylglas (Probenhalter), Weißöl (Temperierflüssigkeit) und das Nährmedium verwendet, die alle eine relative Permeabilität von $\mu_r = 1$ haben.

	Relative Dielektrizitätszahl ε_r	Leitfähigkeit κ
Acrylglas	2,6	0,001
Weißöl	2,2	0,001
Nährmedium Essen (MC Coy's)	77,65	1,56
Nährmedium Berlin (RPMI 1640)	70,0	1,5

Tabelle 3 Verwendete elektrische Materialparameter

Im Rahmen des ersten mit der FGF durchgeführten Vorhabens zeigte sich, daß die Materialeigenschaften eines homogenen Gemisches aus Nährmedium und Blut den Eigenschaften des Mediums sehr ähnlich sind. Vereinfachend wurden daher für die Zellsuspensionen stets die Materialeigenschaften des Mediums zugrunde gelegt.

Aus den mit diesen Parametern im T3-Modul von MAFIA berechneten Feldstärken können im P-Modul die Jouleschen Verluste P_J in einem beliebig wählbaren, quaderförmigen Bereich des Rechengebiets bestimmt werden.

1.3 GTEM cell

In addition to the waveguide and the TEM cell as field generators, Berlin carried out tests for the E-system using the GTEM cell, which was described in detail in Chapter II. The field generation setup and the culture tube sample holder remained the same, and also the same setting of the amplifier output and the SAR value calculation method was used. Consequently, the same mean SAR value of 91.0 mW/kg was produced in the tubes.

2 Field calculation for the TEM cell

The field strength in the liquid required for evaluation of the exposure tests was again determined using the MAFIA program set described in Chapter II. In this connection, the electric material parameters (Table 3), obtained from measurements or the available literature, where entered into the program. Materials used are acrylic glass (sample holder), white oil (temperature equalising liquid) and the nutrient medium, which all have a relative permeability of $\mu_r = 1$.

	Relative dielectric constant ε_r	Conductivity κ
Acrylic glass	2.6	0.001
White oil	2.2	0.001
Nutrient medium Essen (MC Coy's)	77.65	1.56
Nutrient medium Berlin (RPMI 1640)	70.0	1.5

Table 3 Electric material parameters used

The first project carried out in collaboration with FGF showed that the material properties of a homogenous mixture of nutrient medium and blood correspond very well with the properties of the medium. For simplification, the properties of the medium were hence always referred to as a basis for the cell suspensions.

With the field strengths calculated from these parameters in the MAFIA T3-module, the I^2R-loss P_J can in the P-module be determined for a random cuboid area of the calculated section.

Von den neun Röhrchen, die der Probenhalter (Kapitel II, Bild 3) aufnehmen kann, wurden aus medizinisch-technischen Gründen nur die sechs mit der höchsten Jouleschen Verlustleistung mit Blut und Nährflüssigkeit befüllt. Die restlichen drei enthielten aus Gründen der Feldhomogenität während der Versuche lediglich Nährflüssigkeit.

Bei Berücksichtigung des Absinkens der Blutzellen während des Versuches und der damit verbundenen Konzentration der exponierten Zellen auf dem Grund des Röhrchens darf nur der unterste ml der Zellsuspension (Essen: 5 ml, Berlin: 4 ml) im Röhrchen betrachtet werden. Für die sechs mit Zellsuspension befüllten Röhrchen ergibt sich mit den Materialparametern der in Essen verwendeten Nährlösung bei einer Eingangsleistung von $P_{ein} = 1$ W ein mittlerer Wert der Verlustleistung von $P_J = 3,98$ µW pro Röhrchen. Dies entspricht einem auf das Volumen von 1 ml bezogenen mittleren $\overline{SAR}$-Wert von 3,98 mW/kg. Da die Exposition im Bereich des SAR-Grenzwertes von 80 mW/kg (DIN 0848, Teil 2) erfolgen sollte, wurde für das geforderte Pulsverhältnis von 13,11 ms zu 56,67 ms eine Eingangsleistung von 90 W eingestellt, woraus sich ein mittlerer $\overline{SAR}$-Wert von 82,9 mW/kg ergibt. Der mittlere $\overline{SAR}$-Wert für das gesamte Zellsuspensionsvolumen liegt mit 62,9 mW/kg aufgrund der inhomogenen Feldverteilung darunter.

Für die Versuche mit humanen Leukämiezellen in Berlin ergeben sich aufgrund anderer Materialparameter leicht geringere $\overline{SAR}$-Werte von 77,7 mW/kg für den untersten ml der Zellsuspension im Röhrchen bzw. 60,61 mW/kg für das gesamte mit Zellsuspension gefüllte Volumen.

Über die in Abschnitt 1.1.6 dargelegte Berechnung ergibt sich für $\hat{E}_{Med} = 19$ V/m und für $\hat{B}_{Med} = 0,76$ µT. Diese Werte stimmen mit den aus der Computersimulation abgeleiteten Werten überein.

3 Versuchsaufbauten in Berlin und Essen

In Abhängigkeit von dem zu untersuchenden Frequenzbereich fand die Exposition der Zellen in verschiedenen Felderzeugern statt, für die entsprechende unterschiedliche Ansteuerungen eingesetzt wurden. Daher wird zunächst anhand des Versuchsaufbaus für das E-Netz das gesamte Versuchsdesign beschrieben. Im Vergleich dazu werden in den darauffolgenden Kapiteln die Unterschiede zum Aufbau für das D-Netz und den Polizeifunk erläutert.

Of the nine tubes the sample holder (Chapter II, Figure 3) can receive, only the six tubes with the highest I^2R-loss were for medical and technical reasons filled with blood and nutrient solution. The remaining three tubes contained for reasons of field homogeneity only nutrient solution during the tests.

In view of the tendency of the blood cells to settle in the course of the test so that the exposed cells concentrate on the bottom of the tube, only the bottommost millilitre of the cell suspension (Essen: 5 ml, Berlin: 4 ml) in the test tube may be considered. For the six tubes containing the cell suspension, the I^2R-loss was for the material parameters of the nutrient solution used in Essen and an energy input of $P_{in} = 1$ W found to be $P_J = 3.98$ µW for each tube. This corresponds to a volume-related (1 ml) mean SAR value of 3.98 mW/kg. Since exposure was to be within the SAR limit of 80 mW/kg (DIN 0848, part 2), the input energy was for the required 13.11 ms / 56.67 ms pulse ratio set at 90 W, which results in a mean $\overline{SAR}$ value of 82.9 mW/kg. For the entire cell suspension volume the mean SAR value remains at 62.9 mW/kg below this figure which is due to the inhomogenous field distribution.

As other material parameters were used in the tests performed in Berlin on human leukaemia cells, the SAR values are found to be slightly lower for the bottommost millilitre in the tube (77.7 mW/kg) and for the total volume filled with cell suspension (60.61 mW/kg).

Using the calculation method described in point 1.1.6 above, one arrives at $\hat{E}_{med} = 19$ V/m and $\hat{B}_{med} = 0.76$ µT. These values correspond well with the values derived through computer simulation.

3 Test setup in Berlin and Essen

Depending on the frequency range examined, different field generating setups were used for cell exposure, the signal generator and amplifier unit employed varying accordingly. Hence the complete test installation is first described for E-system testing, the following chapters explaining the differences in the setup for the D-system and the police radio system.

3.1 Aufbau für die E-Netz Untersuchungen

In Berlin und Essen wurde mit einem nahezu identischen Aufbau gearbeitet. Dabei wurden in den 1800 MHz-Hohlleiter (Bild 2) über einen Signalgenerator mit nachgeschaltetem Verstärker die mit 217 Hz pulsmodulierten Signale des E-Netz bei 1800 MHz eingespeist. Diese breiten sich als Welle im Hohlleiter aus. In die herausnehmbare Hohlleiterwand ist ein rechteckförmiger Probenhalter (ca. 250 · 35 · 70 mm³) eingebaut, der 6 Probenröhrchen (Durchmesser: 17 mm) aufnehmen kann (Bild 3).

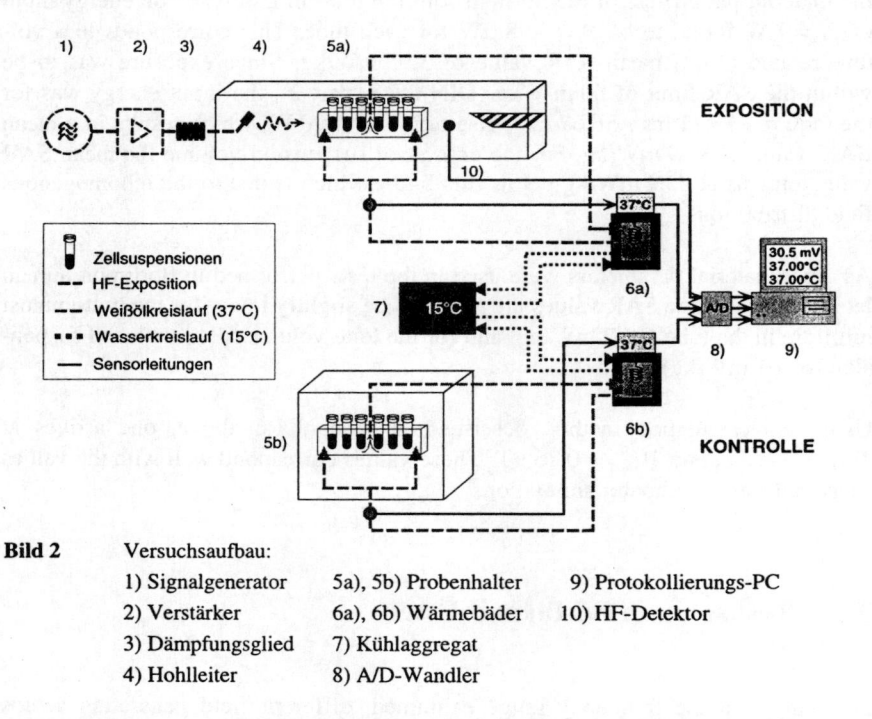

Bild 2 Versuchsaufbau:
1) Signalgenerator
2) Verstärker
3) Dämpfungsglied
4) Hohlleiter
5a), 5b) Probenhalter
6a), 6b) Wärmebäder
7) Kühlaggregat
8) A/D-Wandler
9) Protokollierungs-PC
10) HF-Detektor

Im unteren Teil besitzt der Probenhalter zwei Einläufe, durch die das temperierte Weißöl einströmt. Um eine homogene Temperaturverteilung zu erreichen wurde nur ein Auslauf eingebaut, der sich in der Mitte direkt unter dem Deckelrand befindet. Durch diese Positionierung ist auch gewährleistet, daß die beim Bestücken des Probenhalters mit Röhrchen eingedrungene Luft automatisch abgesaugt wird. Die beiden Zuläufe bzw. der Ablauf sind so konstruiert, daß sie den Probenhalter fest mit der herausnehmbaren Hohlleiterwand verbinden.

3.1 Setup for E-system testing

The test setups in Berlin and Essen were almost identical. Using a signal generator with downstream amplifier, the signals of the E-system, pulse-modulated at 217 Hz, were fed into the 1800 MHz waveguide (Figure 2) at 1800 MHz. In the waveguide, the signals propagate in the form of a wave. Fitted into the removable waveguide wall is a rectangular sample holder (approx. 250 · 35 · 70 mm³) that can hold 6 sample tubes (diameter: 17 mm) (Figure 3).

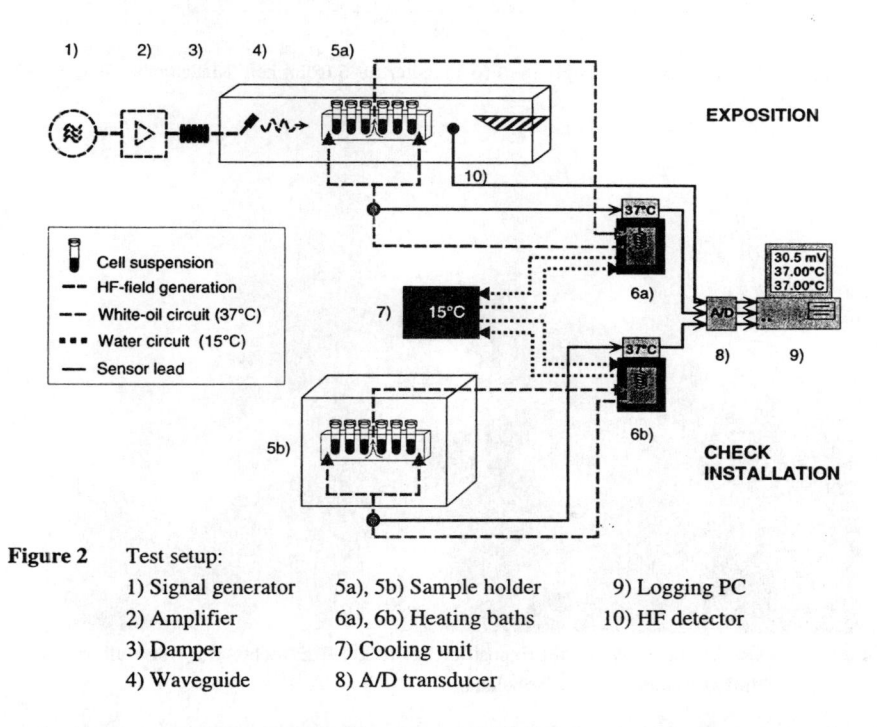

Figure 2 Test setup:
  1) Signal generator   5a), 5b) Sample holder   9) Logging PC
  2) Amplifier   6a), 6b) Heating baths   10) HF detector
  3) Damper   7) Cooling unit
  4) Waveguide   8) A/D transducer

At its bottom end the sample holder has two intakes for the temperature-regulated white oil. For homogenous temperature distribution, only one outlet is provided in the centre of the sample holder immediately below the rim of the cover. This arrangement at the same time safeguards that any air as may have entered the sample holder when fitting it with test tubes will automatically be withdrawn. The two intakes and the outlet are designed such that they positively connect the sample holder with the removable waveguide wall.

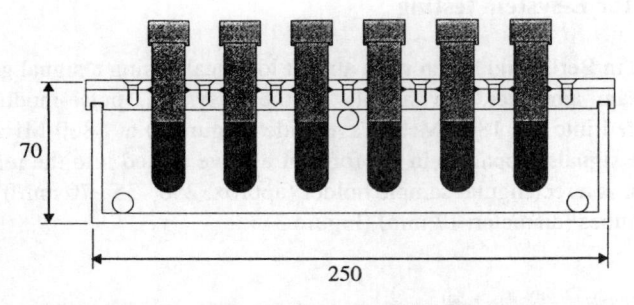

Bild 3   In den Hohlleiter integrierter Probenhalter für 6 Röhrchen (Maßangaben in mm)

Bild 4   Geöffneter Hohlleiter für Exposition bei 1800 MHz (rechts) mit Kontrollbox (links) und integrierten Probehaltern

Die richtige Eintauchtiefe der Röhrchen in den Probenhalter wird vor Versuchsbeginn mit Hilfe eines Abstandsstückes kontrolliert. Somit ist die Übereinstimmung der Probenposition in den Versuchen mit der in der Simulation für die SAR-Wert-Bestimmung verwendeten Position (Kapitel IV) gewährleistet.

Im rechteckförmigen Probenhalter werden die Probenröhrchen von temperiertem Weißöl umströmt, um die lebenden Zellen auf einer konstanten Temperatur von 37°C ±0,1°C zu halten. Weißöl wurde als Temperiermittel gewählt, da es eine ge-

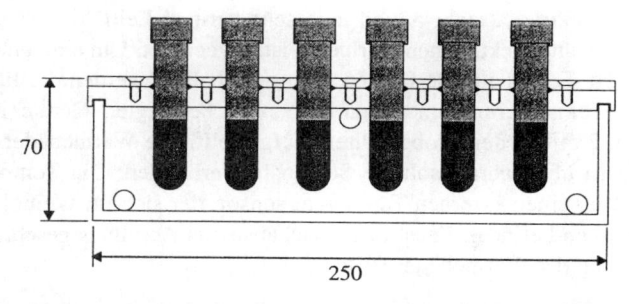

Figure 3   Sample holder for 6 tubes integrated into the waveguide (dimensions in mm)

Figure 4   Opened waveguide for 1800 MHz exposure (right) with check installation (left) and integrated sample holders

The correct tube penetration depth in the sample holders is checked by means of a spacer element before commencing the tests. This ensures that the samples in the tests are positioned in the same way as in the simulation for SAR-value determination (Chapter IV).

In the rectangular sample holder, temperature-regulated white oil passes around the sample tubes to maintain the temperature of the living cells at a constant 37°C ±0.1°C. White oil was chosen for this purpose in view of its relatively low

95

ringe relative Dielektrizitätszahl ε_r und eine sehr geringe Leitfähigkeit κ besitzt. Wasser mit $\varepsilon_r = 81$ und elektrischen Verlusten ist ungeeignet. Um einen möglichen Einfluß des 50 Hz-Feldes auf die Proben gering zu halten, werden die für die Signalerzeugung, Temperierung und Protokollierung benötigten Geräte in einem Abstand von ca. 2 m von den Probenhaltern aufgestellt. Die Wärmebäder sind mit den Probenhaltern über wärmeisolierte Schläuche verbunden. Die Temperaturregelung erfolgt über einen externen Temperatursensor, der sich im Weißölkreislauf kurz vor den Proben befindet. Er ist in ein Gehäuse aus Acrylglas geschraubt und steuert die Heizung der Wärmebäder (Bild 2).

Um das Driftverhalten der Temperaturregelung klein zu halten, wird über einen zweiten geschlossenen Wasserkreislauf ständig für Kühlung der Bäder gesorgt. Ein zweiter, baugleicher Probenhalter mit Kontrollröhrchen, in dem sich Zellen aus dem gleichen Kulturstamm wie die exponierten befinden, wird zur Kontrolle in einem HF-dichten Behälter aufgestellt, um Fremdeinflüsse ausschließen zu können.

Bild 5 Signalerzeugung, Temperierung und Protokollierung

Um sicherzustellen, daß die Zellen auch wirklich mit der gewünschten Leistung exponiert werden, wird während der gesamten Versuchsdauer die in den Hohlleiter eingespeiste Leistung überwacht (Abschnitt 1.1.7). Neben dem HF-Detektorsignal werden auch die von den beiden Temperatursensoren gelieferten

dielectric constant ε_r and its very low conducting capacity κ. Water of $\varepsilon_r = 81$ and electric losses is not suitable. To reduce to a minimum any effects the 50-Hz field may have on the samples, the instrumentation for signal generation, temperature regulation and logging is located at a distance of approx. 2 m from the sample holders. Heat insulated tubes are used to connect the heating baths with the sample holders. The temperature is regulated by means of an external temperature sensor in the white-oil circuit just ahead of the samples. It is screwed into an acrylic glass housing and controls the heating system for the heating baths (Figure 2).

To reduce the drift of the temperature control system as much as possible, a second closed water circuit provides for constant bath cooling. A second identical sample holder for check tubes containing cells from the same culture as that used for exposure, is placed into an HF-proof tank in order to eliminate any external effects.

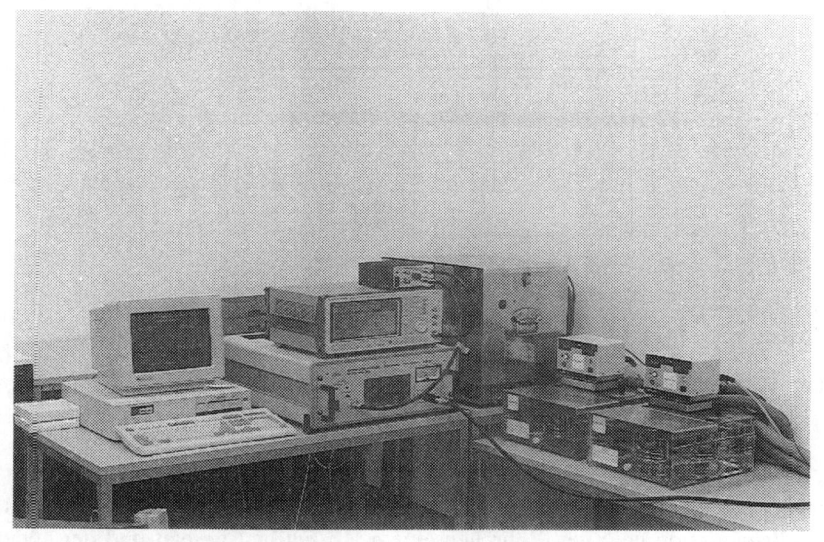

Figure 5   Signal generation, temperature regulation and logging

To make sure that the cells are actually exposed to the intended energy, the energy fed into the waveguide is monitored for the whole of the test period (Section 1.1.7). Not only the HF detector signals, but also the data supplied by the two temperature sensors are recorded by a computer at an interval of two seconds (Figure 5).

Daten alle zwei Sekunden von einem Computer aufgezeichnet (Bild 5). Aus den so gewonnenen Daten wird nach jeder Minute der jeweilige Mittelwert gebildet und auf der Festplatte des Computers abgelegt.

Die aufgezeichneten Daten garantieren, daß für die zur Auswertung kommenden Proben die für den Versuch relevanten Parameter über die gesamte Versuchsdauer eingehalten wurden. In Bild 6 sind die Daten von einem Versuch aus Essen abgebildet, allerdings für einen Versuch in der TEM-Zelle. Dort dauerte ein Versuch, wie bei allen Versuchen in Essen, drei Tage, das entspricht 4320 Minuten. Zu den Zeitpunkten, an denen das vom HF-Detektor gelieferte Signal auf Null absinkt, wurde der Verstärker für ca. 1 Minute ausgeschaltet. Dies war zum Öffnen der Expositionseinrichtung nötig, um auf die Blutkulturen im Probenhalter zugreifen zu können. Der biologische Hintergrund für dieses Öffnen wird in Kapitel VI erläutert.

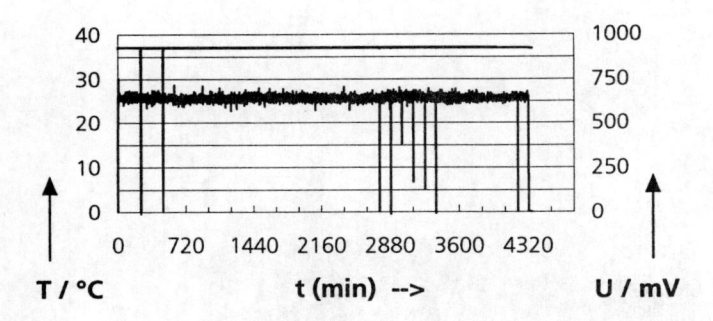

Bild 6 Grafische Darstellung der aufgezeichneten Daten:
Temperatur in der Kontrolle und in der Exposition: 37,0° C
HF-Detektor-Signal: ca. 650 mV

Unter identischen Versuchsbedingungen wird somit zeitgleich der eine Teil der mit Zellsuspension gefüllten Röhrchen einem HF-Feld ausgesetzt und der andere nicht. Beide Zellkulturen werden nach Abschluß eines Versuchs untersucht und die Ergebnisse miteinander verglichen (Kapitel VI und VII).

Um die Möglichkeit eines Vergleichs zwischen den Versuchen im Hohlleiter und den früheren Versuchen in der GTEM-Zelle zu haben, wurde in Berlin für die ersten Versuche dieses Projekts eine GTEM-Zelle anstatt des Hohlleiters in den Versuchsaufbau integriert.

From the date thus obtained, the mean value is produced after each minute and stored on the computer's hard disk.

The data stored guarantee that for the samples analysed, the parameters relevant for the test were maintained for the entire test period. Figure 6 shows the data obtained for a test in Essen, however one using the TEM cell. There, a test lasted three days, as did all the Essen tests, which corresponds to 4320 minutes. Whenever the signal supplied by the HF detector dropped to zero, the amplifier was cut off for a period of approx. 1 minute. This allowed the exposure installation to be opened to give access to the blood cultures in the sample holder. The biological explanation for opening the unit is given in Chapter VI.

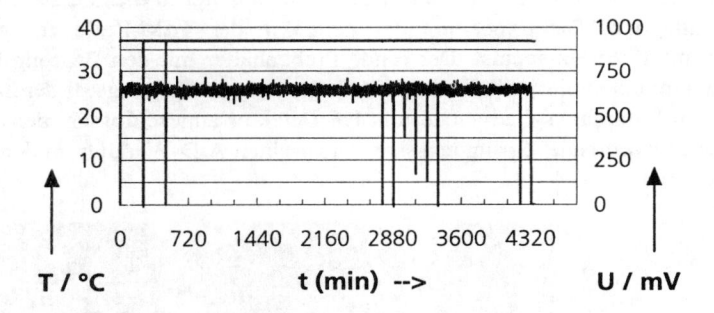

Figure 6   Graphic representation of the logged data:
Temperature in the check installation and exposed cultures: 37.0° C
HF detector signal: approx. 650 mV

Under identical test conditions, part of the tubes filled with the cell suspension is thus exposed to an HF-field, while the other part remains unexposed at the same time. After completion of each test, both cell cultures are analysed and results compared (Chapters VI and VII).

For a comparison between the waveguide tests and earlier tests in the GTEM cell, the first tests conducted in Berlin under this project had a GTEM cell instead of the waveguide integrated into the test setup.

3.2 Aufbau für die D-Netz Untersuchungen

Der Aufbau für das D-Netz unterscheidet sich von dem vom E-Netz nur durch den Hohlleiter, dessen Querschnittsabmessungen auf die D-Netz-Frequenz von 900 MHz angepaßt wurden (Kapitel IV). Die Einspeisung erfolgte mit einer Pulsfrequenz von 217 Hz. Für diese Untersuchungen wurde nur ein Hohlleiter mit integriertem Probenhalter gefertigt, der im Wechsel in Berlin und Essen aufgebaut wurde.

3.3 Aufbau für die Polizeifunk Untersuchungen

Für die Untersuchungen im Frequenzbereich des digitalen Polizeifunks wurde statt der Hohlleiter die TEM-Zelle mit dem runden Probenhalter in den Versuchsaufbau (Bild 7) integriert. Die Exposition der Zellen in der TEM-Zelle erfolgte bei 380 MHz mit 17,65 Hz gepulst. Der runde Probenhalter mit den Probenröhrchen befand sich im unteren Mittelteil der TEM-Zelle. An das Ausgangstor der Zelle ist hinter einem Dämpfungsglied wieder ein HF-Detektor angeschlossen, der ein zur Feldstärke proportionales Spannungssignal über einen A/D-Wandler an den Computer weitergibt.

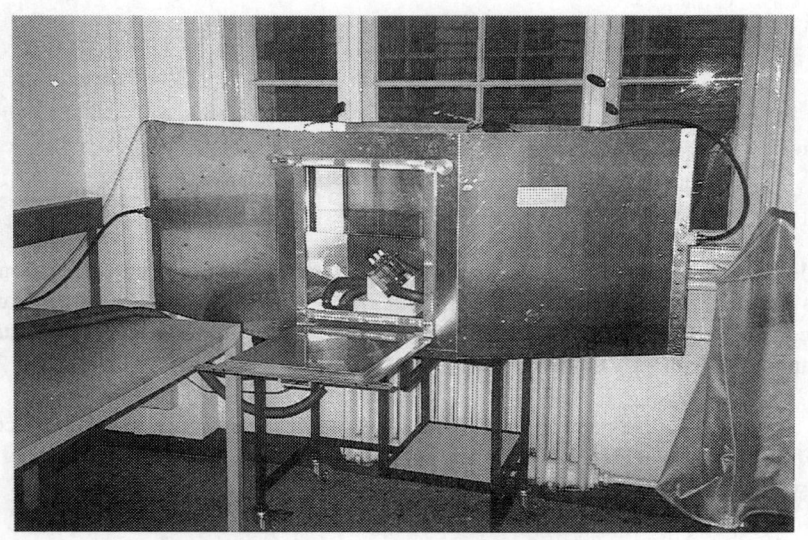

Bild 7   TEM-Zelle mit Probenhalter

3.2 Setup for D-system testing

The D-system setup differs from that for the E-system only in the waveguide which has its cross-sectional dimensions adjusted to the D-system frequency of 900 MHz (Chapter IV). The energy was fed into the system at a pulse frequency of 217 Hz. For these tests, only a waveguide with integrated sample holder was produced which was alternatingly installed in Berlin and in Essen.

3.3 Setup for police radio testing

For tests in the frequency range typical of the digital police radio, the test setup incorporated, instead of the waveguide, the TEM cell with circular sample holder (Figure 7). Cell exposure in the TEM cell proceeded at 380 MHz, pulsed at 17.65 Hz. The bottom centre of the TEM cell accommodated the circular sample holder with the sample tubes. Connected to the cell outlet behind a damper is again an HF detector passing to the computer via an A/D transducer a voltage signal proportional to the field strength.

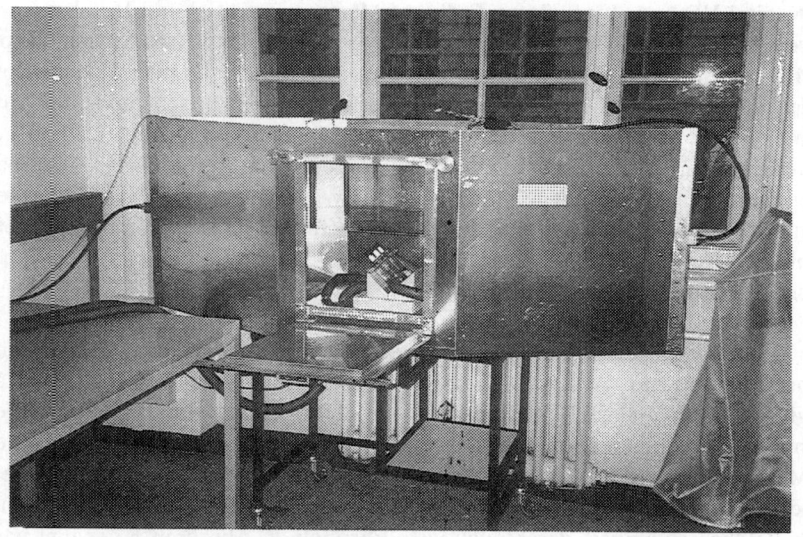

Figure 7   TEM cell with sample holder

IV Konzeption von Hochfrequenz-Expositionseinrichtungen für die Experimente in Bonn und Essen

Dipl.-Ing. *Joachim Streckert*, Prof. Dr.-Ing. *Volker Hansen*,
Lehrstuhl für Theoretische Elektrotechnik,
Bergische Universität-Gesamthochschule Wuppertal

1 Einleitung und Übersicht

Dieser Beitrag faßt die Ergebnisse der Überlegungen, Berechnungen und Messungen zum Aufbau von Expositionseinrichtungen für die Verbundprojekte „Einfluß von EMF auf humane periphere Lymphozyten" (Prof. Dr. *G. Obe*, Universität Essen, Kapitel VI) und „Einfluß von EMF auf Membranpotential und Membranströme von Herzmuskelzellen" (Priv.-Doz. Dr. *R. Meyer*, Universität Bonn, Kapitel VIII) zusammen. Die Expositionseinrichtungen für die Essener Experimente wurden an der Universität Wuppertal entworfen und numerisch modelliert und durch Prof. Dr. *R. Elsner* (TU Braunschweig, Kapitel III) realisiert; im Fall der Bonner Experimente lag die Verantwortung von der Konzeption über den Aufbau (in Zusammenarbeit mit der feinmechanischen Werkstatt des II. Physiologischen Instituts der Universität Bonn) und die rechnertechnische Simulation bis zur meßtechnischen Kalibrierung der Expositionseinrichtungen beim Lehrstuhl für Theoretische Elektrotechnik der Bergischen Universität Wuppertal.

Nach einer kurzen Darstellung der hier wesentlichen Merkmale der Essener und Bonner Experimente (Abschnitt 2) sollen in Abschnitt 3 die Anforderungen an geeignete Hochfrequenz-(HF)-Expositionseinrichtungen für Mobilfunkfrequenzen geschildert werden, um daraus ein Lösungskonzept mit Dimensionierungsangaben für Meßzellen bei 900 MHz (D-Netz) und 1800 MHz (E-Netz) zu entwickeln (Abschnitt 4). Die Charakterisierung der Meßzellen wird abgerundet durch numerische Feldberechnungen, deren wichtigste Resultate in Abschnitt 5 genannt werden. Abschnitt 6 schließt den Bericht mit einer kurzen Zusammenfassung ab.

IV Design of High-Frequency Exposure Setups for the Experiments in Bonn and Essen

Dipl.-Ing. *Joachim Streckert*, Prof. Dr.-Ing. *Volker Hansen*,
Department of Theoretical Electrical Engineering,
Bergische Universität-Gesamthochschule Wuppertal

1 Introduction and survey

This article gives a summary of the outcome of considerations, calculations and measurements made for the configuration of exposure installations to be used in the projects "EMF and their effect on human peripheral lymphocytes" (Prof. Dr. G. Obe, University of Essen, Chapter VI) and "EMF and their effects on the membrane potential and membrane currents of heart-muscle cells" (Priv.-Doz. Dr. R. *Meyer*, University of Bonn, Chapter VIII). The exposure installations for the Essen experiments were conceived and modelled numerically at the University of Wuppertal and realised by Prof. Dr. *R. Elsner* (Technical University of Braunschweig, Chapter III). In the case of the Bonn experiments, the responsibility for the design through to setup (in collaboration with the workshop for precision mechanics of Institute of Physiology II of the University of Bonn), computer simulation, and calibration of the exposure installations for measurement rested with the Department of Electrical Engineering of Bergische Universität Wuppertal.

Following a brief presentation of the characteristic features of the Essen and Bonn experiments (section 2), the requirements that have to be made on adequate high-frequency (HF) exposure installations for mobile radio frequencies will be set forth in section 3. From same a solution concept providing dimensions for measuring cells at 900 MHz (D-system) and 1800 MHz (E-system) is developed (section 4). Measuring cell characterisation will be rounded off by numerical field calculations, major results of which will be given in section 5. Section 6 completes the report in the form of a brief summary.

2 Experimentelle Anforderungen

2.1 Essener Experimente

Es sollen gleichzeitig mehrere Proben (Nährlösung mit Blutzellen) von je 5 cm^3 untersucht werden; die Probengefäße sind zur Temperaturstabilisierung in einem Wärmetauscher unterzubringen.

2.2 Bonner Experimente

Bild 1 zeigt ein prinzipielles Schema der zur Ausübung der „patch clamp"-Technik verwendeten Meßapparatur, bestehend aus einem Probenhalter, der die Nährflüssigkeit mit den Herzmuskelzellen enthält, einer elektrolytgefüllten Glaselektrode zur Kontaktierung mit einer zu untersuchenden Zelle, einer Mikroskopiereinrichtung zur Beobachtung des Kontaktierungsvorgangs sowie einer Meßelektronik.

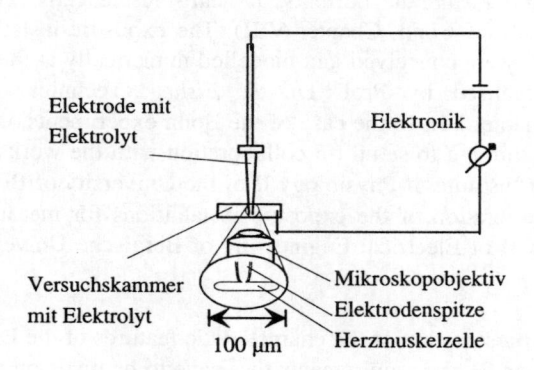

Bild 1 Prinzipaufbau der Bonner Meßapparatur

3 Anforderungen an die HF-Expositionseinrichtungen

Die Exposition der Proben mit elektromagnetischen Feldern bei Mobilfunkfrequenzen muß unter bestimmten Randbedingungen erfolgen, aus denen Konzepte für die Konstruktion der Gesamt-Experimentiereinrichtungen entwickelt wurden.

2 Experimental requirements

2.1 Essen experiments

A number of samples (nutrient solution with blood cells) of 5 cm³ each are to be tested simultaneously. The sample units are to be placed into a heat exchanger for temperature stabilisation.

2.2 Bonn experiments

Figure 1 is an elementary diagram showing the measuring equipment used for the "patch clamp" method, which comprises a sample holder containing the nutrient solution with the heart-muscle cells, a glass electrode filled with electrolyte for contact with one of the cells analysed, a microscope allowing the contacting process to be observed, as well as the electronic facilities for measurements.

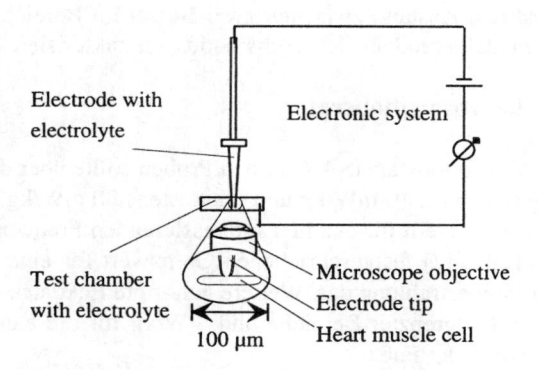

Figure 1 Basic configuration of the Bonn measuring installation

3 Requirements made on the HF exposure setups

For sample exposure to electromagnetic fields under conditions of mobile radio frequencies certain boundary conditions have to be observed, on the basis of which the concepts for the overall experimental installations were developed.

3.1 Frequenzen

Die HF-Exposition der Proben soll mit typischen Signalen des D- und des E-Netzes erfolgen. Dies bedeutet für das D-Netz eine Nenn-Trägerfrequenz von 900 MHz, einen Trägerfrequenzbereich von 890 MHz < f < 960 MHz und eine Modulation äquivalent zum GSM-Standard, für das E-Netz eine Nennfrequenz von 1800 MHz, einen Betriebsfrequenzbereich von 1710 MHz < f < 1880 MHz und eine Modulation äquivalent zum DCS1800-Standard (Kapitel I).

Für die durchzuführenden biologischen Experimente ist es nicht erforderlich, die für Kommunikationszwecke eingeführten Modulationsstandards GSM und DCS1800 in allen Einzelheiten zu beachten. Den Vorschlägen des „Leitfadens für Experimente zur Untersuchung der Wirkung hochfrequenter elektromagnetischer Felder auf biologische Systeme - Hochfrequenztechnische Aspekte -" der Forschungsgemeinschaft Funk [1] folgend, wird anstelle des tatsächlichen Mobilfunksignals ein rechteckförmig amplitudenmoduliertes HF-Signal verwendet, das durch seine Trägerfrequenz, die Länge der rechteckförmigen HF-Pakete (Bursts) von 0,577 ms und den Abstand zwischen zwei Bursts im Bereich von 4,6 ms bis 0,5 s, je nach zu modellierendem Gesprächsmodus, charakterisiert ist.

3.2 Spezifische Absorptionsrate

Die Spezifische Absorptionsrate (SAR) in den Proben sollte über die Variation der Sendeleistung zwischen ca. 10 mW/kg und mindestens 80 mW/kg einstellbar sein. Der letztgenannte Wert stellt für den hier interessierenden Frequenzbereich den in DIN VDE 0848 Teil 2 [2] festgeschriebenen Grenzwert für eine Ganzkörpereinwirkung bei Langzeitbestrahlung dar. Weitere genormte Eckdaten sind 2 W/kg für die Exposition lokal begrenzter Bereiche und 4 W/kg für die elektromagnetische Einwirkung auf Hand oder Fuß.

3.3 Zugänglichkeit der Probe

Die Proben in der Expositionseinrichtung sollten bequem austauschbar sein.

Beim Essener Experiment ist ein ständiger Durchfluß des Wärmemittels zu gewährleisten.

Im Fall der Bonner Experimente muß die Probe zusätzlich auch während der HF-Exposition optisch (Mikroskopie) und mechanisch ("patch clamp") zugänglich bleiben.

3.1 Frequencies

HF-exposure of the samples is to proceed with the signals typical of the D and E-systems. For the D-system, this is a nominal carrier frequency of 900 MHz, a carrier frequency range of 890 MHz < f < 960 MHz and a modulation equivalent to the GSM standard, and for the E-system a nominal frequency of 1800 MHz, an operating frequency range of 1710 MHz < f < 1880 MHz and a modulation equivalent to the DCS1800 standard (Chapter I).

For the biological experiments, the modulation standards GSM and DCS1800 introduced for communication purposes need not be accounted for in all detail. Following the proposals the Research Association for Radio Applications (FGF) set forth in their guidelines for experiments designed to examine the effects of high-frequency electromagnetic fields on biological systems [1], a rectangular amplitude-modulated HF-signal is used instead of the actual radio signal, the former being characterised by its carrier frequency, the length of the rectangular HF-bursts of 0.577 ms, and the interval between two bursts within a range of 4.6 ms and 0.5 s, depending on the call mode to be modelled.

3.2 Specific absorption rate

It should be possible to set the specific absorption rate (SAR) in the samples between approx. 10 mW/kg and a minimum 80 mW/kg by variation of the transmission power. For the frequency range considered here, 80 mW/kg is the limit as set forth in DIN VDE 0848, part 2 [2] for whole-body exposure in connection with long-time radiation. Additional standardised key features are 2 W/kg for exposure of locally restricted areas and 4 W/kg for the electromagnetic exposure of hand and foot.

3.3 Sample accessibility

The exposure installations should provide for easy replacement of samples.

In the Essen experiment, constant heating medium circulation has to be safeguarded.

As regards the Bonn experiments, the sample in addition has to remain accessible also during HF exposure both visually (microscope) and mechanically (patch clamp).

3.4 HF-Dichtigkeit und Schirmung

Zur effektiven, allenfalls durch geringe Strahlungsverluste begleiteten Feldexposition der Proben und zur Vermeidung von Störstrahlung nach innen und außen sollte eine möglichst HF-dichte Expositionseinrichtung konzipiert werden. Daß diese Forderung teilweise mit Punkt 3.3 kollidieren kann, liegt auf der Hand.

Eine Schirmwirkung hinsichtlich niederfrequenter Magnetfelder ist technisch nur sehr aufwendig erreichbar.

3.5 Eindeutigkeit und Reproduzierbarkeit des HF-Feldes

Zur Berechnung von SAR-Werten benötigt man die Kenntnis der elektrischen Feldstärke in der bestrahlten Materie.

Eine direkte Messung des auf die Probe einwirkenden Feldes ist aber wegen der durch jede Meßsonde verursachten Feldstörungen unmöglich. Man ist deshalb darauf angewiesen, auf indirektem Weg, beispielsweise durch Bestimmung von Feldstärke/Leistungs-Verhältnissen mit Hilfe numerischer Modellrechnungen, auf die lokale Feldverteilung bei bekannter eingestrahlter Gesamtleistung zu schließen. Unabdingbare Voraussetzung für die Anwendbarkeit einer derartigen Methode ist aber eine Expositionseinrichtung, die bei festgelegten Versuchsbedingungen eindeutige und reproduzierbare Feldverteilungen in der Probe erzeugt.

3.6 Feldvariation in den Proben

Da die Aufenthaltsorte der untersuchten Zellen von einem Experiment zum nächsten unterschiedlich sein können, wäre eine HF-Expositionseinrichtung wünschenswert, die über dem gesamten Probenvolumen eine homogene Feldverteilung zur Verfügung stellt. Dieser Wunsch ist physikalisch nicht erfüllbar, da auch ein ursprünglich homogenes Feld durch Einbringen der Proben ortsabhängig verändert wird, sobald die Probe nicht das gesamte felderfüllte Volumen einnimmt, wie es bei Experimenten der vorliegenden Art der Fall ist. Allerdings kann die Feldstärkevariation in gewissen Grenzen durch Form und Größe des Probenvolumens beeinflußt werden.

3.7 Eigenschaften des Probenhalters

Als Probenhalter wird in diesem Zusammenhang nicht nur das eigentliche Gefäß für die Probenflüssigkeit mit den zu untersuchenden Zellen verstanden, sondern

3.4 HF-proofness and shielding

For effective sample exposure to the field, which should at most be accompanied by minor radiation losses, and to preclude interfering radiation directed both to the inside and the outside, the exposure installation has to be HF-proof. That these requirements may under certain conditions be inconsistent with point 3.3 is quite evident.

A shielding effect in respect of low-frequency magnetic fields can only be achieved with a considerable amount of technical installations.

3.5 Clarity and reproducibility of the HF-field

For SAR calculation the electric field strength in the exposed matter has to be known.

As, however, any measuring head represents an interfering factor, the field acting on the sample cannot directly be measured. One, therefore, has to rely on indirect means of inferring the local field distribution for a known overall exposure, e.g. by determining the relationship between field strength and power using numerical model calculations. This, however, inevitably presupposes an exposure setup that, for given test conditions, produces clear and reproducible field distributions.

3.6 Field variation in the samples

As the actual position of the cells tested may vary from one experiment to the next, the HF exposure installation used should provide a homogeneous field distribution across the entire sample volume. Physically, this requirement cannot be met as samples introduced into a field will affect local changes even if the field may have been homogenous initially. This happens when the sample does not take up the entire field-affected volume, as is the case with the experiments discussed here. Variations in the field strength can, however, within certain limits be influenced by the shape and size of the sample volume.

3.7 Properties of the sample holder

In this connection the sample holder is considered to cover not only the container proper holding the sample liquid with the cells to be analysed, but also the feeding

auch die im Expositionsbereich befindlichen Zuführungen von Hilfsmitteln, wie Nährlösungen, Kühlflüssigkeiten, Elektroden etc., einschließlich ihrer Befestigungen. Es wäre vorteilhaft, den Probenhalter so zu dimensionieren, daß er nur eine lokale Störung des angelegten HF-Feldes darstellt. Materialien hoher elektrischer Leitfähigkeit, insbesondere Metallteile, sollten nicht verwendet oder - wenn unbedingt erforderlich - auf geschickte Weise zur elektrischen Feldstärke orientiert werden. Die in Abschnitt 3.3 angesprochenen Punkte gelten für den Probenhalter analog. Zur Erfüllung der in Abschnitt 3.6 genannten Forderungen sollte eine definierte Position des Probenhalters im Feld gewährleistet sein.

4 Lösungskonzept

4.1 Versuchsaufbau mit HF-Exposition

Die in Abschnitt 3 genannten Anforderungen können im Wesentlichen erfüllt werden, wenn die Feldexposition der Proben innerhalb einer Hohlleitungs-Meßzelle mit rechteckigem Querschnitt stattfindet (Bild 2), in der sich allein die Grundmode (H_{10}-Welle) als rein fortschreitende Welle ausbreitet. Die beiden letztgenannten Punkte sind dabei essentiell, denn sowohl die Ausbreitungsfähigkeit weiterer Wellentypen als auch die Überlagerung hin- und rücklaufender Wellen machen die Forderung nach Eindeutigkeit und Reproduzierbarkeit der Feldverteilung unerfüllbar.

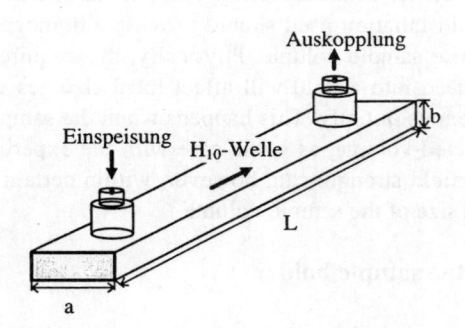

Bild 2 Rechteck-Hohlleitungsmeßzelle

devices for such auxiliary agents as nutrient solutions, cooling liquids, electrodes, etc., which with their fixing devices are within the exposed area. It would prove to be advantageous to dimension the sample holder such that it interferes with the HF-field applied only locally. Materials of a high electric conductivity, in particular metal elements, should not be used. Where unavoidable, they should be orientated in line with the electric field strength. The points discussed in section 3.3 above by analogy apply also to the sample holder. For compliance with the requirements in section 3.6, a defined position of the sample holder within the field should be guaranteed.

4 Solution concept

4.1 Test setup with HF-exposure

The requirements mentioned in section 3 can largely be met when the samples are exposed to the field in a waveguide measuring cell of rectangular cross-section (Figure 2), in which only the fundamental mode (H_{10} wave) propagates as a pure travelling wave. The two latter points are of essential significance as both the ability of other types of waves to propagate and the superposition of waves travelling forward and backward will render the requirement of clarity and reproducibility null and void.

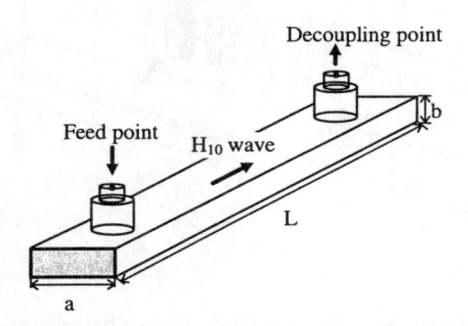

Figure 2 Rectangular waveguide measuring cell

Eine modulierbare Signalquelle stellt die gepulste HF-Leistung zur Verfügung, ein Absorber schließt die Meßzelle reflexionsfrei ab. Bild 3 zeigt den Verlauf der linear in y-Richtung polarisierten elektrischen Feldstärke der H_{10}-Welle im Hohlleitungsquerschnitt.

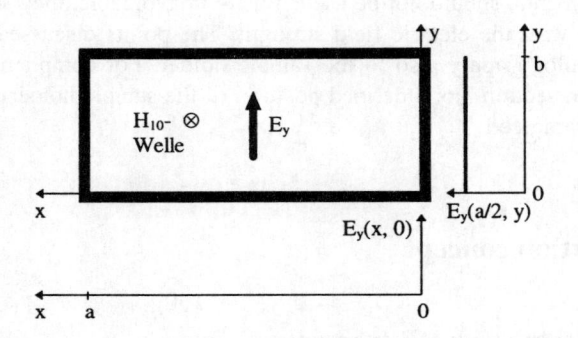

Bild 3 Elektrische Feldverteilung der H_{10}-Welle

Im Fall der Essener Experimente hat sich durch Voruntersuchungen als sinnvoll herausgestellt, den als Probenhalter ausgebildeten Wärmetauscher mit maximal sechs hintereinander liegenden Probengefäßen in der hochkant gestellten Meßzelle unterzubringen (Bild 4).

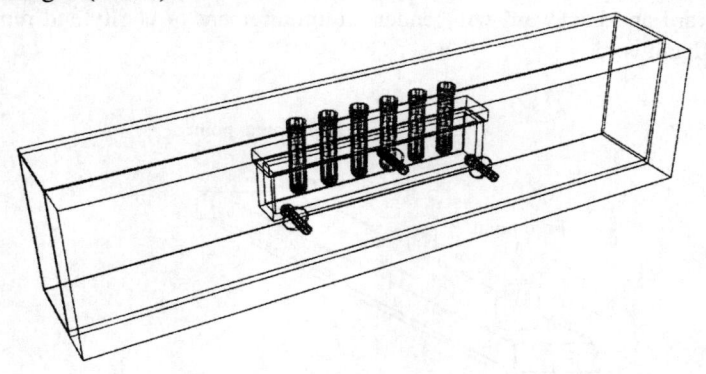

Bild 4 Probenanordnung in der Hohlleitung für die Essener Experimente

Für die Bonner Experimente wird die Hohlleitungsmeßzelle mit eingesetztem Probenhalter auf dem Verschiebetisch des inversen Mikroskops montiert, so daß die Beobachtung der Proben von unten durch ein feinmaschiges Metallnetz und

The pulsed HF-power provides a signal source capable of modulation; an absorber terminates the measuring cell such that reflections do not occur. Figure 3 shows the waveguide cross-section with the response of the electric field strength of the H_{10} wave, polarised linearly in the direction of the y-axis.

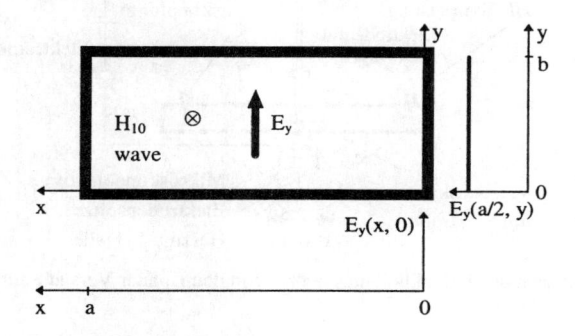

Figure 3   Electric field distribution of the H_{10} wave

In the case of the Essen experiments, preliminary investigations have shown that it is expedient to place the heat exchanger forming the sample holder with a maximum of six tandem-arranged sample units in the upright measuring cell (Figure 4).

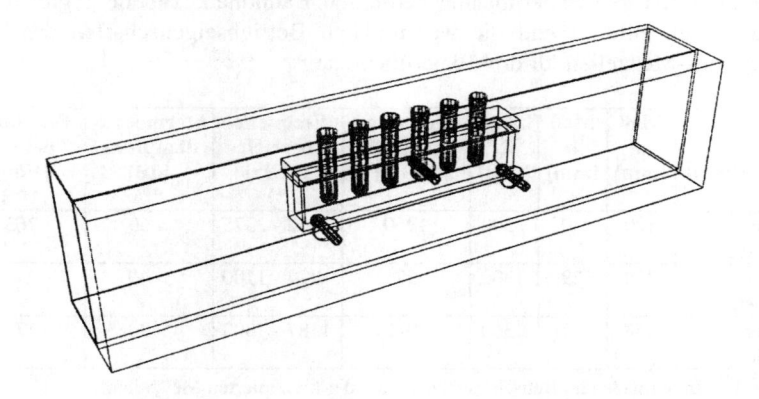

Figure 4   Arrangement of samples in the waveguide for the Essen experiments

For the Bonn experiments, the waveguide measuring cell with the sample holder fitted is mounted on the sliding table of the inverse microscope such that the samples can be observed from below through a fine-meshed metal gauze and that glass

die Kontaktierung der Glaselektrode von oben durch eine kreisrunde Öffnung erfolgen kann (Bild 5).

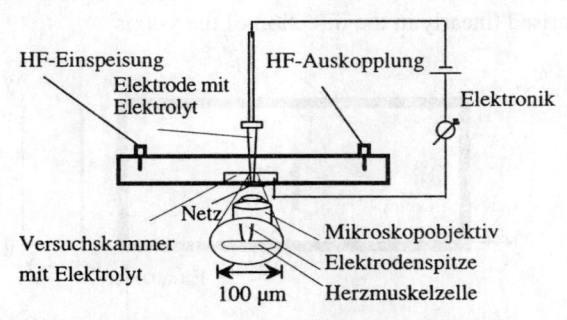

Bild 5 Integration der Hohlleitungsmeßzelle in den Bonner Versuchsaufbau nach Bild 1

4.2 Dimensionen und Betriebsdaten der Meßzellen

Die Festlegung der Abmessungen der benötigten Meßzellen erfolgt nach bewährten Kriterien [3] unter Berücksichtigung des stabilen Frequenzbereichs der Grundmode, der hinreichenden Unterdrückung von Störmoden und der durch Besonderheiten bei den Experimenten bedingten Bauhöhen. Tabelle 1 gibt die Innenmaße (vgl. Bild 2) und die wesentlichen Betriebseigenschaften der leeren Hohlleitungs-Meßzellen für drei Experimente an.

Experiment	Maß a [mm]	Maß b [mm]	Länge L [mm]	Grenzfrequenz f_c [MHz]	Frequenzbereich [MHz] *)	Störmodendämpfung [dB] **)	Feldstärke bei 1W [V/m] ***)
Bonn, E-Netz	120	30	500	1250	1562 - 2375	> 60	763
Essen, D-Netz	259	129,5	1300	579	724 - 1100	> 40	242
Essen, E-Netz	158	79	1300	949	1187 - 1803	> 20	377

Tabelle 1 Innenmaße und Betriebseigenschaften der konzipierten Meßzellen
Bemerkungen: *) $1,25\ f_c \leq f \leq 1,9\ f_c$;
**) bei 960 MHz (D-Netz), 1880 MHz (Bonn, E-Netz)
bzw. 1875 MHz (Essen, E-Netz);
***) Scheitelwert bei 900 bzw. 1800 MHz auf der Hohlleitungsachse

electrode contacting is safeguarded from above through a circular opening (Figure 5).

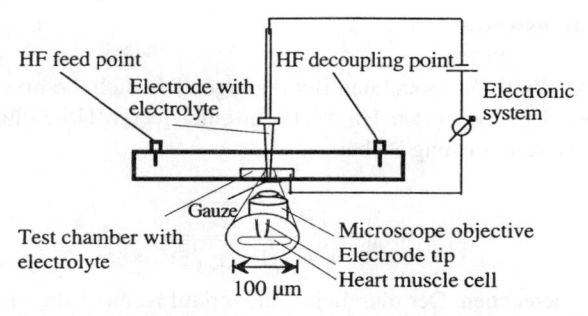

Figure 5 Integration of the waveguide measuring cell in the Bonn test installation to Figure 1

4.2 Measuring cell dimensions and operating data

The required measuring cells are dimensioned in compliance with well-proven criteria [3], due regard being given to such aspects as the stable frequency range of the fundamental mode, adequate suppression of spurious modes, and the overall heights as required for these particular experiments. Table 1 lists inside dimensions (cf. Figure 2) and principal operating characteristics of the empty waveguide measuring cells for three experiments.

Experiment	Dim. a [mm]	Dim. b [mm]	Length L [mm]	Threshold frequency f_c [MHz]	Frequency range [MHz] *)	Spurious mode attenuation [dB] **)	Field strength at 1W [V/m] ***)
Bonn, E-system	120	30	500	1250	1562 - 2375	> 60	763
Essen, D-system	259	129.5	1300	579	724 - 1100	> 40	242
Essen, E-system	158	79	1300	949	1187 - 1803	> 20	377

Table 1 Inside dimensions and operating characteristics of the conceived measuring cells
Annotations: *) $1.25 f_c \leq f \leq 1.9 f_c$;
**) at 960 MHz (D-system), 1880 MHz (Bonn, E-system) and 1875 MHz (Essen, E-system);
***) Peak value at 900 and 1800 MHz on the waveguide axis

5 Numerische Feldberechnungen

5.1 Vorgehensweise

Unter den in Abschnitt 3.5 genannten Bedingungen läßt sich die maximale elektrische Feldstärke der ungestörten H_{10}-Welle in einer <u>leeren</u> Hohlleitung eindeutig aus der eingespeisten Leistung P über

$$|\vec{E}_0| = \sqrt{\frac{P}{ab} \frac{4Z_0}{\sqrt{1-(f_c/f)^2}}} \qquad (1)$$

mit $Z_0 = 377\ \Omega$ berechnen. Der räumliche Feldverlauf ist aus Bild 3 bekannt.

Durch Einbau von Öffnungen und Einsetzen des Probenhalters einschließlich seiner Füllungen wird die ursprüngliche Feldverteilung mehr oder weniger drastisch verändert. Eine genaue Ermittlung der Feldverteilung in der mit diesen Modifikationen versehenen Hohlleitung ist nur durch numerische Feldberechnungen in der kompletten Struktur möglich.

Ausgangspunkt ist dabei das bekannte Feld der ungestörten Leitung, aus dem unter Berücksichtigung aller Strukturdetails das veränderte Feld schrittweise entwickelt wurde. Teilweise konnten dazu kommerziell erhältliche Feldlöser, wie das Programmpaket „XFDTD" [4], unmittelbar eingesetzt werden.

Mit bekannter elektrischer Feldstärke folgt dann die lokale spezifische Absorptionsrate in der eingebrachten Probe aus

$$SAR = \frac{1}{2}\frac{\kappa}{\rho}|\vec{E}|^2. \qquad (2)$$

Darin bedeuten κ und ρ die elektrische Leitfähigkeit bzw. die Dichte des Probenmaterials.

5.2 Materialparameter

Sowohl zur Bestimmung der elektrischen Feldstärkeverteilung als auch zur Berechnung der SAR-Werte werden demzufolge die Materialparameter der zu modellierenden Struktur benötigt. Bei gebräuchlichen Materialien, wie z.B. Acryl-

5 Numerical field calculations

5.1 Procedure

Under the conditions discussed in section 3.5, the maximum electric field strength of the undisturbed H_{10} wave in an <u>empty</u> waveguide can clearly be calculated from the power P fed, using

$$|\vec{E}_0| = \sqrt{\frac{P}{ab} \frac{4Z_0}{\sqrt{1-(f_c/f)^2}}} \tag{1}$$

with $Z_0 = 377\ \Omega$. The spatial field distribution is known from Figure 3.

Openings and the sample holder with its contents will affect the original field distribution more or less dramatically. The field distribution in the waveguide modified in this way can only be determined by means of numerical field calculations for the complete structure.

Starting point is the known field for the undisturbed line from which the modified field was developed step by step, accounting for all the structural details. At some points, commercially available field calculation programs, as for instance the "XFDTD" program package [4], could be put to immediate use.

With the electric field strength known, the local specific absorption rate in the introduced sample then follows from

$$SAR = \frac{1}{2}\frac{\kappa}{\rho}|\vec{E}|^2, \tag{2}$$

where κ and ρ are the electric conductivity and the density of the sample material, respectively.

5.2 Material parameters

Determination of the electric field strength distribution and calculation of SAR hence has to start from the material parameters of the structure to be modelled. For common materials, as for instance acrylic glass, reference can be made to the available literature.

glas, kann man dazu auf Literaturangaben zurückgreifen. Für die aufgrund der biologisch/physiologischen Erfordernisse der Experimente benötigten Stoffe, wie z.B. Nährlösungen, sind aber insbesondere die elektrischen Eigenschaften häufig unbekannt. Den numerischen Berechnungen wurden daher für die Permittivität ε_r' und die Leitfähigkeit κ Werte zugrunde gelegt, die durch frequenzabhängige Messungen mit einem Netzwerkanalysator und einem „Dielectric Probe Kit" von Hewlett-Packard ermittelt worden waren. Die dielektrischen Daten einiger Materialien sind in Tabelle 2 eingetragen. Es wurde jeweils eine relative Permeabilität von $\mu_r = 1$ angenommen.

Experiment	Material	Frequenz	Permittivität ε_r'	Leitfähigkeit κ	Quelle
Bonn/Essen	Acrylglas (Probenhalter/-gefäße)	1800 MHz	2,6	0,0039 S/m	[5]
Essen	PVC, grau (Wärmetauscher)	900 MHz 1800 MHz	2,5 2,4	0,0050 S/m 0,0095 S/m	
Essen	Weißöl, 37°C (Wärmemittel)	900 MHz 1800 MHz	2,2 2,2	0,0017 S/m 0,0033 S/m	[5]
Bonn	Wasser, 37°C (Wärmemittel)	1800 MHz	73,66	0,5080 S/m	
Bonn	PVC, hell (Schlauch)	1800 MHz	2,74	0,00162 S/m	[6]
Bonn	Tyrode, 37°C (Nährlösung)	1800 MHz	71,73	2,20 S/m	
Essen	McCoy's-5A, 37°C (Nährlösung)	900 MHz 1800 MHz	72,5 72,5	2,00 S/m 2,49 S/m	
Bonn	Elektrolyt, 37°C (Glaselektrode)	1800 MHz	71,15	2,60 S/m	

Tabelle 2 Elektrische Daten der für die Rechnersimulationen angenommenen Materialien

5.3 Feldverteilungen und SAR - Abschätzung in den Proben

Wie in Abschnitt 5.1 erläutert wurde, erfordert die Berechnung der elektromagnetischen Feldverteilung innerhalb der mit den für die Experimente benötigten Komponenten versehenen Hohlleitung die Berücksichtigung aller Strukturdetails, die vom Fall der leeren, ungestörten Meßzelle abweichen. Es ist dabei nicht sinnvoll, den Einfluß einzelner Modifikationen, z.B. des Wärmetauschers oder des Netzes für die Mikroskopie, auf das HF-Feld getrennt zu untersuchen, weil sich die Auswirkungen aller Störungen in komplizierter Weise überlagern und gegenseitig beeinflussen können, so daß nur die Modellierung der kompletten Struktur und die darauf basierende Berechnung der Feldverteilung im interessierenden Probenbereich als Reaktion auf die Einstrahlung der H_{10}-Welle die tatsächlichen Verhältnisse adäquat beschreibt.

For the substances needed in view of the biological/physiological test requirements, e.g. nutrient solution, in particular the electric properties are generally not known. The numerical calculations, therefore, started from values for the permittivity ε_r' and the conductivity κ, which were determined through frequency-related measurements using a network analyser and a dielectric probe kit supplied by Hewlett-Packard. The dielectric data of some materials are given in Table 2. The relative permeability was assumed to be $\mu_r = 1$ in each case.

Experiment	Material	Frequency	Permittivity ε_r'	Conductivity κ	Source
Bonn/Essen	Acrylic glass (sample holder/ units)	1800 MHz	2.6	0.0039 S/m	[5]
Essen	PVC, grey (heat exchanger)	900 MHz 1800 MHz	2.5 2.4	0.0050 S/m 0.0095 S/m	
Essen	White oil, 37°C (heating agent)	900 MHz 1800 MHz	2.2 2.2	0.0017 S/m 0.0033 S/m	[5]
Bonn	Water, 37°C (heating agent)	1800 MHz	73.66	0.5080 S/m	
Bonn	PVC, bright (hose)	1800 MHz	2.74	0.00162 S/m	[6]
Bonn	Tyrode, 37°C (nutrient solution)	1800 MHz	71.73	2.20 S/m	
Essen	McCoy's-5A, 37°C (nutrient solution)	900 MHz 1800 MHz	72.5 72.5	2.00 S/m 2.49 S/m	
Bonn	Electrolyte, 37°C (glass electrode)	1800 MHz	71.15	2.60 S/m	

Table 2 Electric data of materials assumed for computer simulation

5.3 Field distribution and SAR - Sample appraisal

It was outlined in section 5.1 above that for calculation of the electromagnetic field distribution inside the waveguide equipped as required for experimentation, all the structural details deviating from the case of the empty and undisturbed measuring cell need to be accounted for. It is, however, not expedient to separately analyse the influence individual modifiers have on the HF-field, e.g. the heat exchanger or the gauze for microscopic analyses. The effects of all disturbing factors can superimpose or affect each other in a rather complex manner, which is why only modelling of the complete structure and calculations of the field distribution within the investigated sample area in response to the H_{10} wave can adequately describe the actual conditions.

5.3.1 Essener Experimente

Das für die E-Netz-Hohlleitungsmeßzelle verwendete Rechenmodell ist bereits aus Bild 4 bekannt. In Bild 6 ist der Betrag der elektrischen Feldstärke in der xz-Ebene durch die Mitte der Hohlleitung dargestellt. Man erkennt eine geringe Stehwelligkeit vor dem Wärmetauscher und eine deutliche Dämpfung der H_{10}-Welle durch die Proben.

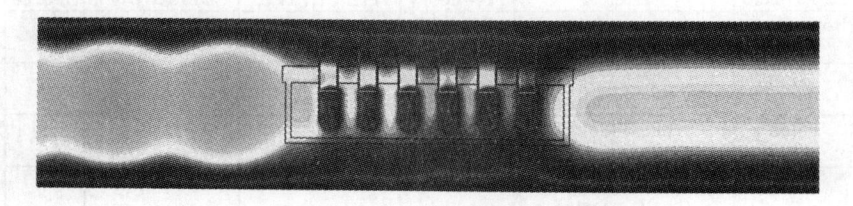

Bild 6   Grautondarstellung der elektrischen Feldverteilung in der E-Netz-Hohlleitungsmeßzelle

Auch innerhalb einer Einzelprobe fällt eine starke Feldvariation auf (Bild 7: Elektrische Feldverteilung im Hohlleitungsquerschnitt durch Probe Nr. 1). Entsprechend schwankt der Wert für die lokale spezifische Absorptionsrate.

Bild 7   Feldverteilung im Hohlleitungsquerschnitt durch Probe Nr. 1 aus Bild 6

5.3.1 Essen experiments

The computer model used for the E-system waveguide measuring cell is the one known from Figure 4. Shown in Figure 6 is the amount of the electric field strength in the xz-plane through the waveguide centre. Evidently there are slight signs of a standing wave ahead of the heat exchanger and a marked sample-induced H_{10} wave attenuation.

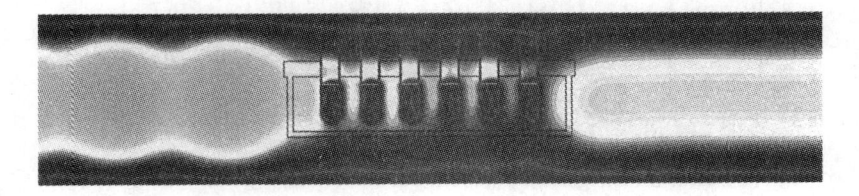

Figure 6 Grey-scale graph of the electric field distribution in the E-system measuring cell

Inside an individual sample there is also a marked field variation (Figure 7: Electric field distribution in the waveguide cross-section through sample No. 1). The local specific absorption rate is found to vary accordingly.

Figure 7 Field distribution in the waveguide cross-section through sample 1 from Figure 6

Die Auswertung je Probe nach elektrischer Feldstärke und SAR-Verteilung im Probenvolumen ist in Tabelle 3 angegeben. Zusätzlich wurde über die in der jeweiligen Probe umgesetzte Joulsche Verlustleistung P_v ein mittlerer SAR-Wert berechnet.

Probe Nr.	E_{min} [V/m]	E_{max} [V/m]	SAR_{min} [W/kg]	SAR_{max} [W/kg]	P_v [mW]	SAR_{mittel} [W/kg]
1	25,9	172,8	0,833	37,2	105,0	21,0
2	22,3	165,3	0,622	34,0	96,4	19,3
3	22,2	154,7	0,613	29,8	83,4	16,7
4	20,6	149,3	0,531	27,8	78,9	15,8
5	18,5	128,4	0,426	20,5	58,7	11,7
6	18,1	130,1	0,410	21,1	57,9	11,6

Tabelle 3 Feldstärke und SAR in den Einzelproben der E-Netz-Meßzelle;
Eingespeiste HF-Leistung: 1 W;
Feldstärke der anregenden H_{10}-Welle auf der Hohlleitungsachse: 377,1 V/m

Aus den genannten Daten kann die Variation der Feldstärke und der SAR-Werte über alle Proben ermittelt werden (Tabelle 4).

E_{min}	18,1 V/m
E_{max}	172,8 V/m
SAR_{min}	0,4 W/kg
SAR_{max}	37,2 W/kg
SAR_{mittel}	15,8 W/kg
SAR_{max}/SAR_{min}	90,7
$SAR_{mittel, max}/SAR_{mittel, min}$	1,8

Tabelle 4 Feldstärken und spezifische Absorptionsraten über alle sechs Proben in der E-Netz-Meßzelle; Eingespeiste HF-Leistung: 1 W

Während die SAR-Werte innerhalb einer Probe sehr stark variieren (SAR_{max}/SAR_{min} in Tabelle 3), weichen die mittleren SAR-Werte der Einzelproben nur um maximal 30 % vom Mittelwert des gesamten Probenvolumens ab (SAR_{mittel} in Tabelle 4). Eine homogenere Belastung der Proben ließe sich nur durch eine drastische Änderung der Form der Probengefäße erreichen, was aber bei den Essener Experimenten aus Gründen der Handhabbarkeit und der Sterilität nicht möglich war.

Die Ergebnisse für die D-Netz-Meßzelle fallen in dieser Hinsicht günstiger aus. Im Rechenmodell wurden gegenüber Bild 3 lediglich die Abmessungen der Hohlleitung verändert; das Diskretisierungsgitter zur Feldsimulation besteht nun aus

The evaluation for each sample in respect of electric field strength and SAR distribution in the sample volume is illustrated by Table 3. Additionally calculated was a mean SAR for the Joule dissipation power P_v converted in the relevant sample.

Sample No.	E_{min} [V/m]	E_{max} [V/m]	SAR_{min} [W/kg]	SAR_{max} [W/kg]	P_v [mW]	SAR_{mean} [W/kg]
1	25.9	172.8	0.833	37.2	105.0	21.0
2	22.3	165.3	0.622	34.0	96.4	19.3
3	22.2	154.7	0.613	29.8	83.4	16.7
4	20.6	149.3	0.531	27.8	78.9	15.8
5	18.5	128.4	0.426	20.5	58.7	11.7
6	18.1	130.1	0.410	21.1	57.9	11.6

Table 3 Field strength and SAR in the individual samples of the E-system measuring cell; HF-power fed: 1 W;
Field strength of the excitation H_{10} wave along the waveguide axis: 377.1 V/m

From the data given, the field strength variation and the SAR can be determined for all the samples (Table 4).

E_{min}	18.1 V/m
E_{max}	172.8 V/m
SAR_{min}	0.4 W/kg
SAR_{max}	37.2 W/kg
SAR_{mean}	15.8 W/kg
SAR_{max}/SAR_{min}	90.7
$SAR_{mean, max}/SAR_{mean, min}$	1.8

Table 4 Field strengths and specific absorption rates for all six samples in the E-system measuring cell; HF-power fed: 1 W

While the SAR is found to vary considerably within one sample (SAR_{max}/SAR_{min} in Table 3), the mean SAR for the individual samples deviates only by a maximum of 30 % from the mean value for the total sample volume (SAR_{mean} in Table 4). More homogeneous sample stressing could only be achieved after substantial modification of the sample unit shape, which, however, in the Essen experiments was not possible for reasons of handleability and sterility.

In this respect, the findings for the D-system measuring cell are more favourable. In the computer model only the waveguide dimensions were changed against those of Figure 3; the discretisation grid for field simulation now comprises

ca. 2,2 Millionen Gitterpunkten. Tabelle 5 zeigt die in den Proben umgesetzten Verlustleistungen und die mittleren SAR-Werte.

Probe Nr.	P_v [mW]	SAR_{mittel} [W / kg]
1	1,46	0,292
2	1,44	0,288
3	1,48	0,296
4	1,50	0,300
5	1,47	0,295
6	1,43	0,285

Tabelle 5 Verlustleistung und SAR in den Einzelproben der D-Netz-Meßzelle; Eingespeiste HF-Leistung: 1 W; Feldstärke der anregenden H_{10}-Welle auf der Hohlleitungsachse: 242 V/m

Das Verhältnis SAR_{max}/SAR_{min} über alle Proben liegt bei 1,05, d. h. die Abweichung der Mittelwerte für die Einzelproben vom mittleren SAR-Wert für das gesamte Probenvolumen $SAR_{mittel} = 0,293$ W/kg beträgt nur noch maximal 3 %.

Im Vergleich zu der E-Netz-Meßzelle ist dies durch die größeren Querschnittsabmessungen und die niedrigere Betriebsfrequenz bedingt; allerdings liegt bei gleicher eingespeister Leistung der mittlere SAR-Wert für die D-Netz-Meßzelle um mehr als eine Größenordnung niedriger als beim E-Netz.

5.3.2 Bonner Experimente

Bild 8 zeigt eine 3D-Darstellung eines Teils des für die numerischen Simulationen verwendeten Rechenmodells der Hohlleitung (hier für die E-Netz-Meßzelle) mit eingesetztem Probenhalter. Die Welle breitet sich in z-Richtung aus. Folgende Details sind deutlich zu erkennen:

- die als ideal leitend vorausgesetzten Hohlleitungswände mit der Öffnung für die Glaselektrode im Deckel und der durch das Netz verschlossenen Bodenöffnung
- die mit Elektrolyt gefüllte Glaselektrode
- der zentrale Teil des Probenhalters aus Acrylglas
- das zylinderförmige Probengefäß mit der Nährlösung, in die die Elektrodenspitze eintaucht
- die beiden Kanäle im Probenhalter für die Nährlösung
- die Schlauchverbindung für die Nährlösung rechts vom Probengefäß inklusive Schlauchhalterung

approx. 2.2 million grid points. Table 5 shows the dissipation power converted in the samples and the mean SAR.

Sample No.	P_v [mW]	SAR_{mean} [W/kg]
1	1.46	0.292
2	1.44	0.288
3	1.48	0.296
4	1.50	0.300
5	1.47	0.295
6	1.43	0.285

Table 5 Power loss and SAR in the individual samples in the D-system measuring cell; HF-power fed: 1 W; Field strength of the excitation H_{10} wave along the waveguide axis: 242 V/m

The SAR_{max}/SAR_{min} ratio for all the samples is about 1.05, which means that the mean value deviation for the individual samples from the mean SAR for the total sample volume $SAR_{mean} = 0.293$ W/kg is now only max. 3 %.

As compared with the E-system measuring cell, this can be explained by the lager cross-sectional dimensions and the lower operating frequency; based on the same power fed, the mean SAR for the D-system measuring cell remains, however, by more than one order of magnitude below that of the E-system.

5.3.2 Bonn experiments

Figure 8 is a 3D-representation of part of the waveguide computer model used for numerical simulation of the waveguide (in this case for the E-system measuring cell) with the sample holder fitted. The wave propagates in z-direction. The following details are clearly visible:

- the waveguide walls assumed to be ideal conductors, with the opening for the glass electrode in the cover and the bottom opening closed by the system
- the glass electrode filled with electrolyte
- the central portion of the sample holder in acrylic glass
- the cylindrically shaped sample unit with the nutrient solution, extending into which is the electrode tip
- the two ducts in the sample holder for the nutrient solution
- the connecting hoseline for the nutrient solution to the right of the sample unit, incl. hose mounts

- die beiden Kanäle im Probenhalter für das geheizte Wasser
- der Cu-Draht, der im Probengefäß in der Silber-Elektrode endet.

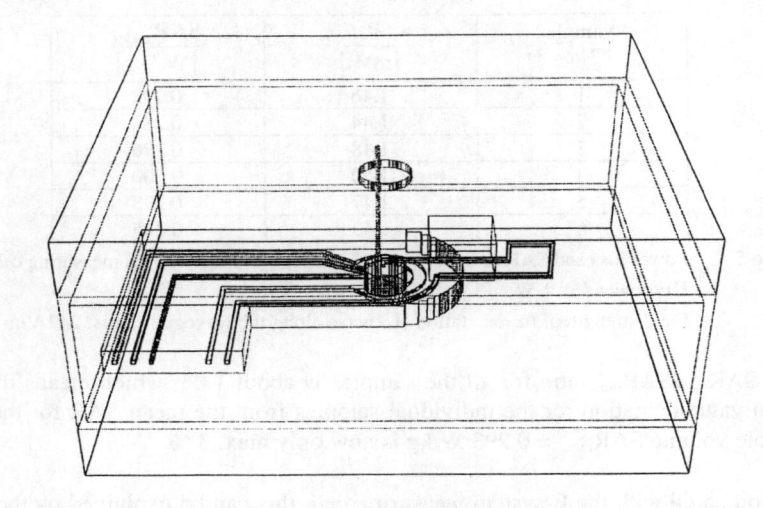

Bild 8 Rechenmodell zur Feldbestimmung für die Bonner E-Netz-Experimente

Für die Feldberechnungen wurde der dargestellte Bereich mit $3{,}7 \cdot 10^6$ Gitterpunkten diskretisiert.

In Bild 9 ist für die E-Netz-Meßzelle (1800 MHz) eine Pegelverteilung der elektrischen Feldstärke in einer Längsschnittebene durch die Mitte des Probengefäßes dargestellt. Links im Bild erkennt man das Feld der ankommenden H_{10}-Welle, das infolge der Reflexion am Probenhalter eine geringe Stehwelligkeit aufweist. Hinter dem Probenhalter bildet sich rasch wieder das nahezu ungestörte Feld der Grundmode aus. Die interessanten Feldveränderungen treten in der Nähe des Probenhalters auf. Offensichtlich kommt es im Bereich der Öffnung für die Glaselektrode zu Feldverzerrungen; allerdings klingt die Feldstärke nach außen hin rasch ab, was für nur kleine Abstrahlungsverluste spricht. Die Elektrode scheint auf ihrer gesamten Länge keine spürbare Störung für das Feld darzustellen; sie hebt sich kaum sichtbar von ihrer Umgebung ab. Der Probenhalter und insbesondere die Probenflüssigkeit dagegen bewirken eine starke Abschwächung der elektrischen Feldstärke; sehr gut erkennbar ist auch die Feldabsenkung in den Kanälen mit Wasser und Nährlösung.

- the two ducts in the sample holder for the heated water
- the Cu-wire terminating in the sample unit in the silver electrode.

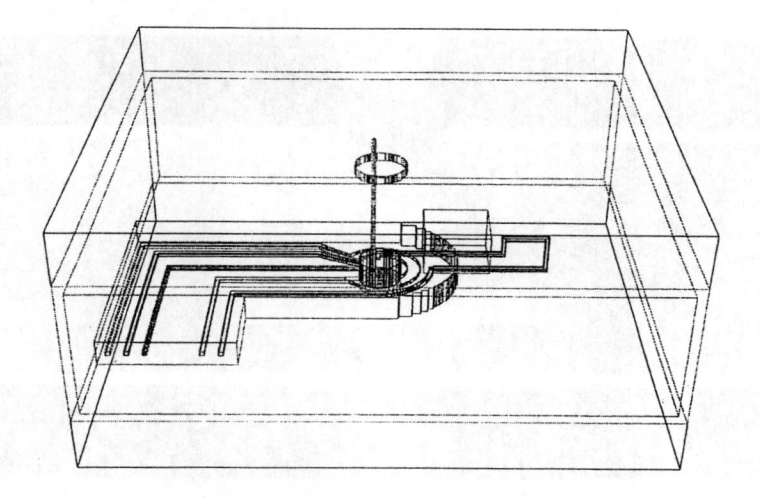

Figure 8 Computer model for field determination for the Bonn E-system experiments

For field calculation, the area shown was discretised with $3.7 \cdot 10^6$ grid points.

Figure 9 is a longitudinal section through the centre of the sample unit showing for the E-system measuring cell (1800 MHz) how the levels of the electric field strength are distributed. On the left is the field of the arriving H_{10} wave, which, being reflected by the sample holder, reveals slight signs of a standing wave. Beyond the sample holder the nearly undisturbed field of the fundamental mode quickly reappears. Interesting field variations occur in the vicinity of the sample holder. Around the opening for the glass electrode, the field is apparently distorted, the field strength, however, decays rapidly towards the outside, thus indicating only minor reflection losses. Along its entire length, the electrode does not seem to show any distinct field distortion; it hardly stands out against its environment. As a result of the sample holder and the sample liquid, on the other hand, there is a marked attenuation of the electric field strength; also evident is the field attenuation in the ducts carrying the water and the nutrient solution.

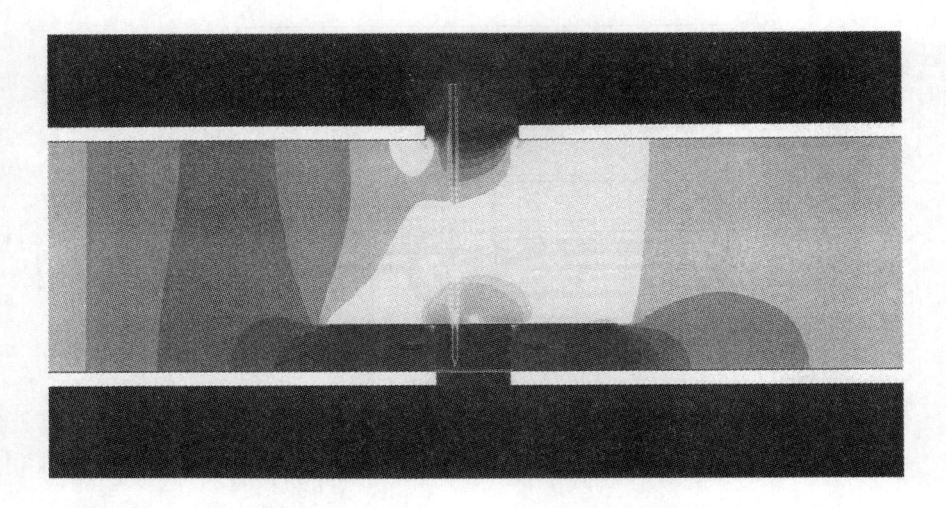

Bild 9   Elektrische Feldverteilung im Längsschnitt x = const. der E-Netz-Meßzelle

Um zu einer Beurteilung des Feldes in der eigentlichen Probenumgebung, nämlich am Boden des Acrylglashalters zu kommen, muß ein vergrößerter Ausschnitt der Struktur betrachtet werden. Dazu ist in Bild 10 die elektrische Feldverteilung im Probengefäß gezeigt. Neben einer nahezu gleichmäßigen Feldstärke in der Tyrode ist das Verhalten am Gitternetz interessant. Da die elektrischen Feldlinien senkrecht auf den ideal leitenden Gitterstäben enden müssen, kommt es in der unmittelbaren Umgebung des Netzes zu einer periodischen Felddeformation. Im Probenbereich direkt unterhalb der Pipettenspitze ist diese Feldvariation aber bereits nicht mehr spürbar. Außerdem ist zu erkennen, daß das Netz das Feld nach unten hin offensichtlich stark dämpft, so daß keine HF-Leistung abgestrahlt werden kann.

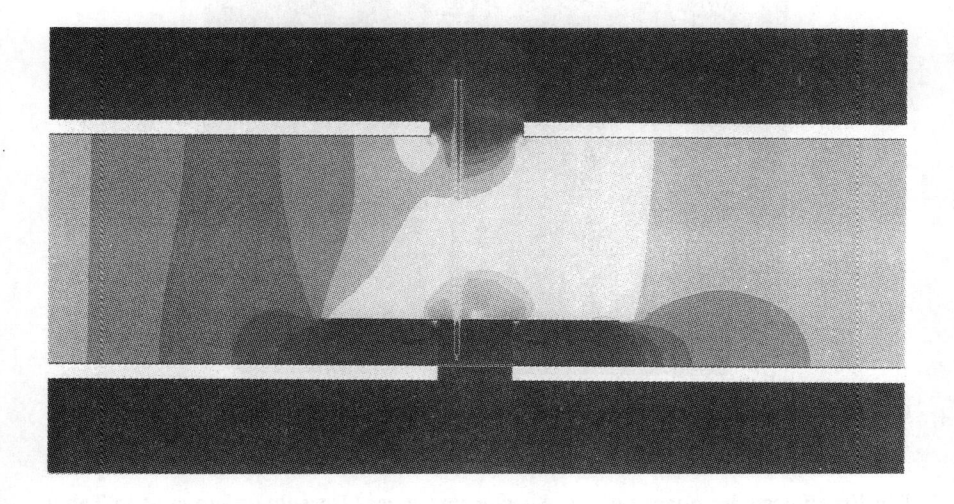

Figure 9 Electric field distribution in the longitudinal section x = const. of the E-system measuring cell

For field appraisal in the more immediate vicinity of the samples, i.e. on the bottom of the acrylic glass holder, an enlarged detail of the structure has to be considered. For this purpose, Figure 10 shows the electric field distribution in the sample unit. Interesting apart from an almost constant field strength in the tyrode is the response in connection with the gauze. Since the electric field lines have to terminate in a right angle at the ideally conducting gauze bars, the field is found to be periodically deformed in the immediate vicinity of the gauze. In the sample area directly below the pipette tip, this field variation can, however, no longer be detected. What becomes also apparent is that obviously the gauze attenuates the field towards the bottom to such an extent that there is no HF-power radiation.

Bild 10 Detailansicht der elektrischen Feldverteilung im Probengefäß
(Querschnitt z = const.)

Die Ergebnisse der quantitativen Auswertung dieser Berechnungen sind in Tabelle 6 wiedergegeben. Neben der bereits bekannten Maximalfeldstärke der leeren Hohlleitung und der aktuellen Feldstärke im Probenbereich ist die mittlere spezifische Absorptionsrate am Probenort angegeben. Alle Angaben beziehen sich auf eine eingespeiste HF-Leistung von 1 W; für die Materialdichte der Tyrode wurde gemäß [7] ein Wert von $\rho = 1004,09$ kg/m^3 angesetzt. Bei den Bonner Experimenten interessieren grundsätzlich nur die Werte der auf die einzelne untersuchte Zelle unterhalb der Elektrodenspitze einwirkenden elektrischen Feldstärke und der spezifischen Absorptionsrate.

Die tatsächliche elektrische Feldstärke im Probenbereich weicht von dem in Tabelle 6 genannten Wert aufgrund verbleibender Feldinhomogenitäten um maximal ±10 % ab.

Frequenz (Mobilfunkbereich)	Max. elektrische Feldstärke (leere Meßzelle)	Elektrische Feldstärke am Probenort	Mittlere spezifische Absorptionsrate am Probenort
1800 MHz (E-Netz)	763 V/m	54 V/m	3,19 W/kg

Tabelle 6 Feldstärken und spezifische Absorptionsrate unterhalb der Elektrodenspitze; Eingespeiste HF-Leistung: 1 W

Figure 10 Detail of electric field distribution in the sample unit
(cross-section z = const.)

The findings of the quantitative evaluation made for these calculations are listed in Table 6. Next to the already known maximum field strength in the empty waveguide and the field strength prevailing in the vicinity of the samples, the mean specific absorption rate at the location of the samples is given. All figures relate to a fed HF-power of 1 W; for the material density of the tyrode a value of $\rho = 1004.09$ kg/m³ was used in accordance with [7]. In the Bonn experiments only the values of the electric field strength acting on the individual cell below the electrode tip and the specific absorption rate are of interest.

The actual electric field strength in the area of the samples deviates from the value in Table 6 by a maximum of ±10 %, which is due to the persisting field inhomogeneity.

Frequency (mobile radio system)	Max. electric field strength (empty meas. cell)	Electric field strength at sample location	Mean specific absorption rate at sample location
1800 MHz (E-system)	763 V/m	54 V/m	3.19 W/kg

Table 6 Field strengths and specific absorption rate below the electrode tip;
HF-power fed: 1 W

6 Zusammenfassung

Unter Berücksichtigung aller experimentellen Anforderungen der Bonner und Essener Projektpartner wurden Meßapparaturen für die Feldexposition bei Mobilfunkfrequenzen konzipiert, die jeweils als Kernstück eine Hohlleitungs-Meßzelle mit rechteckigem Querschnitt enthalten. Mit umfangreichen numerischen Simulationsrechnungen wurden die während eines Experiments zu erwartenden Verteilungen des Feldes und der spezifischen Absorptionsrate bestimmt.

Durch hochfrequenzgerechte Detailkonstruktionen und durch die Optimierung der Leistungskoppler wurden definierte und reproduzierbare elektromagnetische Feldverteilungen in den Meßzellen sichergestellt. Über erste experimentelle Resultate wird in [8] berichtet.

7 Literatur

[1] Hansen, V.: Leitfaden für Experimente zur Untersuchung der Wirkung hochfrequenter elektromagnetischer Felder auf biologische Systeme - Hochfrequenztechnische Aspekte. Edition Wissenschaft, Forschungsgemeinschaft Funk, 9/96, Nr. 11.
[2] DIN VDE 0848 Teil 2: Sicherheit in elektromagnetischen Feldern; Schutz von Personen im Frequenzbereich 30 kHz bis 300 GHz. April 1993.
[3] Meinke, H., Gundlach, F. W.: Taschenbuch der Hochfrequenztechnik. Hrsg. K. Lange und K.-H. Löcherer, 5. Aufl., Springer-Verlag, Berlin 1992
[4] Remcom, Inc.: XFDTD Vs. 3.05, Calder Sqare, State Collage, PA, 1996
[5] Neibig, U.: Expositionseinrichtungen. Edition Wissenschaft, Forschungsgemeinschaft Funk, 1/96, Nr. 3.
[6] Lo, Y. T., Lee, S. W.: Antenna Handbook. New York: Van Nostrand Reinhold, 1993
[7] Wolke, S.: Untersuchung des Einflusses von hochfrequenten elektromagnetischen Feldern auf die elektrischen Eigenschaften von Herzmuskelzellen. Dissertation, Universität Bonn, 1995
[8] Meyer, R., v. Westphalen, C., Wolke, S., Streckert, J., Kammerer, H., Hansen, V.: The influence of high-frequency electromagnetic fields on the membrane currents of isolated cardiac myocytes. BEMS 1996, Victoria/Canada

6 Summary

The measuring installations for field exposure at frequencies typical of mobile radio systems were conceived with consideration to all the exerperimental requirements of the project partners in Bonn and Essen. The core of these installations is always a waveguide measuring cell of rectangular cross-section. The field distribution and the specific absorption rate to be expected in the course of an experiment were determined by means of complex numerical computer simulations.

Structural details complying with high-frequency conditions and optimised power couplers guaranteed defined and reproducible electromagnetic field distributions in the measuring cells. First experimental results are reported in [8].

7 Literature

[1] Hansen, V.: Leitfaden für Experimente zur Untersuchung der Wirkung hochfrequenter elektromagnetischer Felder auf biologische Systeme - Hochfrequenztechnische Aspekte. Edition Wissenschaft, Forschungsgemeinschaft Funk, 9/96, Nr. 11.

[2] DIN VDE 0848 Teil 2: Sicherheit in elektromagnetischen Feldern; Schutz von Personen im Frequenzbereich 30 kHz bis 300 GHz. April 1993.

[3] Meinke, H., Gundlach, F. W.: Taschenbuch der Hochfrequenztechnik. Hrsg. K. Lange und K.-H. Löcherer, 5. Aufl., Springer-Verlag, Berlin 1992

[4] Remcom, Inc.: XFDTD Vs. 3.05, Calder Sqare, State Collage, PA, 1996

[5] Neibig, U.: Expositionseinrichtungen. Edition Wissenschaft, Forschungsgemeinschaft Funk, 1/96, Nr. 3.

[6] Lo, Y. T., Lee, S. W.: Antenna Handbook. New York: Van Nostrand Reinhold, 1993

[7] Wolke, S.: Untersuchung des Einflusses von hochfrequenten elektromagnetischen Feldern auf die elektrischen Eigenschaften von Herzmuskelzellen. Dissertation, Universität Bonn, 1995

[8] Meyer, R., v. Westphalen, C., Wolke, S., Streckert, J., Kammerer, H., Hansen, V.: The influence of high-frequency electromagnetic fields on the membrane currents of isolated cardiac myocytes. BEMS 1996, Victoria/Canada

V Zellproliferation, Schwesterchromatidaustausche, Chromosomenaberrationen, Mikrokerne und Mutationsrate des HGPRT-Locus nach Einwirkung von elektromagnetischen Hochfrequenzfeldern (440 MHz, 900 MHz und 1,8 GHz) auf humane periphere Lymphozyten

Prof. Dr. rer. nat. *Paul Eberle,* Dr. rer. nat. *Martina Erdtmann-Vourliotis,* Dr. rer. nat. *Susanne Diener,* Dipl.-Biol. *Hans-Günther Finke,* Dipl.-Biol. *Bettina Löffelholz,* Dipl.-Biol. *Anete Schnor* und Dipl.-Biol. *Mechthild Schräder,* Abteilung Humangenetik und Cytogenetik, Institut für Humanbiologie, Technische Universität Braunschweig

1 Einleitung

Um ein eventuelles Gesundheitsrisiko elektromagnetischer Hochfrequenzfelder von 440 MHz, 900 MHz sowie 1,8 GHz, wie sie beim Mobilfunk Anwendung finden, zu erfassen, haben wir modellhaft Versuche an menschlichem Spenderblut durchgeführt. Dabei nehmen wir Bezug auf gesicherte Befunde der Krebs- und Mutationsforschung, wonach bestimmte Mutationen in Genen und Chromosomen sowie Veränderungen der Zellproliferation eine Kanzerogenese ursächlich bedingen können, es andererseits aber auch nichtgenotoxische Kanzerogene gibt, die als Kofaktoren wirksam sind. Wir müssen allerdings bei dieser Versuchskonzeption die Gesamtfunktionalität des Körpers unberücksichtigt lassen. Jedoch sehen wir diesbezüglich keine besonderen Einschränkungen hinsichtlich der aus den Experimenten resultierenden Aussagen, weil auf Grund der Ergebnisse der Röntgenpathologie keine nennenswerten Unterschiede gegeben sind.

Die hier angewandten Testsysteme sind Bestandteil von Testbatterien zur Prüfung auf Mutagenität, wie sie von internationalen Kommissionen vorgeschlagen werden (z.B. OECD Guidelines). Sie repräsentieren unterschiedliche Sensibilitätsebenen der erbtragenden Strukturen. Die Chromosomenaberrationsrate erfaßt DNA-Schäden auf DNA-Doppelstrang-Niveau hinsichtlich Chromatiden und

V Cell Proliferation, Sister-Chromatid Exchange, Chromosomal Aberrations, Micronuclei and Mutation Rate of the HGPRT Locus Following the Exposure of Human Peripheral Lymphocytes to Electromagnetic High-Frequency Fields (440 MHz, 900 MHz and 1.8 GHz)

Prof. Dr. rer. nat. *Paul Eberle*, Dr. rer. nat. *Martina Erdtmann-Vourliotis*, Dr. rer. nat. *Susanne Diener*, Dipl.-Biol. *Hans-Günther Finke*, Dipl.-Biol. *Bettina Löffelholz*, Dipl.-Biol. *Anete Schnor* and Dipl.-Biol. *Mechthild Schräder*, Department of Human Genetics and Cytogenetics at the Institute of Human Biology, Technical University of Braunschweig

1 Introduction

To ascertain whether or not the 440 MHz, 900 MHz and 1.8 GHz electromagnetic high-frequency fields typical of mobile radio applications represent a health risk, we conducted model experiments on human donor blood. In doing so, reference is made to verified findings in cancer and mutation research, according to which certain mutations in genes and chromosomes and also changes in the cell proliferation may cause cancerogenesis, while on the other hand there are also non-genotoxic cancerogenes that may have to be seen as cofactors. With the test procedure chosen for our purpose, the overall body functionality cannot be considered. As, however, the results of X-ray pathology do not suggest any significant differences, we do not see any major restrictions as regards the findings of our experiments.

The test systems used form part of the battery of tests for mutagenity testing recommended by international commissions (e.g. OECD Guidelines). They represent different levels of sensitivity of the genetic structures. The chromosomal aberration rate covers DNA damages on the DNA double-strand level in respect of chromatids and chromosomes, the SCE frequency reflects DNA damages on the DNA single-strand level, and the genetic mutations of the HGPRT locus reveal adverse changes in an X-chromosomal hereditary disposition.

Chromosomen, die Schwesterchromidaustausch(SCE)-Frequenz beschreibt DNA-Schäden auf DNA-Einzelstrang-Niveau und die Genmutationen des Hypoxanthin-Guanin-Phosporibosyltransferase(HGPRT)-Locus betreffen nachteilige Veränderungen einer X-chromosomalen Erbanlage. Die Mikrokernfrequenz gibt vor allem darüber Auskunft, ob die Verteilung der Chromosomen auf die Tochterkerne normgerecht erfolgt; zusätzlich kann man zwischen beschädigten und unversehrten Chromosomen unterscheiden. Die Zellproliferationsrate ist hingegen ein Maß für die Teilungsgeschwindigkeit der Zellen. Eine veränderte Proliferationsrate könnte eine veränderte Wirksamkeit des DNA-Repair-Systems bedeuten, woraus eine veränderte Mutationsrate resultieren könnte. Man müßte außerdem mit vielfachen Veränderungen im immunbiologischen Bereich rechnen, wobei z. Zt. die zellwachstumsfördernde Wirkung im Sinne einer Promotion potentieller Tumorzellen besondere Bedeutung hat. Die immunbiologischen Konsequenzen einer veränderten Zellproliferation können jedoch erheblich umfassender sein, denn es kann hierbei das gesamte System der immunkompetenten Zellen in dem Sinne beeinflußt werden, daß sich die Eliminationsrate mutierter Zellen ändert sowie Verlauf und Ausbruch zahlreicher sog. Immunkrankheiten ungünstig beeinflußt werden.

Den Umfang unserer Untersuchungen mußten wir aus Zeitgründen sowie der zur Verfügung stehenden Ausstattung erheblich begrenzen. So war es z.B. nicht möglich, den HGPRT-Test auf alle Versuchsgruppen auszudehnen oder die Kombination mit 1 µT/50 Hz-Magnetfeldern generell zu realisieren. Bei der Durchführung der Versuche wurde sichergestellt, daß sie reproduzierbar sind.

2   Material und Methode

Für sämtliche Versuche wurde venöses Blut gesunder männlicher Spender verwendet (Nichtraucher im Alter zwischen 20 und 33 Jahren), um eine homogene Stichprobe hinsichtlich des Alters, Hormonstatus, Gesundheitszustandes und eventueller mutagener Vorbelastungen durch Nikotin zu untersuchen. Abhängig vom Grad der Vorschädigung resultiert bekanntlich ein verändertes Verhalten des Immunsystems. Zur Auswertung der cytogenetischen Testparameter Proliferationsindex (PI), Schwesterchromatidaustausch(SCE)-Frequenz und Chromosomenaberrationsrate (CA) belief sich die Gesamtkulturdauer der Lymphozytenkulturen auf 72 Stunden [1] bzw. 51 Stunden für die Darstellung von Mikrokernen (MN) [2].

The micronuclear frequency primarily indicates whether the chromosome distribution over the daughter nuclei follows the normal pattern; an additional distinction can be made between damaged and intact chromosomes. The cell proliferation rate on the other hand is an indicator of the cell division rate. Deviations in the proliferation rate might suggest changes in the effectiveness of the DNA repair system, which in turn might result in a changed mutation rate. Also, a number of changes might have to be expected to occur in the immunobiological sector, the cell growth promoting effect, i.e. the promotion of potential tumour cells, presently gaining particular significance. The immunobiological consequences of a changed cell proliferation can, however, go much further as the entire system of immune competent cells can be affected in such a way that the elimination rate of mutated cells is changed or that the outbreak and course of numerous so-called immunodiseases are adversely affected.

For reasons of time, the scope of our experiments had to be much restricted. It was for instance not possible to extend the HGPRT test to all test groups or to generally realise the combination with $1\,\mu T/50\,Hz$ magnetic fields. The experiments made were conceived so as to safeguard reproducibility.

2   Materials and method

All the tests started from the blood of healthy male donors (non-smokers, 20 to 33 years old) obtained by puncture of the veins. This was to provide a homogenous sample in respect of age, hormonal and health status as well as any possible nicotine-related mutagenic pre-impairment. The extent of a possible impairment evidently has an effect on the response of the immune system. For an analysis of the cytogenetic test parameters proliferation index (PI), sister-chromatid exchange (SCE) frequency and chromosomal aberration rate (CA), the lymphocyte cultures were cultivated for a total of 72 hours [1]; for demonstration of micronuclei (MN) this period was 51 hours [2].

Für die Bestimmung der Mutationsfrequenz des Hypoxanthin-Guanin-Phosphoribosyltransferase(HGPRT)-Locus betrug die Kulturdauer 40 Stunden [3]. Eine permanente Kultivierungstemperatur von 37°C ±0,1°C war während der gesamten Kulturzeit für alle Ansätze gewährleistet. Die Aufarbeitung zu Präparaten für die Chromosomen- und Mikrokernanalyse und die Färbung der kodierten Objektträger erfolgte nach Standardmethoden (nähere Details s. [1, 2]). Für die Bestimmung der SCE-Frequenz sowie ihres Medians und ihrer Standardabweichung wurden 30 diploide Bromdesoxyuridin (BrdU)-markierte Metaphasen des zweiten Teilungszyklus ausgewertet (Bild 1).

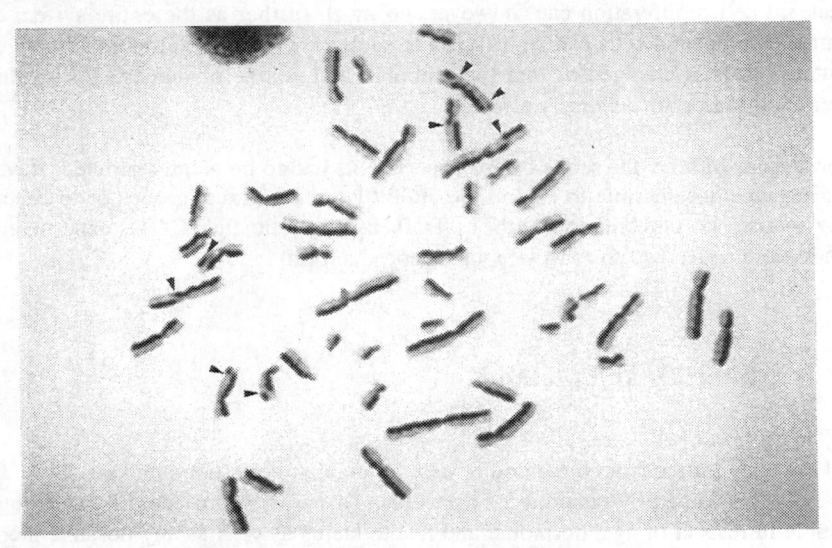

Bild 1 Metaphasechromosomen eines menschlichen peripheren Lymphozyten mit diploidem Chromosomensatz im 2. Mitosezyklus; die Zugabe von Bromdesoxyuridin zum Kulturmedium und dessen Einbau in die DNA bewirkt die unterschiedliche Anfärbbarkeit der Chromatiden; dies ermöglicht, Schwesterchromatidaustausche (SCEs) sichtbar zu machen (s. Pfeile)

Die Befunde über die Chromosomenaberrationen wurden ebenfalls an diesen 30 Metaphasen erhoben sowie auch an 50 Metaphasen des ersten Teilungszyklus (Bild 2).

For determination of the mutation frequency of the hypoxanthine-guaninephosphoribo-syltransferase (HGPRT) locus the culture period was 40 hours [3]. For all the batches, a permanent cultivation temperature of 37°C ±0.1°C was guaranteed for the entire culture period. Standard methods were used for the preparations for chromosome and micronucleus analyses and staining of the coded slides (for details see [1, 2]). For determination of the SCE frequency as well as their median and standard deviation, 30 diploid bromodeoxyuridine (BrdU) labelled metaphases of the second division cycle were analysed (Figure 1).

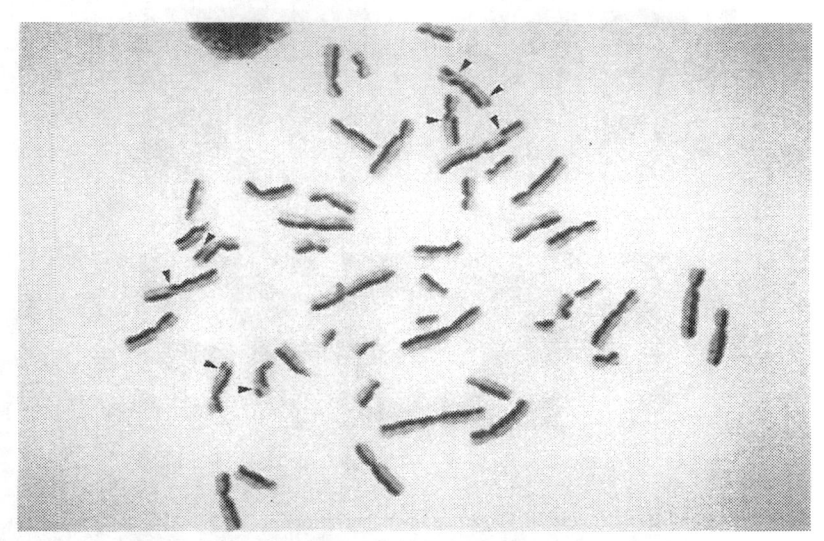

Figure 1 Metaphase chromosomes of a human peripheral lymphocyte with diploid chromosome set in the second mitosis cycle; bromodeoxyuridine added to the culture medium and its integration into the DNA produces differences in chromatid staining; sister-chromatid exchanges (SCEs) can thus be visualised (see arrows)

The findings for the chromosomal aberrations were also derived from these 30 metaphases, and also from 50 metaphases of the first division cycle (Figure 2).

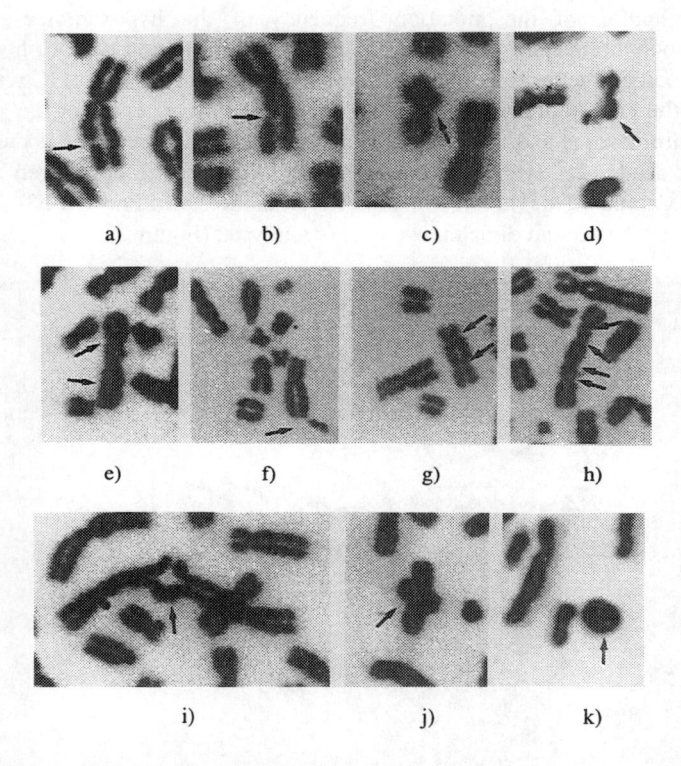

Bild 2 Beispiele für strukturelle Chromosomenaberrationen:
a), b) Chromatid-Gap im 1. Mitosezyklus (M1)
c) Chromatid-Bruch in M1
d) Chromatid-Bruch im 2. Mitosezyklus (M2)
e) Chromosomen-Gaps in M1
f) Azentrisches Fragment in M1
g) Dizentrisches Chromosom in M1
h) Tetrazentrisches Chromosom in M1
i), j) Translokationskreuze in M1
k) Ring in M2

Zur Berechnung der Bruchrate an Chromatiden und Chromosomen erhalten Gaps die Wertigkeit „Null", Brüche die Wertigkeit „Eins" und Translokationen, Ring- und dizentrische Chromosomen die Wertigkeit „Zwei".

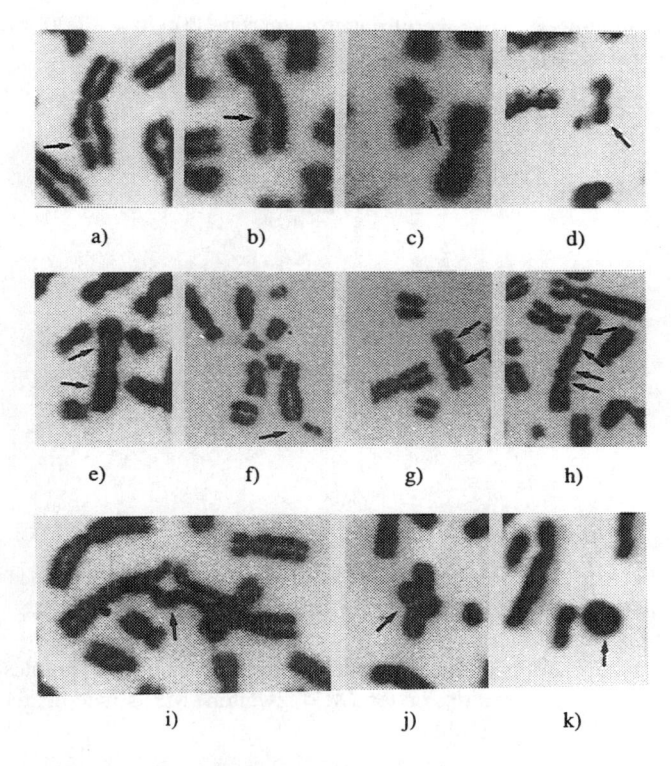

Figure 2   Examples of structural chromosomal aberrations:
  a), b) Chromatid gap in the first mitosis cycle (M1)
  c)   Chromatid rupture in M1
  d)   Chromatid rupture in the second mitosis cycle (M2)
  e)   Chromosome gaps in M1
  f)   Acentric fragment in M1
  g)   Dicentric chromosome in M1
  h)   Tetracentric chromosome in M1
  i), j) Translocation crosses in M1
  k)   Ring in M2

For calculation of the chromatid and chromosome rupture rate, the gaps are given the valence "zero", ruptures the valence "one", and translocations, ring and dicentric chromosomes the valence "two".

Für die Bestimmung der Mikrokernfrequenz wurden 1000 bzw. 2000 zweikernige Zellen ausgewertet (Bild 3).

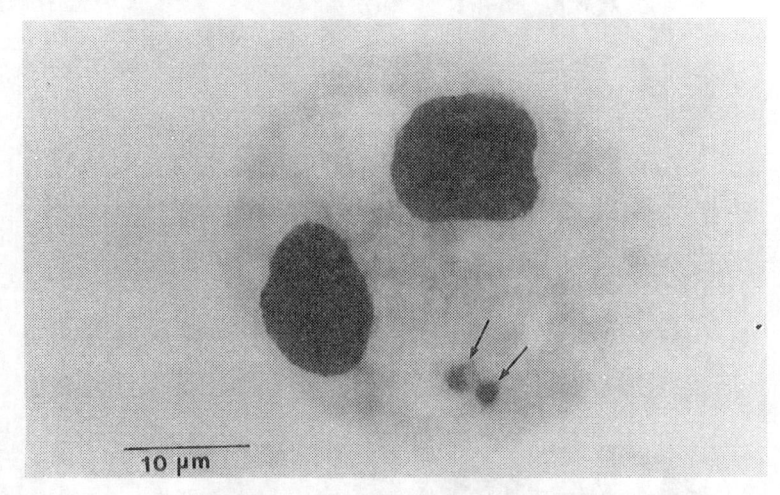

Bild 3 Zweikerniger humaner peripherer Lymphozyt mit zwei Mikrokernen und intaktem Cytoplasma

Die Angaben zum Zellproliferationsindex nehmen Bezug auf mindestens 200 BrdU-markierte Metaphasen des ersten (M1), zweiten (M2) sowie dritten und höheren Teilungszyklus (M3) (Bild 4).

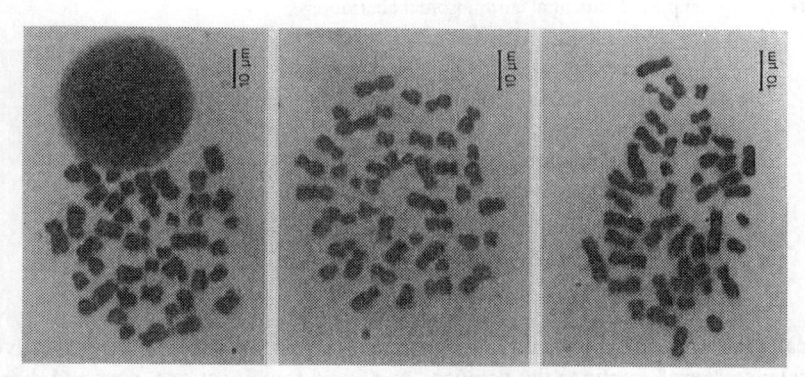

Bild 4 Metaphasen (46, XY) in verschiedenen mitotischen Zellzyklen aus einer menschlichen Lymphozytenkultur (links: M1, Mitte: M2, rechts: M3).

For determination of the micronuclear frequency, 1000 and 2000 binucleated cells were analysed (Figure 3).

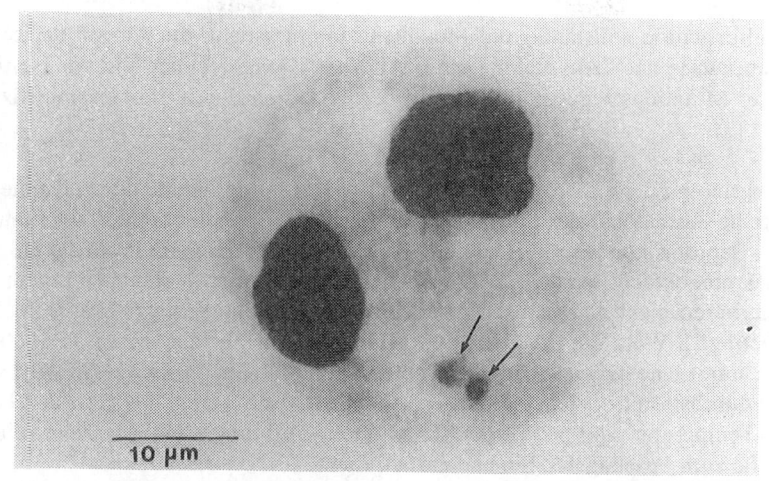

Figure 3 Binucleated human peripheral lymphocyte with two micronuclei and intact cytoplasm

Figures given for the cell proliferation index are based on a minimum of 200 BrdU-labelled metaphases of the first (M1), the second (M2) and third and higher division cycle (M3) (Figure 4).

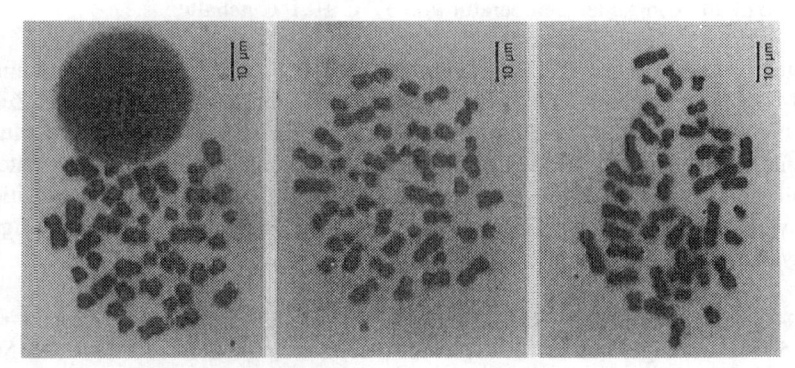

Figure 4 Metaphases (46, XY) in different mitotic cell cycles for a human lymphocyte culture (left: M1, centre: M2, right: M3)

Der Nachweis von Mutationen des HGPRT-Locus in Lymphozyten erfolgte mittels einer modifizierten Aufarbeitung und indirekten Immunfluoreszenz-Färbung.

Jede Kultur wurde vollständig auf Mutanten hin untersucht; die Anzahl der Lymphozyten wurde nach Auszählung eines Aliquots hochgerechnet und zur Bestimmung der Mutationsfrequenz die Anzahl der Mutanten durch die Gesamtzellzahl dividiert [3].

Zur Generierung der elektromagnetischen 440 MHz-Felder diente der in Kapitel II vorgestellte Aufbau mit der TEM-Zelle. Im mittleren Bereich oberhalb oder unterhalb des Septums können maximal neun Kulturröhrchen in einem Probengefäß aus Plexiglas eingebracht werden. Dort werden sie bei unseren Versuchen einem reproduzierbaren elektromagnetischen Hochfrequenzfeld ausgesetzt. Die Zellenleistung beträgt 2 Watt, die Frequenz 440 MHz (20 V/m). In der leeren TEM-Zelle herrscht somit eine magnetische Flußdichte von 67 nT. Das Probengefäß wird von Weißöl durchströmt, welches durch ein thermostatisch geregeltes Bad auf konstanter Temperatur von 37°C ±0,1°C gehalten wird und durch wärmeisolierte Schläuche zum Probengefäß hin und zurück fließt.

Als Kontrollprobenbehälter dient ein Eisenzylinder mit Boden, verschließbarem Deckel und Bohrungen zur Durchführung der Schläuche für das ein- und ausfließende Wasser. Er nimmt einen Einsatz aus Plexiglas auf, welcher eine Temperatursonde und maximal acht Kontrollkulturröhrchen aufnehmen kann, die innerhalb des Zylinders fast vollständig von magnetischen (Wechsel)feldern (< 10 nT) abgeschirmt sind. Die Kontrollkulturen werden über ein thermostatisch geregeltes Wasserbad auf konstanter Temperatur von 37°C ±0,1°C gehalten.

Die elektromagnetischen Wellenfelder von 900 MHz und 1,8 GHz wurden in einer GTEM-Zelle (Gigahertz-TEM-Zelle) erzeugt, die ähnlich wie die TEM-Zelle aufgebaut ist, und die Kulturen in ähnlichen Behältern (Anzahl der Kulturröhrchen = 6) exponiert. Beide Geräte wurden uns vom Institut für Nachrichtentechnik der TU Braunschweig zur Verfügung gestellt (Kapitel II). Die Exposition der Lymphozytenkulturen erfolgte entsprechend der Erfordernisse der jeweiligen Testsysteme über 70, 50 sowie 39 Stunden [1, 2, 3].

Bei 440 MHz und 900 MHz wurden einige Versuchsansätze alternierend mit 1 µT/50 Hz durchgeführt (a: 30 Std. 440 MHz, anschließend 40 bzw. 20 Std. 1 µT/50 Hz; b: 30 Std. 1 µT/50 Hz, anschließend 40 Std. 440 MHz; c: im Wechsel 8 Stunden 900 MHz (Tag) und 16 Std. 1 µT/50 Hz (Nacht) über insgesamt 70 bzw. 50 Stunden; s. a. Tabelle 1).

Mutations of the HGPRT locus in lymphocytes were verified by means of a modified preparation and indirect immunofluorescent staining.

Each culture was completely checked for mutants; the number of lymphocytes was extrapolated following an aliquot count; for determination of the mutation frequency, the number of mutants was divided by the total number of cells [3].

The electromagnetic 440 MHz fields were generated using the TEM-cell setup described in Chapter II. In the centre above and below the septum, a maximum of nine culture tubes can be accommodated in a plexiglass sample unit. There they are exposed in our tests to a reproducible electromagnetic high-frequency field. The cell energy is 2 watts, the frequency 440 MHz (20 V/m). In the empty TEM cell there is hence a magnetic flux density of 67 nT. Flowing through the sample unit is white oil maintained at a constant temperature of 37°C ±0.1°C by means of a thermostated bath and flowing through thermally insulated hose lines to and from the sample unit.

The container holding the check samples is an iron cylinder provided with bottom and cover, as well as openings through which the hoselines for the entering and exiting water are passed. Placed into the cylinder is a plexiglass unit that houses a temperature probe and a maximum of eight check culture tubes that are almost completely shielded from magnetic (alternating) fields (< 10 nT) inside the cylinder. The check cultures are maintained at a constant temperature of 37°C ±0.1°C by means of a thermostated bath.

The electromagnetic 900 MHz and 1.8 GHz wave fields were generated in a GTEM cell (gigahertz TEM cell) that has a design similar to that of the TEM cell and that exposes the cultures in similar containers (number of culture tubes = 6). Both units were made available by the Institute for Telecommunications Technology of the Technical University of Braunschweig (Chapter II). Lymphocyte culture exposure followed the requirements of the test system in question, i.e. for a period of 70, 50 and 39 hours [1, 2, 3].

For 440 MHz and 900 MHz, testing alternated with 1 µT/50 Hz (a: 30 h 440 MHz, then 40 and 20 h 1 µT/50 Hz; b: 30 h 1 µT/50 Hz, then 40 h 440 MHz; c: alternating between 8 h 900 MHz (day) and 16 h 1 µT/50 Hz (night) for a total of 70 and 50 hours; also see Table 1).

Exposition bei	Testsysteme	Expositionszeit [Std.]	Anzahl Spender
440 MHz	PI, SCE, CA MN GM	70 50 39	12 10 10
440 MHz und 1 µT/50 Hz	PI, SCE, CA MN	30 und 40 30 und 40	9 10
1 µT/50 Hz und 440 MHz	PI, SCE, CA	30 und 40	9
900 MHz	PI, SCE, CA MN	70 50	6 6
900 MHz und 1 µT/50 Hz	PI, SCE, CA MN	8 und 16, insg. 70 8 und 16, insg. 50	3 3
1,8 GHz	PI, SCE, CA MN	70 50	6 6

Tabelle 1 Versuchsübersicht: PI = Proliferationsindex, SCE = Schwesterchromatidaustausche, CA = Chromosomenaberrationen, MN = Mikrokerne, GM = Genmutationen des HGPRT-Locus

Die Exposition bei 1 µT/50 Hz erfolgte in einer Spulenanordnung nach Helmholtz, die uns vom Institut für Hochspannungstechnik der TU Braunschweig zur Verfügung gestellt wurde (Gerätebeschreibung s. [4, 8]). Die Kontrollkulturen befanden sich während der gesamten Kulturdauer bis zum Aufarbeitungsbeginn in einer speziellen Abschirmvorrichtung für magnetische Felder mit einer mittleren, von äußeren Störeinflüssen bedingten Flußdichte von < 50 nT/50 Hz.

3 Ergebnisse

Sollten die elektromagnetischen Felder einen Einfluß auf die Testsysteme haben, so müßte die Änderung der cytogenetischen Testparameter folgende Voraussetzungen erfüllen, um als biologisch relevant zu gelten (auch, wenn sich bei einer statistischen Überprüfung schon früher signifikante Unterschiede nachweisen lassen). Die SCE-Frequenz, die Chromosomenaberrationsrate, die Mikrokernfrequenz sowie die Mutationsrate des HGPRT-Locus müßten sich von den Werten der unbehandelten Kulturen um mindestens den Faktor zwei unterscheiden. Der Proliferationsindex einer vollständig ausgewerteten Zellkultur müßte außerhalb eines Streubereiches von -3 % und +6 % liegen; dieser wurde an unserem Institut exemplarisch ermittelt [9]. Die in dieser Arbeit bestimmten Werte (s.a. [10]) ergeben sich empirisch aus dem begrenzten Stichprobenumfang. Außerdem müßten diese Kriterien tendenziell bei jedem der Spender auftreten.

Exposure at	Test systems	Exposure period [h]	No. of donors
440 MHz	PI, SCE, CA	70	12
	MN	50	10
	GM	39	10
440 MHz and 1 µT/50 Hz	PI, SCE, CA	30 and 40	9
	MN	30 and 40	10
1 µT/50 Hz and 440 MHz	PI, SCE, CA	30 and 40	9
900 MHz	PI, SCE, CA	70	6
	MN	50	6
900 MHz and 1 µT/50 Hz	PI, SCE, CA	8 and 16, total: 70	3
	MN	8 and 16, total: 50	3
1.8 GHz	PI, SCE, CA	70	6
	MN	50	6

Table 1 Summary of tests: PI = proliferation index, SCE = sister-chromatid exchange, CA = chromosomal aberrations, MN = micronuclei, GM = gene mutations of the HGPRT locus

The 1 µT/50 Hz exposure proceeded in a Helmholtz coil installation placed at our disposal by the Institute for High-voltage Engineering of the Technical University of Braunschweig (for a description of the instrumentation, see [4, 8]). Until processed, the check cultures were for the entire culture period kept in a special shielded facility for magnetic fields with a mean flux density resulting from outside interference of < 50 nT/50 Hz.

3 Results

Should the electromagnetic fields have an influence on the systems tested, the change in the cytogenetic test parameters would have to meet the following conditions in order to be classified as biologically relevant (also if a statistical evaluation should furnish proof of significant differences at an earlier stage). The SCE frequency, the chromosomal aberration rate, the micronuclear frequency, and the mutation rate of the HGPRT locus would have to differ from the values of untreated cultures by at least factor two. The proliferation index of a completely analysed cell culture would have to be outside a -3 % and +6 % spread, as determined at our institute from examples [9]. The figures (cf. [10]) established in the experiments discussed here follow empirically from the limited number of samples. Also, the findings for each donor would have to point in the direction of these criteria.

3.1 Versuche bei 440 MHz

Das Blut von 13 Spendern (a, b, c, ..., m) wurde einem Hochfrequenz(HF)-Feld von 440 MHz ausgesetzt und auf die Frequenz von SCE, CA und MN sowie den Proliferationsindex hin untersucht. Weder hinsichtlich der SCE-Frequenz noch der Mikrokernfrequenz noch des Proliferationsindexes läßt sich ein Einfluß des HF-Feldes erkennen. Chromosomenaberrationen werden fast ausschließlich in Metaphasen des 1. Teilungszyklus beobachtet, und zwar sowohl bei nicht exponierten als auch bei exponierten Kulturen. Bei zwei Spendern (h und i) unterschreitet der PI die Grenze von -3 % geringfügig, ein HF-Feldeinfluß ist bei dem Stichprobenumfang nicht zu erkennen.

Zur Bestimmung der Mutationsfrequenz des HGPRT-Locus dienten zehn Versuchsansätze mit dem Blut diverser Spender. Nach Exposition bei 440 MHz zeigt sich trotz großer interindividueller Schwankungen kein Einfluß des HF-Feldes auf die Mutationsfrequenz des HGPRT-Locus, was sich auch nach statistischer Überprüfung anhand des Differenzverfahrens auf dem 5 %-Niveau bestätigte, auch wenn sie bei zwei Spendern (f und j) um mehr als die Hälfte verringert ist.

3.2 Versuche bei 440 MHz und 1 µT/50 Hz bzw. umgekehrt

Das Blut von zwölf Spendern wurde einem HF-Feld von 440 MHz für 30 Stunden ausgesetzt und anschließend für 40 Stunden bzw. 20 Stunden (Mikrokerntest) bei 1 µT/50 Hz exponiert. Es wurde die Frequenz von SCE, CA und MN sowie der PI bestimmt. Ein Einfluß der elektromagnetischen Felder auf die SCE- und Mikrokernfrequenz ist nicht zu beobachten. Zwei von neun Spendern (d und g) weisen eine deutliche Erhöhung des PI nach Feldeinfluß auf. CA werden bis auf einen Fall nur in M1-Metaphasen beobachtet; sie zeigen keine Korrelation zur Feldexposition.

Für die Versuche mit 30stündiger Exposition bei 1 µT/50 Hz und anschließender 40stündiger Exposition bei 440 MHz wurde das Blut von neun Spendern verwendet und hinsichtlich SCE, CA und PI untersucht. Hinsichtlich der SCE-Frequenz läßt sich kein Feldeinfluß ausmachen. CA werden hauptsächlich in M1 beobachtet; es ist jedoch kein HF-Einfluß zu erkennen. Sechs von neun Spendern weisen eine PI-Änderung der exponierten Kulturen über den von uns vorgegebenen Streubereich hinaus auf, wobei ein Wert erhöht (Spender c) und fünf erniedrigt sind (Spender a, d, e, g und i).

3.1 Tests at 440 MHz

The blood of 13 donors (a, b, c, ..., m) was exposed to a high-frequency (HF) field of 440 MHz and tested for the frequency of SCE, CA and MN as well as the proliferation index. An influence of the HF-field cannot be established for either the SCE frequency nor the micronuclear frequency nor the proliferation index. Chromosomal aberrations are almost exclusively observed in metaphases of the first division cycle, and this for both exposed and non-exposed cultures. With two donors (h and i), the PI was found to remain slightly below the -3 % limit; an influence of the HF-field can on the basis of the given number of random samples not be observed.

Ten individual tests using the blood of different donors served for determination of the mutation frequency of the HGPRT locus. Following 440 MHz exposure, effects of the HF-field on the mutation frequency of the HGPRT locus can despite considerable interindividual fluctuations not be observed. Statistical evaluation using the variate difference method on the 5 % level confirmed this, even if for two of the donors (f and j) the HGPRT locus is found to be reduced by more than half.

3.2 Tests at 440 MHz and 1 µT/50 Hz and vice versa

The blood of twelve donors was for a period of 30 hours exposed to an HF-field of 440 MHz, which was followed by a 40 / 20 hour exposure (micronuclear test) at 1 µT/50 Hz. Determined were the SCE, CA and MN frequencies, as well as the PI. An effect of the electromagnetic fields on the SCE and micronuclear frequencies cannot be observed. Two of nine donors (d and g) show a distinct PI increase following field exposure. Except for one case, CA are detected only in M1 metaphases; they do not reveal any correlation with field exposure.

For testing with a 30-hour exposure at 1 µT/50 Hz followed by a 40-hour exposure at 440 MHz, the blood of nine donors was used and analysed for SCE, CA and PI. As regards the SCE frequency, a field influence cannot be detected. CA are mainly observed in M1; an HF effect can however not be ascertained. Six of nine donors reveal a changed PI of the exposed cultures beyond the spread as determined by us, one value being found to be higher (donor c), five values to be lower (donors a, d, e, g and i).

3.3 Versuche bei 900 MHz

Für die experimentellen Ansätze mit Exposition bei 900 MHz, 217 Hz-gepulst (0,577 ms bei 4,615 ms Periodendauer, 5 W, 66 V/m) wurde das Blut von sechs Spendern verwendet und auf die Frequenz von SCE, CA und MN sowie den Proliferationsindex hin untersucht. Weder hinsichtlich der SCE-Frequenz noch der Mikrokernfrequenz ist ein Einfluß zu erkennen. CA werden sporadisch sowohl in M1 als auch in M2 sowie bei den nichtexponierten als auch in exponierten Kulturen beobachtet. PI-Änderungen nach Feldeinfluß treten bei zweien der sechs Spender auf, und zwar einmal eine Erhöhung (Spender b) und einmal eine Erniedrigung (Spender d).

3.4 Versuche bei 900 MHz und 1 µT/50 Hz

Das Blut von drei Spendern wurde für acht Stunden tagsüber einem HF-Feld von 900 MHz, 217 Hz-gepulst (0,577 ms bei 4,615 ms Periodendauer, 5 W, 66 V/m) ausgesetzt und 16 Stunden (nachts) bei 1 µT/50 Hz exponiert; die Gesamtexpositionsdauer betrug 70 bzw. 50 Stunden. Es wurden die Frequenzen von SCE, CA und MN sowie der PI bestimmt. Ein Einfluß der elektromagnetischen Felder ist weder auf die SCE-Frequenz noch auf die Mikrokernfrequenz zu erkennen. Magnetfeldbedingte CA treten nicht auf. Bei Spender a ist eine Erniedrigung des PI der exponierten Kultur festzustellen, bei Spender c eine Erhöhung und bei Spender b liegt der PI im normalen Streubereich; somit ist von einem Feldeinfluß nicht auszugehen.

3.5 Versuche bei 1,8 GHz

Der Ansatz mit Exposition bei 1,8 GHz, 217 Hz-gepulst (0,577 ms bei 4,615 ms Periodendauer, 5 W, 66 V/m) über 70 bzw. 50 Stunden wurde mit dem Blut von sechs Spendern durchgeführt und auf die Frequenz von SCE, CA und MN sowie auf den PI hin ausgewertet. Ein Einfluß des HF-Feldes ist weder auf die SCE- noch auf die Mikrokernfrequenz noch im Hinblick auf die CA zu erkennen. Bei zwei Spendern (c und e) ist unter Feldeinfluß eine PI-Änderung im Sinne einer Reduktion der Zellteilungsgeschwindigkeit zu erkennen.

3.3 Tests at 900 MHz

Experimentation for exposure at 900 MHz, pulsed at 217 Hz (0.577 ms at periods of 4.615 ms, 5 W, 66 V/m) started from the blood of six donors, which was tested for SCE, CA and MN frequency and the proliferation index. Neither regarding the SCE frequency nor the micronuclear frequency can any influence be discerned. CA are sporadically observed both in M1 and M2 and for both the exposed and non-exposed cultures. A changed PI following field exposure is observed for two of the six donors: one raised value (donor b) and one lower value (donor d).

3.4 Tests at 900 MHz and 1 µT/50 Hz

The blood of three donors was for a period of eight day-time hours exposed to an HF-field of 900 MHz, pulsed at 217 Hz (0.577 ms at periods of 4.615 ms, 5 W, 66 V/m), night-time exposure being 16 hours at 1 µT/50 Hz; the total exposure was 70 and 50 hours, respectively. The blood was tested for SCE, CA and MN frequencies as well as PI. An influence of the electromagnetic fields can neither be observed for the SCE frequency nor the micronuclear frequency. Magnetic field-related CA do not occur. The blood of donor (a) reveals a reduced PI in the exposed culture, that of donor (c) an increase; for donor (b) the PI is within the normal spread. There is hence no indication of a field effect.

3.5 Tests at 1.8 GHz

Testing for 1.8 GHz exposure, pulsed at 217 Hz (0.577 ms at periods of 4.615 ms, 5 W, 66 V/m), over a period of 70 and 50 hours, resp., started from the blood of six donors, which was analysed for SCE, CA and MN frequencies as well as PI. An influence of the HF-field cannot be detected in respect of the SCE or the micronuclear frequency, nor in respect of CA. For two of the donors (c and e) there is a field-induced change in the PI, in as much as the cell division rate was found to be reduced.

3.6 Anmerkung zum Proliferationsindex

Bei den Versuchen zeigen sich Abweichungen des PI in der Form, daß der von uns ermittelte Streubereich von -3 % bis +6 % überschritten wird. Die statistische Unsicherheit resultiert aus der Tatsache, daß zur Bestimmung des PI nur ein geringer Teil der Proben untersucht werden konnte. Da die Abweichungen sowohl nach oben als auch nach unten weisen, ist von einem Feldeinfluß nicht auszugehen.

4 Zusammenfassung

Um einen möglichen schädigenden Einfluß hochfrequenter elektromagnetischer Felder, wie sie beim Mobilfunk Anwendung finden, auf die erbtragenden Strukturen zu überprüfen, haben wir humane periphere Lymphozyten HF-Feldern von 440 MHz, 900 MHz bzw. 1,8 GHz ausgesetzt und anschließend auf verschiedene cytogenetische Testparameter hin untersucht. Die Testparameter, die Anzahl der dafür ausgewerteten Zellen und Spender pro Versuchsansatz waren:

1. Schwesterchromatidaustausche (SCE; 30 in M2, 45 Spender)
2. Chromosomenaberrationen (CA; 50 in M1 und 30 in M2, 45 Spender)
3. Mikrokerne (MN; 1000 bzw. 2000 zweikernige Zellen, 35 Spender)
4. Proliferationsverhalten (PI; 200 bzw. 400, 45 Spender)
5. Mutationen des HGPRT-Locus
   (GM; alle Zellen; nur bei 440 MHz ausgewertet, 10 Spender)

Es wurden insgesamt 90 Versuchsansätze ausgewertet. Die Expositionszeit betrug für SCE, CA und PI 70 Stunden, für MN 50 Stunden und für GM 39 Stunden. Die Gesamtkulturdauer betrug 72, 51 bzw. 40 Stunden. Erstellung und Färbung der codierten Präparate erfolgte nach Standardmethoden. Bei 440 MHz und 900 MHz wurden einige Versuchsansätze alternierend mit 1 µT/50 Hz durchgeführt (a: 30 Std. 440 MHz, anschließend 40 bzw. 20 Std. 1 µT/50 Hz; b: 30 Std. 1 µT/50 Hz, anschließend 40 Std. 440 MHz; c: im Wechsel 8 Stunden 900 MHz (Tag) und 16 Std. 1 µT/50 Hz (Nacht) über insgesamt 70 bzw. 50 Stunden).

Die vorliegenden Ergebnisse liefern keine Hinweise auf feldbedingte Änderungen der Testparameter SCE, CA, MN, PI und GM.

3.6 Annotations on the proliferation index

The tests reveal PI deviations in as much as the PI goes beyond the given -3 % and +6 % spread. The statistical uncertainty results from the fact that PI determination had to rely on just a small number of samples. As deviations are found to occur in both directions, they do not suggest a field influence.

4 Summary

To examine any possible detrimental effect of the high-frequency electromagnetic fields of mobile radio systems on the genetic structures, we exposed human peripheral lymphocytes to HF-fields of 440 MHz, 900 MHz and 1.8 GHz. Following exposure, the lymphocytes were analysed in respect of different cytogenetic test parameters. The test parameters, the number of cells analysed for the purpose, and the donors for each individual test were the following:

1. Sister-chromatid exchange (SCE; 30 in M2, 45 donors)
2. Chromosomal aberrations (CA; 50 in M1 and 30 in M2, 45 donors)
3. Micronuclei (MN; 1000 and 2000 binucleated cells, 35 donors)
4. Proliferation behaviour (PI; 200 and 400, 45 donors)
5. Mutation of the HGPRT locus
   (GM; all cells; only evaluated for 440 MHz, 10 donors)

A total of 90 individual tests were evaluated. For SCE, CA and PI, the exposure time was 70 hours, for MN 50 hours, and for GM 39 hours. The total culture period was 72, 51 and 40 hours. Standard methods were used for preparation treatment and staining. For 440 MHz and 900 MHz, testing alternated with 1 µT/50 Hz (a: 30 h 440 MHz, followed by 40 and 20 h 1 µT/50 Hz; b: 30 h 1 µT/50 Hz, followed by 40 h 440 MHz; c: alternating between 8 h 900 MHz (day) and 16 h 1 µT/50 Hz (night) for a total of 70 and 50 hours).

The available results do not suggest any field-related changes of the test parameters SCE, CA, MN, PI and GM.

5 Literatur

[1] Eberle, P.: Einwirkung magnetischer Wechselfelder auf menschliche periphere Lymphozyten und tierisches Knochenmark. Band 2: Elektromagnetische Verträglichkeit biologischer Systeme. (Hrsg.: Brinkmann, K.; Schaefer, H.) vde-Verlag, Berlin, Offenbach, 1992

[2] Finke, H.-G.: Mikrokernanalysen bei humanen peripheren Lymphozyten nach Einwirkung von hoch- und niederfrequenten Magnetfeldern. Als Dissertation eingereicht an der Naturwissenschaftlichen Fakultät der TU Braunschweig, 1994

[3] Erdtmann-Vourliotis, M.: Mutationsfrequenz des HGPRT-Locus bei humanen peripheren Lymphozyten nach Einwirkung elektromagnetischer 440 MHz-Strahlung mit Hilfe eines modifizierten Testsystems. Dissertaion der Naturwissenschaftlichen Fakultät der TU Braunschweig, 1995

[4] Geest, H.: Entwurf und Aufbau einer Einrichtung zur Untersuchung der Einflüsse niedriger magnetischer Felder auf biologische Systeme. Diplomarbeit am Institut für Hochspannungstechnik der TU Braunschweig, 1990

[5] Löffelholz, B.: Chromosomenaberrationsrate, SCE-Frequenz und Zellproliferation nach Einwirkung kombinierter magnetischer 50-Hz-Felder und 440-MHz-Strahlung auf humane periphere Lymphozyten. Diplomarbeit am Institut für Humanbiologie der TU Braunschweig, 1994

[6] Schnor, A.: Chromosomenaberrationsrate, SCE-Frequenz und Zellproliferation nach Einwirkung elektromagnetischer 440 MHz-Strahlung auf menschliche periphere Lymphozyten. Diplomarbeit am Institut für Humanbiologie der TU Braunschweig, 1994

[7] Bormann, M.: Zellproliferation humaner peripherer Lymphozyten nach Einwirkung von 1 µT/50 Hz-Magnetfeldern. Diplomarbeit am Institut für Humanbiologie der TU Braunschweig, 1993

[8] Forschungsverbund: EMV biologischer Systeme. Bericht über den Stand der Forschungsarbeiten zum 01.01.94. TU Braunschweig, 1994

[9] Diener, S.; Eberle, P.: Zellproliferation, SCE- und Chromosomenaberrationsrate sowie Mikrokernfrequenz humaner peripherer Lymphozyten nach Einwirkung von 50-Hz-Magnetfeldern. Band 4: Elektromagnetische Verträglichkeit biologischer Systeme. (Hrsg.: Brinkmann, K.; Kärner, H. C.; Schaefer, H.) vde-Verlag, Berlin, 1995

[10] Eberle, P.; Erdtmann-Vourliotis, M.; Diener, S.; Finke, H.-G.; Löffelholz, B.; Schnor, A.; Schräder, M.: Zellproliferation, Schwesterchromatidaustausche, Chromosomenaberrationen, Mikrokerne und Mutationsrate des HGPRT-Locus. Newsletter Edition Wissenschaft Nr. 4 der FGF, Bonn, 1996

5 Literature

[1] Eberle, P.: Einwirkung magnetischer Wechselfelder auf menschliche periphere Lymphozyten und tierisches Knochenmark. Band 2: Elektromagnetische Verträglichkeit biologischer Systeme. (Hrsg.: Brinkmann, K.; Schaefer, H.) vde-Verlag, Berlin, Offenbach, 1992

[2] Finke, H.-G.: Mikrokernanalysen bei humanen peripheren Lymphozyten nach Einwirkung von hoch- und niederfrequenten Magnetfeldern. Dissertation submitted to the Faculty of Natural Sciences, TU Braunschweig, 1994

[3] Erdtmann-Vourliotis, M.: Mutationsfrequenz des HGPRT-Locus bei humanen peripheren Lymphozyten nach Einwirkung elektromagnetischer 440 MHz-Strahlung mit Hilfe eines modifizierten Testsystems. Dissertation at the Faculty of Natural Sciences, TU Braunschweig, 1994

[4] Geest, H.: Entwurf und Aufbau einer Einrichtung zur Untersuchung der Einflüsse niedriger magnetischer Felder auf biologische Systeme. Diploma at the Institute for High-voltage Engineering, TU Braunschweig, 1990

[5] Löffelholz, B.: Chromosomenaberrationsrate, SCE-Frequenz und Zellproliferation nach Einwirkung kombinierter magnetischer 50-Hz-Felder und 440-MHz-Strahlung auf humane periphere Lymphozyten. Diploma thesis at the Institute of Human Biology, TU Braunschweig, 1994

[6] Schnor, A.: Chromosomenaberrationsrate, SCE-Frequenz und Zellproliferation nach Einwirkung elektromagnetischer 440 MHz-Strahlung auf menschliche periphere Lymphozyten. Diploma thesis at the Institute of Human Biology, TU Braunschweig, 1994

[7] Bormann, M.: Zellproliferation humaner peripherer Lymphozyten nach Einwirkung von 1 µT/50 Hz-Magnetfeldern. Diploma thesis at the Institute of Human Biology, TU Braunschweig, 1993

[8] Forschungsverbund: EMV biologischer Systeme. Report on the state of the research work as at 1.1.1994. TU Braunschweig, 1994

[9] Diener, S.; Eberle, P.: Zellproliferation, SCE- und Chromosomenaberrationsrate sowie Mikrokernfrequenz humaner peripherer Lymphozyten nach Einwirkung von 50-Hz-Magnetfeldern. Band 4: Elektromagnetische Verträglichkeit biologischer Systeme. (Hrsg.: Brinkmann, K.; Kärner, H. C.; Schaefer, H.) vde-Verlag, Berlin, 1995

[10] Eberle, P.; Erdtmann-Vourliotis, M.; Diener, S.; Finke, H.-G.; Löffelholz, B.; Schnor, A.; Schräder, M.: Zellproliferation, Schwesterchromatidaustausche, Chromosomenaberrationen, Mikrokerne und Mutationsrate des HGPRT-Locus. Newsletter Edition Wissenschaft Nr. 4 der FGF, Bonn, 1996

VI Der Einfluß von hochfrequenten elektromagnetischen Feldern auf den Zellzyklus und auf die Frequenz von Schwesterchromatidaustauschen: Analysen an menschlichen Lymphozyten in Kultur

Dipl.-Biol. *Alexandra Antonopoulos*, Prof. Dr. rer. nat. *Günter Obe*,
Fachbereich 9 - Genetik,
Universität-Gesamthochschule Essen

1 Einleitung

Epidemiologische Untersuchungen zeigen einen bestenfalls schwachen Zusammenhang zwischen Expositionen mit elektromagnetischen Feldern (EMF) und Krebserkrankungen [1, 2]. Dennoch haben gerade diese Studien, angefangen von den Analysen von Wertheimer und Leeper (1979, [3]) bis heute zu großer Beunruhigung in der Bevölkerung (Stichwort „Elektrosmog") geführt. Ein weiteres Ergebnis der epidemiologischen Analysen ist eine intensive Forschungstätigkeit zur Frage möglicher zellulärer Effekte von EMF, die einen Zusammenhang mit einer Krebsinduktion erklären könnten [4]. Prinzipiell wären zwei Möglichkeiten zu diskutieren: (1) EMF könnten zu einer Schädigung der zellulären DNS führen, oder (2) EMF könnten zellphysiologische Prozesse beeinflussen.

Zu Aspekt (1) wäre zu sagen, daß die weitaus meisten experimentellen Analysen keine DNS-schädigende Wirkung nachweisen konnten. Hierbei wurden Strangbrüche in DNS, Mutationen in Mikroorganismen, chromosomale Schäden und Mikrokerne in Zellen in Kultur, Genmutationen in Säugertierzellen, Mutationen bei Drosophila und Mäusen und Chromosomenschäden bei Pflanzen und exponierten Personen untersucht [1, 5, 6]. Mutationen sind eine Voraussetzung für die Entstehung von Krebs, sie stellen das initiierende Ereignis dar. Die bisher vorliegenden Ergebnisse erlauben somit die Aussage, daß EMF Krebs nicht initiieren können. Mutationen entstehen meist nicht direkt sondern erst als Reaktion der Zelle auf Schäden in der DNS, die zur Reparatur der Schäden führt [7]. Die Reparatur ist in der Regel fehleranfällig und kann zur Entstehung von Mutationen führen.

VI The Effect of High-Frequency Electromagnetic Fields on the Cell Cycle and the Frequency of Sister-Chromatid Exchanges: Analyses Made for Human Culture Lymphocytes

Dipl.-Biol. *Alexandra Antonopoulos*, Prof. Dr. rer. nat. *Günter Obe*,
Research Sector 9 - Genetics,
Universität-Gesamthochschule Essen

1 Introduction

Epidemiological analyses at best reveal a vague relationship between the exposure to electromagnetic fields (EMF) and cancer [1, 2]. And yet it was especially these investigations, which, starting with the Wertheimer and Leeper analyses (1979, [3]), have until the present day been stirring considerable unrest among the population. As another result, the epidemiological analyses have triggered highly intensive research activities on the question of possible EMF-induced cellular effects that might explain an interaction with cancer induction [4]. Basically, two possibilities would have to be discussed: (1) EMF might damage cellular DNA, or (2) EMF might affect cell-physiological processes.

As regards aspect (1) it can be said that most experimental analyses could not reveal any DNA damaging effects. Examined in this connection were fractures in the DNA strand, mutations in microorganisms, chromosomal damages, and micronuclei in cell cultures, genetic mutations in mammal cells, mutations among drosophila and mice, and chromosomal damage among plants and exposed humans [1, 5, 6]. Mutations are one condition that may lead to cancer; they have to be seen as the initiating incident. With the findings available today it can hence be said that EMF cannot initiate cancer. Mutations do not come about directly, but are the reaction of the cells to DNA damages, which is designed to repair such damage [7]. Repairs are generally prone to produce errors and hence possibly mutations.

Eine Beeinflussung von Reparaturvorgängen könnte somit ebenfalls zu Mutationen führen, ein Aspekt, der bereits zu Aspekt (2) gehören würde. Wechselwirkungen zwischen EMF und Proteinen könnten für die Krebsentstehung dann von großer Bedeutung sein, wenn dadurch etwa die Geschwindigkeit des Teilungszyklus der Zelle beeinflußt wird. Wenn eine Zelle Schäden in ihrer DNS aufweist, verharrt sie länger als normal in dem Zellzyklusstadium (G1-Phase), das vor Beginn der DNS-Synthesephase (S-Phase) liegt. In der G1-Phase kommt es dann zur Reparatur der Schäden. Wird dieser G1-Block aufgehoben, können möglicherweise nicht alle Schäden repariert werden, und es besteht ein erhöhtes Risiko für die „Fixierung" von Mutationen und in deren Folge kommt es zur Krebsentstehung.

EMF von 50 Hz/5 mT induzieren tatsächlich eine Beschleunigung der Zellzyklen von menschlichen peripheren Lymphozyten (HPL) in Kultur [8, 9]. Ähnliche Befunde wurden auch von anderen Arbeitsgruppen erhoben [10]. Ein Mechanismus, der zu derartigen Beeinflussungen des Zellzyklus führen könnte, wäre ein unter Feldeinfluß erhöhter Einstrom von Ca^{2+} in die Zellen [11]. Hier werden Analysen zur Wirkung von hochfrequenten elektromagnetischen Feldern (HFEMF) auf die Zellzyklen und auf Schwesterchromatidaustausche (SCE) dargestellt. HFEMF hatten keinen Einfluß auf die untersuchten Parameter.

2 Material und Methoden

2.1 Blutkulturen

In jeder Versuchsreihe wurden 15 heparinisierte Blutproben von verschiedenen Spendern (männlich und weiblich) aus der Blutbank des Universitätsklinikums Essen untersucht. Für die feldexponierten wie für die Kontrollkulturen wurden jeweils 5 ml Kulturen bei 37°C inkubiert. Die Kulturen enthielten 0,5 ml Vollblut, 4,6 ml McCoy`s 5A Medium mit 10 % fötalem Kälberserum (Gibco), sowie 0,12 ml Phytohämagglutinin (PHA; Gibco), Antibiotika (Penicillin, Streptomycin) und 5-Bromdesoxyuridin (BrdUrd, Serva; Endkonzentration 2×10^{-5} M). Die Kultivierung erfolgte in Präzisionsölbädern.

Die Kulturen jeder Blutprobe wurden in Gegenwart von HFEMF für 48, 52, 56, 64 und 68 Stunden inkubiert, inklusive einer 2-stündigen Behandlung mit Colcemid (0,08 µg/ml) zur Arretierung der Zellen in einem mitoseähnlichen Stadium.

Interference with repair processes could thus also produce mutations, an aspect that would come under the case (2) category. Interrelationships between EMF and proteins could play a vital role in developing cancer, if same for instance affect the velocity at which the cell division cycle takes place. For cells revealing damages in the DNA, the retention time in the cell cycle phase (G1-phase), which precedes the DNA synthesis phase (S-phase), is longer than normal. During the G1-phase, damages are repaired. Should this G1-block be eliminated, it may not be possible for all the damages to be repaired. There is hence a higher risk of mutations being "fixed", as a result of which cancer will develop.

EMF of 50 Hz/5 mT do actually induce accelerated cell cycles of cultured human peripheral lymphocytes (HPL) [8, 9]. Similar findings are also claimed to have been made by other research teams [10]. A mechanism that may influence the cell cycle in such a way would be a field-induced raised inflow of Ca^{2+} into the cells [11]. Here, analyses are presented for the effect high-frequency electromagnetic fields (HFEMF) have on the cell cycles and the sister-chromatid exchanges (SCE). HFEMF did not reveal any influence on the parameters analysed.

2 Materials and methods

2.1 Blood cultures

In each series of tests, 15 heparinised blood samples of different donors (male and female) provided by the blood bank of the clinical centre of Essen university were tested. For both the field-exposed and the check cultures, 5 ml of culture each were incubated at 37°C. The cultures consisted of 0.5 ml whole blood, 4.6 ml McCoy's 5A medium with 10 % fetal calf serum (Gibco), and 0.12 ml phytohaemaglutinin (PHA; Gibco), antibiotics (penicillin, streptomycin), and 5-bromodeoxyuridin (BrdUrd, Serva; final concentration 2×10^{-5} M). Cultivation was made in precision oil baths.

The cultures of each blood sample were incubated in the presence of HFEMF for 48, 52, 56, 64 and 68 hours, which included a 2-hour colcemid treatment (0.08 µg/ml) for cell arresting in a mitosis-like stage.

Nach diesen Kultivierungszeiten wurden die Zellen für die mikroskopische Analyse vorbereitet. Zu jedem Zeitpunkt wurde eine exponierte Kultur und eine Kontrollkultur aufgearbeitet. Folgende HFEMF wurden verwendet: 380 MHz (gepulst mit 17,65 Hz), 900 und 1800 MHz (jeweils gepulst mit 217 Hz).

Die SAR-Werte (Spezifische Absorptions Rate) betrugen: 80 mW/kg bei 380 MHz, 200 mW/kg bei 900 MHz, 1700 mW/kg bei 1800 MHz.

2.2 Chromosomenpräparation

Die Zellen wurden bei 900 U/min zentrifugiert, das überstehende Medium verworfen und das Pellet anschließend für 10 min in 5 ml hypotoner Lösung (0,075 M KCl) resuspendiert. Es folgte eine zweite Zentrifugation, nach der die Zellen in frisch angesetztem Fixativ (Methanol:Eisessig 3:1) fixiert wurden. Die Zellen wurden so oft in diesem Fixativ gewaschen bis der Überstand klar war. Dann wurden die Zellen je nach Pelletgröße in 0,5 bis 1 ml Fixativ resuspendiert und auf gekühlte Objektträger aufgetropft. Die Objektträger wurden für einige Tage bei Raumtemperatur getrocknet und dann differentiell gefärbt. Dieses Verfahren beinhaltet eine 20-minütige Färbung mit dem Fluoreszenzfarbstoff Hoechst 33258 (Bisbenzimid, 0,45 %), gefolgt von einer UV-Bestrahlung unter Erwärmung auf 60°C und anschließender Giemsa-Färbung (5 %) für 10 bis 12 min [12].

BrdUrd (B) wird anstelle vom Thymin (T) in die replizierende DNA während der DNA-Synthese des Zellzyklus eingebaut. Nach einem Zellzyklus (M1) sind die Chromatiden noch einheitlich gefärbt (TB-TB). Nach zwei Zellzyklen (M2) sind beide Chromatiden differentiell mit BrdUrd substituiert (TB-BB). Nach drei oder mehr Zellzyklen (M3+) in BrdUrd-haltigem Medium findet man sowohl vollständig substituierte als auch differentiell substituierte Chromosomen (TB-BB und BB-BB).

In differentiell gefärbten Chromatiden (TB-BB) sind die TB-Chromatiden dunkel und die BB-Chromatiden hell gefärbt. Dies erlaubt die Zuordnung der Metaphasen zu den von ihnen durchlaufenen Zellzyklusphasen: ein Zellzyklus (M1 Zellen; Chromosomen einheitlich gefärbt), zwei Zellzyklen (M2 Zellen; Chromosomen differentiell gefärbt), drei oder mehr Zellzyklen (M3+ Zellen; Chromosomen differentiell oder hell gefärbt). In M2 Zellen können zusätzlich SCE analysiert werden, die sich als hell-dunkel Wechsel in den Chromatiden darstellen.

Following these cultivation periods, the cells were prepared for microscopic analyses. Always one exposed culture and one check culture were treated. The following HFEMFs were used: 380 MHz (pulsed at 17.65 Hz), 900 and 1800 MHz (pulsed at 217 Hz each).

The SAR values (specific absorption rate) were: 80 mW/kg at 380 MHz, 200 mW/kg at 900 MHz, 1700 mW/kg at 1800 MHz.

2.2 Chromosome preparation

The cells were centrifuged at 900 rpm, the supernatant medium being eliminated, and the pellet then being resuspended for 10 min in a 5 ml hypotonic solution (0.075 M KCl). This was followed by a second centrifuging process, after which the cells were fixed in a freshly prepared fixing agent (methanol:glacial acetic acid 3:1). Cell washing in this fixing agent was repeated until the supernatant was clear. Depending on the pellet size, the cells were then resuspended in 0.5 to 1 ml fixing agent and applied by dropping onto cooled microscope slides. These were dried for several days at ambient temperature and stained differentially. This procedure involved 20-minute staining with the fluorescent stain Hoechst 33258 (bisbenzimid, 0.45 %), followed by UV-radiation which was accompanied by heating to 60°C, and finally giemsa staining (5 %) for 10 to 12 min [12].

BrdUrd (B) is instead of thymine (T) integrated into the replicating DNA during the DNA synthesis of the cell cycle. After one cell cycle (M1), the chromatids still reveal uniform staining (TB-TB). After two cell cycles (M2), both chromatids are differentially substituted by BrdUrd (TB-BB). After three or more cell cycles (M3+) in a medium containing BrdUrd, both completely substituted and differentially substituted chromosomes are found (TB-BB and BB-BB).

In differentially stained chromatids (TB-BB), the TB-chromatids reveal dark and the BB-chromatids bright staining. This allows the metaphases to be associated with the cell cycle phases they have passed: one cell cycle (M1 cells; chromosomes uniformly stained), two cell cycles (M2 cells; chromosomes differentially stained), three or more cell cycles (M3+ cells; chromosomes differentially stained or bright). In M2 cells, SCE can be analysed in addition, which will be indicated by a bright/dark succession in the chromatids.

2.3 Auswertung der Zellzyklusdaten

Die Frequenzen für M1, M2 und M3+ wurden für jede Fixierungszeit durch ihren prozentualen Anteil in 100 ausgewerteten Zellen bestimmt. Für jede der drei Versuchsreihen wurden mindestens 15.000 Zellen ausgewertet.

2.4 Auswertung der SCE-Frequenzen

Die SCE wurden in bis zu 50 differentiell gefärbten M2 Metaphasen ausgezählt, die nach 56 Stunden fixiert wurden. Es wurde die durchschnittliche Anzahl von SCE pro Zelle errechnet.

Insgesamt wurden bei 380 MHz 626 Zellen mit und 646 Zellen ohne Befeldung ausgewertet, bei 900 MHz entsprechend 565 und 595 Zellen und bei 1800 MHz 736 und 686 Zellen. Die ungeraden Zahlen sind dadurch bedingt, daß nicht immer 50 auswertbare M2-Zellen zu finden waren.

2.5 Befelderungssystem

Die Befelderungssysteme wurden vom Forschungsverbund Elektromagnetische Verträglichkeit biologischer Systeme (TU Braunschweig) zusammen mit dem Lehrstuhl für Theoretische Elektrotechnik (Bergische Universität-Gesamthochschule Wuppertal) entwickelt (Kapitel III und IV).

2.6 Statistische Analyse

Damit mögliche Effekte erfaßt werden konnten, wurde die Differenz (Δ) bezüglich M1, M2 und M3+ zwischen exponierten und nicht-exponierten Zellkulturen für jeden Zeitpunkt berechnet. Wegen der beträchtlichen Variabilität zwischen den einzelnen Blutproben bezüglich der Zeitabhängigkeit von Δ wurde ein Modell zur Bestimmung dieses Parameters verworfen. Stattdessen wurde auf einen zeitunabhängigen Effekt hin getestet. Die verwendete Formel war $\Delta_{ij} = \mu + \text{Zeit}_i + \text{Subjekt}_j$, wobei Δ_{ij} die Differenz zwischen exponierten und nicht-exponierten Zellen zum Zeitpunkt i und für das Subjekt j (Blutprobe) darstellt; μ ist der Mittelwert aller Proben, "Zeit" und "Subjekt" bedeuten die zeit- und subjektbezogenen Effekte [8, 13]. Hierfür wurde die Hypothese H0: $\mu = 0$ auf dem 5 % Niveau getestet. Die für Δ errechneten Verteilungen wurden als "Scatter Plots" dargestellt.

Die SCE-Frequenzen wurden mit dem t-Test auf dem 5 % Niveau auf statistische Signifikanz getestet.

2.3 Evaluation of cell cycle data

The frequencies for M1, M2 and M3+ were determined for each fixing period by their percentage in 100 analysed cells. For each of the three test series, a minimum of 15,000 cells were analysed.

2.4 Evaluation of SCE frequencies

The SCE were counted in up to 50 differentially stained M2 metaphases that were fixed after 56 hours. The average number of SCE per each cell was calculated.

The total number of cells analysed for 380 MHz was 626 cells with and 646 cells without exposure, for 900 MHz these were 565 and 595 cells, respectively, and for 1800 MHz 736 and 686 cells, respectively. The odd numbers can be explained by the fact that not always 50 analysable M2-cells could be found.

2.5 Exposure installations

The exposure systems (Chapters III and IV) were developed by the Research Association Electromagnetic Compatibility of Biological Systems (TU Braunschweig) in collaboration with the Department of Theoretical Electrical Engineering (Bergische Universität-Gesamthochschule Wuppertal).

2.6 Statistical analysis

To allow any possible effects to be established, the difference (Δ) respecting M1, M2 and M3+ was for each point of time calculated between exposed and non-exposed cell cultures. A model as a possible way of determining this parameter was dismissed in view of the considerable degree of variation between the different blood samples as regards the time dependence of Δ. Instead, testing was made in respect of a time-independent effect. The formula used was $\Delta_{ij} = \mu + \text{time}_i + \text{subject}_j$, where Δ_{ij} is the difference between exposed and non-exposed cells at point i and for subject j (blood sample); μ is the mean value of all samples; "time" and "subject" indicate the time- and subject-related effects [8, 13]. For this purpose, the hypothesis H0: $\mu = 0$ was tested on a 5 % level. The distribution calculated for Δ was shown as "scatter plots".

To test the SCE frequencies for their statistical significance, the t-test on a 5 % level was used.

3 Ergebnisse

Bild 1 zeigt Metaphasen von menschlichen Lymphozyten in Kultur nach einer (M1, Bild 1a), zwei (M2, Bild 1b) und drei oder mehr (M3+, Bild 1d) Teilungen. M1 ist uniform (TB-TB) und M2 ist differentiell gefärbt (TB-BB). M3+ enthält differentiell (TB-BB) und uniform (BB-BB) gefärbte Chromosomen in der gleichen Metaphase. SCE können in M2 ausgewertet werden (Bild 1b und c). Weder die Frequenzen von M1, M2 und M3+, noch diejenigen der SCE wurden nach Kultur der Zellen in Gegenwart von HFEMF (380, 900, 1800 MHz) in signifikanter Weise beeinflußt. Die Bilder 2 - 6 zeigen exemplarisch die Ergebnisse für 1800 MHz.

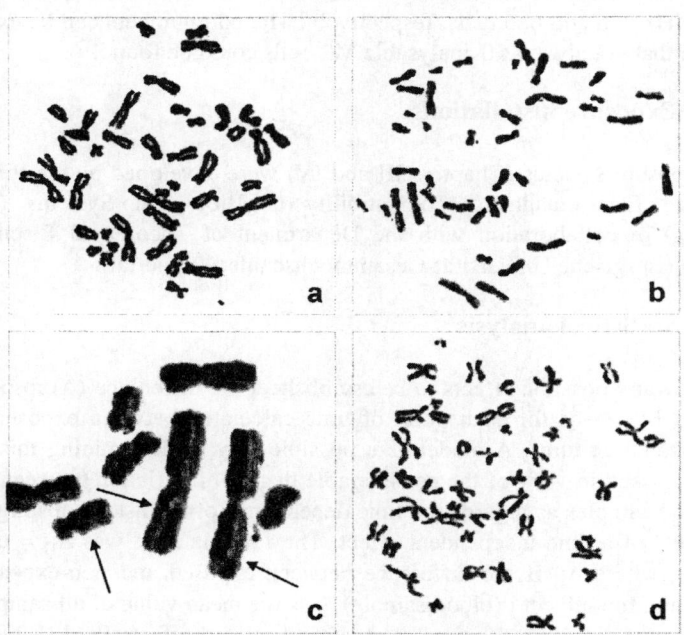

Bild 1 Erste (M1, a), zweite (M2, b), dritte und weitere (M3+, d) Metaphasen von menschlichen peripheren Lymphozyten in Kultur. In (b) sind SCE erkennbar. (c) ist eine vergrößerte Region von (b), SCE sind mit Pfeilen gekennzeichnet.

3 Results

Figure 1 shows metaphases of cultured human lymphocytes following one (M1, Figure 1a), two (M2, Figure 1b), and three or more (M3+, Figure 1d) divisions. M1 is uniformly stained (TB-TB), M2 differentially (TB-BB). M3+ contains differentially (TB-BB) and uniformly (BB-BB) stained chromosomes in the same metaphase. SCE can be analysed in M2 (Figures 1b and c). Neither the frequencies of M1, M2 and M3+, nor those of SCE were affected in any significant way following cell cultivation in the presence of HFEMF (380, 900, 1800 MHz). In Figures 2 - 6, 1800 MHz are used as an example to illustrate results.

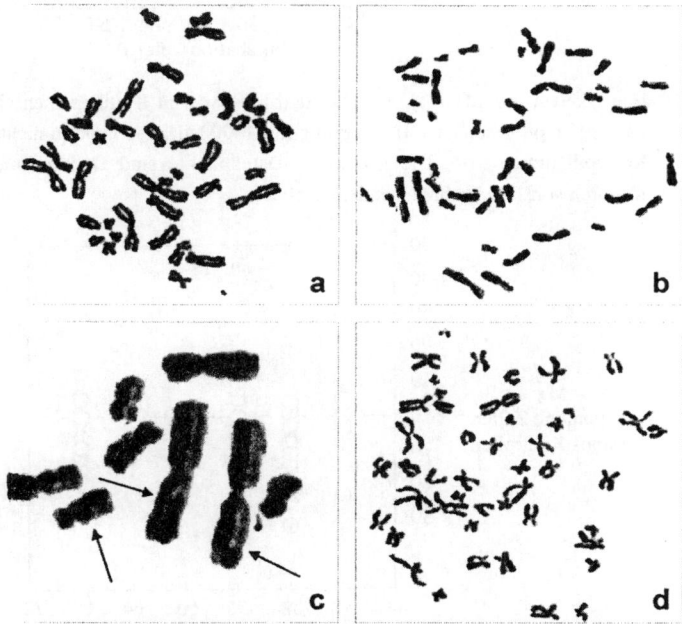

Figure 1 First (M1, a), second (M2, b), third and additional (M3+, d) metaphases of cultured human peripheral lymphocytes. In (b) SCE can be determined. (c) is an enlarged region of (b), SCE are identified by arrows.

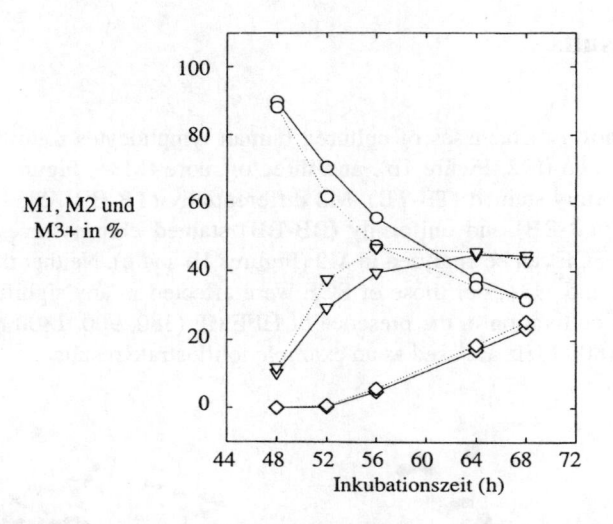

Bild 2 Häufigkeiten von M1 (O), M2 (▽) und M3+ (◇) in Kulturen menschlicher peripherer Lymphozyten nach Befelderung mit 1800 MHz (---) und in nicht-befelderten Kontrollkulturen (—). Die jeweiligen Datenpunkte sind Durchschnittswerte aus Kulturen von 15 verschiedenen Blutproben.

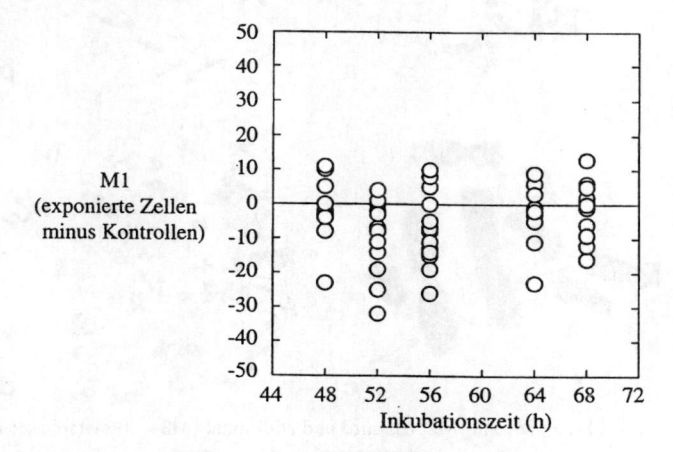

Bild 3 Differenzen (Δ) der Frequenzen von M1 in Kulturen menschlicher peripherer Lymphozyten nach Befelderung mit 1800 MHz und nichtbefelderten Kontrollkulturen. Die Werte schwanken um die 0-Linie (= kein Unterschied). Die Werte stellen die Ergebnisse von 15 verschiedenen Blutproben nach den auf der X-Achse angegebenen Kulturzeiten dar.

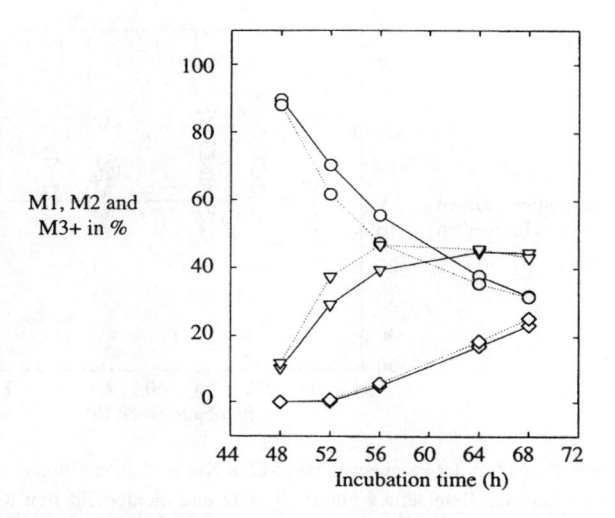

Figure 2 Frequency of M1 (○), M2 (▽) and M3+ (◇) in cultures of human peripheral lymphocytes following exposure to 1800 MHz (---) and non-exposed check cultures (—). The different data points are mean values obtained for cultures of 15 different blood samples.

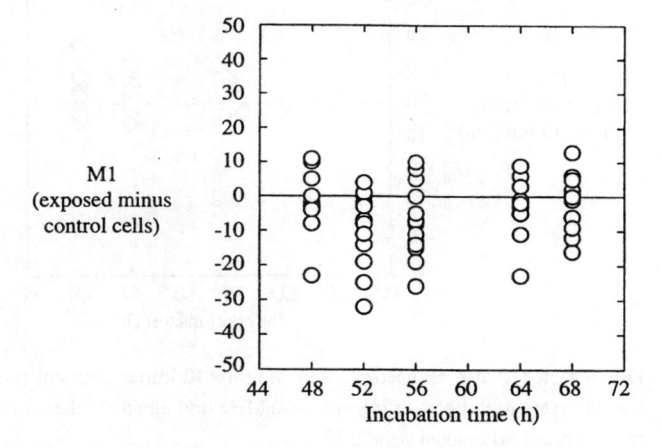

Figure 3 Differences (Δ) in M1 frequencies in cultures of human peripheral lymphocytes following exposure to 1800 MHz and non-exposed check cultures. Values vary about the 0-line (= no difference). Values reflect results of 15 different blood cultures following culture times as shown on the X-axis.

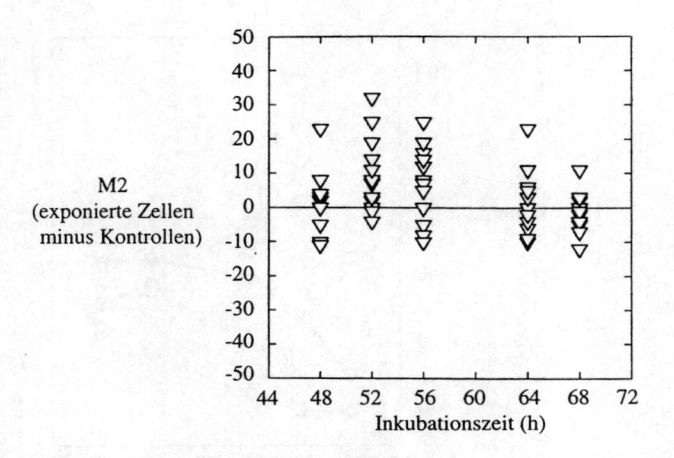

Bild 4 Differenzen (Δ) der Frequenzen von M2 in Kulturen menschlicher peripherer Lymphozyten nach Befelderung mit 1800 MHz und nichtbefelderten Kontrollkulturen. Weitere Erklärungen siehe Bild 3.

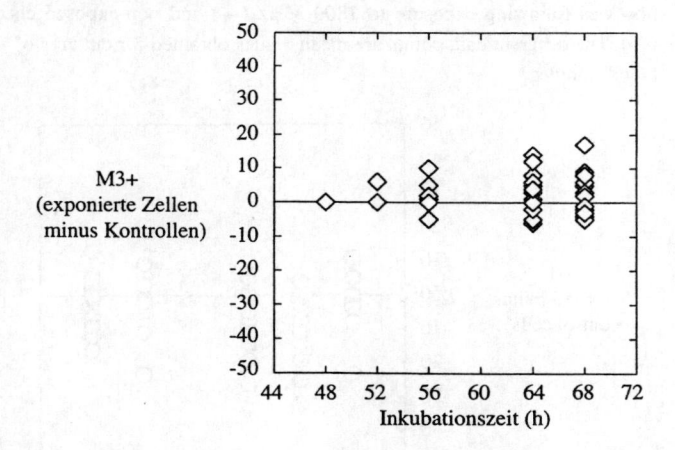

Bild 5 Differenzen (Δ) der Frequenzen von M3+ in Kulturen menschlicher peripherer Lymphozyten nach Befelderung mit 1800 MHz und nichtbefelderten Kontrollkulturen. Weitere Erklärungen siehe Bild 3.

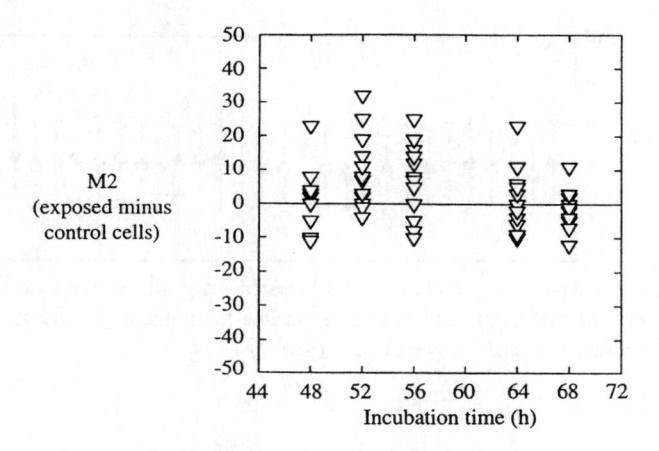

Figure 4 Differences (Δ) in M2 frequencies in cultures of human peripheral lymphocytes following exposure to 1800 MHz and non-exposed check cultures. For further details see Figure 3.

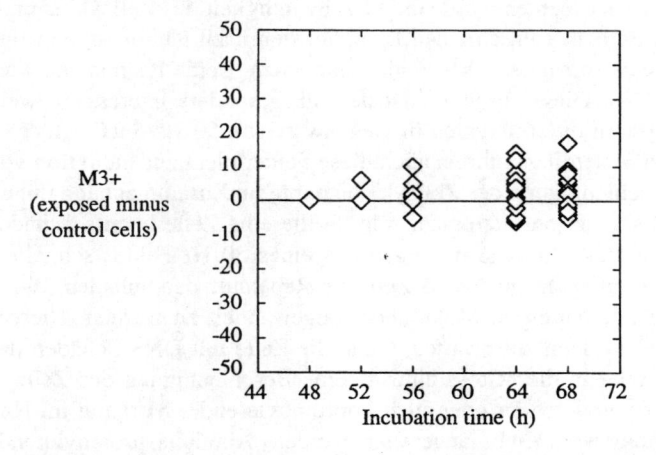

Figure 5 Differences (Δ) of M3+ frequencies in cultures of human peripheral lymphocytes following exposure to 1800 MHz and non-exposed check cultures. For further details see Figure 3.

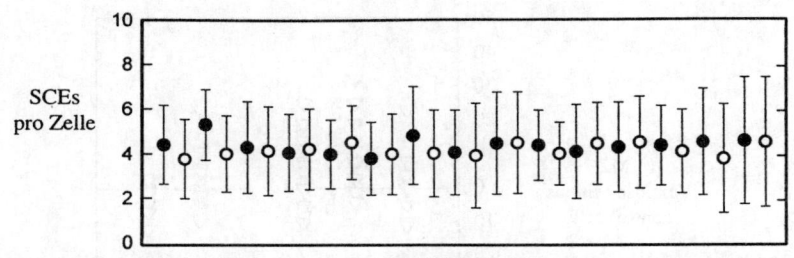

Bild 6 SCE-Frequenzen in Kulturen von 15 verschiedenen Blutproben nach Befelderung mit 1800 MHz (O) und von nichtbefelderten Kontrollkulturen (●). Die Fehlerbalken sind die Standardabweichungen (SD).

4 Diskussion

In unseren Experimenten wurde die Geschwindigkeit des Zellzyklus und die Häufigkeit von SCE in menschlichen Lymphozyten nach Kultur in Gegenwart hochfrequenter elektromagnetischer Felder untersucht. Beide Phänomene wurden nicht beeinflußt [14]. Dieses Ergebnis ist deshalb besonders interessant, weil im gleichen Testsystem die Zellzyklen in Gegenwart von 50 Hz/5mT Feldern beschleunigt wurden. Allerdings führten auch diese Felder nicht zur Induktion von SCE [8, 9]. Eine Beschleunigung des Zellzyklus könnte im Zusammenhang mit einer möglichen Krebsinduktion interessant sein. Sollte eine Zelle bereits Schäden in ihrer DNS aufweisen, würde sie in Gegenwart eines 50 Hz-Feldes schneller wachsen und hätte somit nicht genügend Zeit zur Reparatur der Schäden, die dann eine größere Chance hätten zu Mutationen umgewandelt zu werden. Dieser Vorgang wäre besonders dann zu erwarten, wenn die Zelle mit DNS-Schäden die S-Phase durchläuft, oder in die Mitose eintritt. Eine Beschleunigung des Zellzyklus kann somit als promovierender oder auch kopromovierender Vorgang im Hinblick auf die Entstehung von Krebs angesehen werden. Ähnliche promovierende Effekte werden von *Löscher und Mevissen* (1994, [15]), *Löscher et al.* (1993, [16]) und *Mevissen et al.* (1997, [17]) diskutiert. Menschliche Lymphozyten sind besonders gut für Zellzyklusanalysen geeignet. Im peripheren Blut befinden sie sich fast ausschließlich außerhalb des Zellzyklus (G0-Stadium).

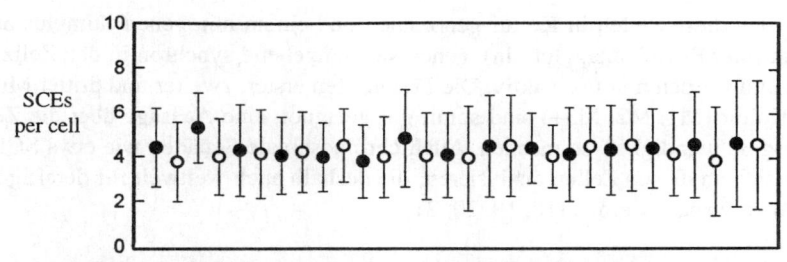

Figure 6 SCE frequencies in cultures of 15 different blood samples following 1800 MHz exposure (O) and of non-exposed check cultures (●). The error bars reflect standard deviations (SD).

4 Discussion

Our experiments investigated the velocity of the cell cycle and the frequency of SCE in cultured human lymphocytes exposed to high-frequency electromagnetic fields. Both phenomena were not affected [14]. This result is of particular interest in so far as in the same test system the cell cycles were found to be accelerated in the presence of 50-Hz/5mT fields. It has to be noted, however, that these fields did not induce SCE either [8, 9]. Accelerated cell cycles could prove to be of interest in connection with a possible cancer induction. Cells already revealing DNA damages would grow faster in the presence of a 50-Hz field and would hence not have sufficient time to repair damages, which in turn would stand a better chance of being transformed to mutations. This process could be expected to proceed in particular when DNA damaged cells pass through the S-phase or when they enter the mitosis cycle. Accelerated cell cycles can thus be regarded as promoting or co-promoting processes as regards the development of cancer. Similar promoting effects are discussed by *Löscher and Mevissen* (1994, [15]), *Löscher et al.* (1993, [16]), and *Mevissen et al.* (1997, [17]). Human lymphocytes lend themselves particularly well for cell cycle analyses. In the peripheral blood, they are almost exclusively outside the cell cycle (G0-phase).

Werden diese Zellen in Kultur genommen und einem mitogenen Stimulus ausgesetzt (hier Phytohämagglutinin), gehen sie weitgehend synchron in den Zellzyklus ein und werden mitotisch aktiv. Die Frequenzen erster, zweiter und dritter Mitosen in Kultur (M1, M2, M3+) sind somit gut geeignet, eine Aussage über die Zellzyklusgeschwindigkeit zu machen. Auch chromosomale Schäden wie etwa SCE lassen sich an diesen Zellen analysieren, die deshalb auch weltweit für derartige Studien verwendet werden [18, 19, 20, 21].

Der Zellzyklus kann auch infolge einer Temperaturerhöhung beschleunigt werden [8]. Es ist somit besonders wichtig, daß bei der Feldexposition keine Temperaturerhöhungen auftreten, was durch die von uns verwendeten Versuchsaufbauten garantiert wird. Zellzyklusbeschleunigungen unter dem Einfluß von EMF wurden auch von anderen Autoren beschrieben [10]. Unsere Ergebnisse zeigen, daß dieser Effekt von niederfrequenten, aber nicht von den hier verwendeten hochfrequenten Feldern induziert wird.

6 Literatur

[1] Moulder JE, Foster KR (1995) Biological effects of power-frequency fields as they relate to carcinognesis. Proc Soc Exp Biol Med 209: 309-324.

[2] Sagan LA (1996) Electric and Magnetic Fields: Invisible risks? Gordon and Breach Publ. UK

[3] Wertheimer N, Leeper E (1979) Electrical wiring configurations and childhood cancer. Am J Epidemiol 109: 273-284.

[4] Frey AH (1995) An integration of the data on mechanisms with particular reference to cancer. In: Frey AH (1995) On the Nature of Electromagnetic Field Interactions with Biological Systems, Springer-Verlag, pp 9-28.

[5] McCann J, Dietrich F, Rafferty C, Martin AO (1993) A critical review of the genotoxic potential of electric and magnetic fields. Mutation Res 297: 61-95.

When these cells are cultured and exposed to a mitogenetic stimulus (in this case: phytohaemaglutinin), they enter the cell cycle almost synchronously and become mitotically active. The frequencies of first, second and third mitoses under culture (M1, M2, M3+) thus provide a clear indication of the velocity of the cell cycle. Chromosomal damage, such as SCE, can also be well analysed for these cells, which is why they are generally employed for such investigations [18, 19, 20, 21].

Cell cycles can also be accelerated by a rise in temperature [8]. It is thus essential for field exposure tests to preclude any increase in temperature, a condition which our test installations meet. Cell cycle acceleration due to the effects of EMF are also described by other authors [10]. Our findings demonstrate that this effect is induced by low-frequency, but not by the high-frequency fields used in our case.

6 Literature

[1] Moulder JE, Foster KR (1995) Biological effects of power-frequency fields as they relate to carcinognesis. Proc Soc Exp Biol Med 209: 309-324.

[2] Sagan LA (1996) Electric and Magnetic Fields: Invisible risks? Gordon and Breach Publ. UK

[3] Wertheimer N, Leeper E (1979) Electrical wiring configurations and childhood cancer. Am J Epidemiol 109: 273-284.

[4] Frey AH (1995) An integration of the data on mechanisms with particular reference to cancer. In: Frey AH (1995) On the Nature of Electromagnetic Field Interactions with Biological Systems, Springer-Verlag, pp 9-28.

[5] McCann J, Dietrich F, Rafferty C, Martin AO (1993) A critical review of the genotoxic potential of electric and magnetic fields. Mutation Res 297: 61-95.

[6] Murphy JC, Kaden JW, Sivak A (1993) Power frequency electric and magnetic fields: A review of genetic toxicology. Mutation Res 296: 221-240.
[7] Friedberg EC, Walker GC, Siede W (1995) DNA Repair and Mutagenesis. ASM Press Washington: 607-618.
[8] Antonopoulos A, Yang B, Stamm A, Heller W-D, Obe G (1995): Cytological effects of 50 Hz electromagnetic fields on human lymphocytes in vitro. Mutation Res 346:151-157.
[9] Rosenthal M, Obe G (1989) Effects of 50-Hertz electromagnetic fields on proliferation and on chromosome alterations in human peripheral lymphocytes untreated or pretreated with chemical mutagens. Mutation Res 210: 329-335.
[10] Cadossi R, Torelli G, Cossarizza A, Zucchini P, Bersani F, Petrini M, Emilia G, Bolognani L, Franceschi C (1995) In vitro and in vivo effects of low frequency low energy pulsed electromagnetic fields in hematology and immunology. In: Frey AH (1995) On the Nature of Electromagnetic Field Interactions with Biological Systems, Springer-Verlag, pp 157-166.
[11] Walleczek J. (1994) Immune cell interactions with extremely low frequency magnetic fields: Experimental verification and free radical mechanisms. In: Frey AH (Ed.) On the Nature of Electromagnetic Field Interactions with Biological Systems. Springer-Verlag, New York: pp 167-180.
[12] Hill A, Wolff S (1982) Increased induction of sister chromatid exchanges by diethylstilbestrol in lymphocytes from pregnant and premenopausal women. Cancer Res 42: 893-896.
[13] Hand DJ, Taylor CC (1987) Multivariate analyses of variance and repeated measures. Chapman and Hall, London.
[14] Antonopoulos A, Eisenbrandt H, Obe G (1997) Effects of high frequency electromagnetic fields on human lymphocytes in vitro. Zur Veröffentlichung bei Mutation Research eingereicht.
[15] Löscher W, Mevissen M (1994) Animal studies on the role of 50/60 Hertz magnetic-fields in carcinogenesis. Life Sci., 54, 1531-1543.
[16] Löscher W, Mevissen, M, Lehmacher W, Stamm A (1993) Tumor promotion in a breast cancer model by exposure to a weak alternating magnetic field. Cancer Lett., 71, 75-81.
[17] Mevissen M, Häußler M, Löscher W (1997) Effects of magnetic field exposure (100 µT; 50-Hz) on the development and growth of mammary cancers in a DMBA-model of breast cancer in rats: replicate study. Abstract: Second World Congress for Electricity and Magnetism in Biology and Medicine, 8-13 June 1997, Bologna, Italy, p 158.

[6] Murphy JC, Kaden JW, Sivak A (1993) Power frequency electric and magnetic fields: A review of genetic toxicology. Mutation Res 296: 221-240.
[7] Friedberg EC, Walker GC, Siede W (1995) DNA Repair and Mutagenesis. ASM Press Washington: 607-618.
[8] Antonopoulos A, Yang B, Stamm A, Heller W-D, Obe G (1995): Cytological effects of 50 Hz electromagnetic fields on human lymphocytes in vitro. Mutation Res 346:151-157.
[9] Rosenthal M, Obe G (1989) Effects of 50-Hertz electromagnetic fields on proliferation and on chromosome alterations in human peripheral lymphocytes untreated or pretreated with chemical mutagens. Mutation Res 210: 329-335.
[10] Cadossi R, Torelli G, Cossarizza A, Zucchini P, Bersani F, Petrini M, Emilia G, Bolognani L, Franceschi C (1995) In vitro and in vivo effects of low frequency low energy pulsed electromagnetic fields in hematology and immunology. In: Frey AH (1995) On the Nature of Electromagnetic Field Interactions with Biological Systems, Springer-Verlag, pp 157-166.
[11] Walleczek J. (1994) Immune cell interactions with extremely low frequency magnetic fields: Experimental verification and free radical mechanisms. In: Frey AH (Ed.) On the Nature of Electromagnetic Field Interactions with Biological Systems. Springer-Verlag, New York: pp 167-180.
[12] Hill A, Wolff S (1982) Increased induction of sister chromatid exchanges by diethylstilbestrol in lymphocytes from pregnant and premenopausal women. Cancer Res 42: 893-896.
[13] Hand DJ, Taylor CC (1987) Multivariate analyses of variance and repeated measures. Chapman and Hall, London.
[14] Antonopoulos A, Eisenbrandt H, Obe G (1997) Effects of high frequency electromagnetic fields on human lymphocytes in vitro. Submitted to Mutation Research for publication.
[15] Löscher W, Mevissen M (1994) Animal studies on the role of 50/60 Hertz magnetic-fields in carcinogenesis. Life Sci., 54, 1531-1543.
[16] Löscher W, Mevissen, M, Lehmacher W, Stamm A (1993) Tumor promotion in a breast cancer model by exposure to a weak alternating magnetic field. Cancer Lett., 71, 75-81.
[17] Mevissen M, Häußler M, Löscher W (1997) Effects of magnetic field exposure (100 µT; 50-Hz) on the development and growth of mammary cancers in a DMBA-model of breast cancer in rats: replicate study. Abstract: Second World Congress for Electricity and Magnetism in Biology and Medicine, 8-13 June 1997, Bologna, Italy, p 158.

[18] Natarajan AT, Obe G (1982) Mutagenicity testing with cultured mammalian cells: cytogenetic assays. In: Heddle JA (Ed.) Mutagenicity: New Horizons in Genetic Toxicology. Academic Press, New York: pp 171-213.

[19] Obe G, Beek B (1982) The human leukocyte test system. In: de Serres FJ, Hollaender A (Eds.) Chemical Mutagens, Principles and Methods for Their Detection, Vol 7. Plenum Press, New York: pp 337-400.

[20] Obe G, Natarajan AT (1993) Mutagenicity testing with cultured mammalian cells: cytogenetic assays. In: Corn M (Ed.) Handbook of Hazardous Materials. Academic Press, New York: pp 453-461.

[21] Obe G, Natarajan AT (1996) Zytogenetische Methoden. In: Wichmann HE, Schlipköter HW, Fülgraff G (Eds.) Handbuch der Umweltmedizin. Ecomed, Landsberg/Lech: pp 1-15.

[18] Natarajan AT, Obe G (1982) Mutagenicity testing with cultured mammalian cells: cytogenetic assays. In: Heddle JA (Ed.) Mutagenicity: New Horizons in Genetic Toxicology. Academic Press, New York: pp 171-213.
[19] Obe G, Beek B (1982) The human leukocyte test system. In: de Serres FJ, Hollaender A (Eds.) Chemical Mutagens, Principles and Methods for Their Detection, Vol 7. Plenum Press, New York: pp 337-400.
[20] Obe G, Natarajan AT (1993) Mutagenicity testing with cultured mammalian cells: cytogenetic assays. In: Corn M (Ed.) Handbook of Hazardous Materials. Academic Press, New York: pp 453-461.
[21] Obe G, Natarajan AT (1996) Zytogenetische Methoden. In: Wichmann HE, Schlipköter HW, Fülgraff G (Eds.) Handbuch der Umweltmedizin. Ecomed, Landsberg/Lech: pp 1-15.

VII Wachstumsverhalten von HL-60-Zellen unter Einfluß von hochfrequenten elektromagnetischen Feldern zur Prüfung auf krebspromovierende Effekte

Dr. med. *Rudolf Fitzner* (stellvertretender Institutsleiter),
Elisabeth Langer (Ärztin in Weiterbildung), *Charlotte Reitmeier*,
Institut für Klinische Chemie und Pathobiochemie,
Universitätsklinikum Benjamin Franklin der Freien Universität Berlin

Dr. med. *Joachim von Bülow*,
Abteilung für Laboratoriumsmedizin,
Evangelisches Waldkrankenhaus Spandau

1 Einleitung

Die öffentliche Diskussion um möglicherweise schädliche Wirkungen der elektromagnetischen Felder reißt nicht ab. Dabei steht die Frage der Krebsentstehung (Kanzerogenese) im Vordergrund.

Die Tumorentstehung erfogt nach heutigem Erkenntnisstand in mehreren Schritten, wobei die einzelnen Vorgänge noch nicht genau bekannt sind. Tumorinitiation und Tumorpromotion sind Teilaspekte der Kanzerogenese. Die Tumorinitiation beinhaltet die Veränderung der DNS-Struktur und damit der genetischen Erbinformation der Zelle und führt zur Transformation von normalen Zellen in bösartige Tumorzellen. Die Tumorpromotion beschreibt Verstärkungseffekte an solchen umgewandelten Zellen, die die Ausbreitungstendenz und -geschwindigkeit sowie den Malignitätsgrad eines Tumors und damit sein Aggressionspotential kennzeichnen. Je aggressiver bösartige Zellen reagieren, desto weniger greifen Schutzmechanismen im menschlichen Gesamtorganismus.

Die analytische Erfassung von Parametern, die das Wachstums- bzw. Vermehrungsverhalten von menschlichen Tumorzellen quantitativ beschreiben, scheint in geeigneter Weise diese Verhältnisse widerzuspiegeln. Dabei kann nur ein Vielfaches an Veränderung unter Magnetfeldexposition gegenüber Kontrollen ohne Feld als promovierender Effekt bewertet werden.

VII Growth Behaviour of HL-60 Cells under the Influence of High-Frequency Electromagnetic Fields: Investigation of Potential Cancer-Promoting Effects

Dr. med. *Rudolf Fitzner* (Deputy Head of Institute)
Elisabeth Langer (Physician), *Charlotte Reitmeier*,
Institute of Clinical Chemistry and "Pathobiochemie",
Free University of Berlin

Dr. med. *Joachim von Bülow*,
Deptartment of Laboratory Medicine,
Evangelisches Waldkrankenhaus Spandau

1 Introduction

There is an ongoing public debate about the potential hazards of electromagnetic fields. This discussion focusses on the possible induction of cancer (cancerogenesis) by such fields.

According to present knowledge, tumor development is a process that consists of several steps, which have not yet been elucidated in detail. Two steps involved in cancerogenesis are tumour initiation and tumour promotion. The former comprises changes in the DNA structure and thus in the cell's genetic information and leads to the transformation of normal cells into malignant tumour cells. Tumour promotion refers to amplification effects on cells thus transformed. Such effects determine the aggressive potential of a tumour, which is characterised by its tendency and rate of spread as well as its degree of malignancy. The more aggressive the behaviour of malignant cells, the less effective protective mechanisms of the human organism become.

The analytical assessment of quantitative parameters that describe the growth or proliferation of human tumour cells appears to be a suitable procedure to investigate cancer development in vitro. When the effects of exposure to magnetic fields are studied, only a multiple of the changes occurring in unexposed control cells can be rated as a promoting effect.

Durch zahlreiche In-vitro-Untersuchungen an bereits transformierten Tumorzellen tierischer und menschlicher Herkunft konnten wir nachweisen, daß eine 50 Hz-Magnetfeldexposition keine zusätzliche Promotion dieser Zellen bewirkt [1].

Für die nachfolgenden Untersuchungen werden folgende Hochfrequenz-Expositionseinrichtungen verwendet:

- GTEM-Zelle (900 und 1800 MHz mit 217 Hz gepulst)
- TEM-Zelle (380 MHz mit 17,65 Hz gepulst)
- 900 MHz-Hohlleiter (mit 217 Hz gepulst)
- 1800 MHz-Hohlleiter (mit 217 Hz gepulst)

Gegenstand dieser In-vitro-Untersuchungen an Suspensionskulturen von HL-60-Zellen (humanen Leukämiezellen), die in den verschiedenen Hochfrequenz-Expositionseinrichtungen durchgeführt werden, ist die Fragestellung, ob in hochfrequenten elektromagnetischen Feldern eine zusätzliche Promotion des Wachstumsverhaltens von bereits transformierten menschlichen Tumorzellen ausgelöst wird und damit eine Kanzerogenität nachzuweisen ist.

Dabei werden als kritische Indikatoren des Wachstumsverhaltens die Vermehrungsgeschwindigkeit der Leukämiezellen, ausgedrückt durch die Verdoppelungszeit, und die Synthese und Freisetzung des Enzyms Thymidinkinase (TK) durch Ermittlung der Thymidinkinase-Aktivität in standardisierten Suspensionskulturen bestimmt. Die im elektromagnetischen Feld exponierten Zellen werden dabei mit ansonsten methodisch identischen Kontrollen ohne Hochfrequenzexposition verglichen. Ein nachweisbarer Effekt müßte zu folgenden Reaktionen führen:

a) vielfache Steigerung der Zellteilungsgeschwindigkeit
b) deutliche Steigerung der Thymidinkinase-Zellsynthese und Thymidinkinase-Freisetzung in die Suspensionskultur.

Klinisch-diagnostisch ist die Bestimmung der Thymidinkinase-Aktivität geeignet, hämatologische Malignome wie myeloische oder lymphoblastische Leukämien, aber auch solide Tumoren wie kleinzellige Bronchialkarzinome, Mammakarzinome und Hirntumore sensitiv zu erfassen [2]. Bei gesunden Erwachsenen ist die Serumaktivität gering (Normbereich: < 7 U/l). Bei Patienten mit stark proliferierenden Malignomen ist die extrazelluläre Aktivität im Serum deutlich erhöht, bei einigen Patienten bis auf das Hundertfache des Normbereichs.

Numerous in-vitro studies by our group of both animal and human cells after malignant transformation have shown that exposure to a 50-Hz magnetic field does not result in an additional promotion of such cells [1].

The experiments presented here were performed using the following high-frequency exposure systems:

- GTEM cell (900 and 1800-MHz pulsed with 217 Hz)
- TEM cell (380 MHz pulsed with 17.65 Hz)
- 900-MHz waveguide (pulsed with 217 Hz)
- 1800-MHz waveguide (pulsed with 217 Hz)

The aim of these in-vitro experiments was to identify a possible cancerogenic potential of high-frequency electromagnetic fields by investigating whether such fields have an additional growth-promoting effect on human cells that have already undergone malignant transformation. The experiments were performed with suspension cultures of HL-60 cells (human leukemia cells) exposed in the above high-frequency exposure systems.

As critical indicators of cell growth we used the proliferation rate of the above leukemia cells, expressed as their doubling time, as well as the synthesis and release of the enzyme thymidine kinase (TK) as determined by thymidine kinase activity in standardised suspension cultures. The cells exposed to electromagnetic fields were compared to otherwise identical control cultures without exposure to high frequency fields. A detectable effect should produce the following reactions:

a) multiple increase in the cell division rate and
b) pronounced enhancement of intracellular synthesis of thymidine kinase and release into the suspension culture.

In a clinical setting, determination of thymidine kinase activity is a sensitive tool for the diagnostic evaluation of hematologic malignancies such as myeloid or lymphoblastic leukeumia as well as solid tumours such as small cell lung cancer, breast cancer and brain tumours [2]. Extracellular thymidine kinase activity in serum is low in healthy adults (normal range: < 7 U/l) but markedly increased in patients with highly proliferative malignancies (up to 100 times the normal level in some cases).

Zellbiochemisch ist die Thymidinkinase ein intrazelluläres Enzym, welches in Säugetierzellen in Anwesenheit von Adenosintriphosphat (ATP) die Phosphorylierung von Thymidin in Thymidinmonophosphat katalysiert (Bild 1).

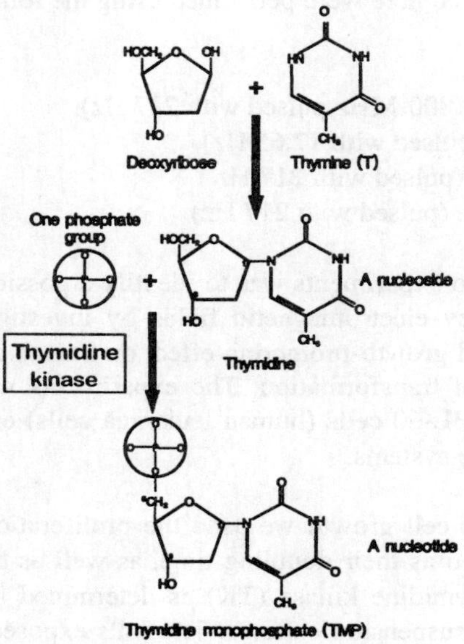

Bild 1 Biochemische Wirkungsweise der Thymidinkinase

Das aus dem Thymidinmonophosphat entstehende Thymidintriphosphat wird in der Zelle zur DNS-Synthese verwendet, die während des Zellzyklus in der Synthesephase erfolgt. Innerhalb des Zellzyklus, der aus G_1-, S-, G_2- und Mitosephase besteht, ist die Thymidinkinase-Aktivität in der postmitotischen Ruhephase (G_1-Phase) und in der Synthesephase (S-Phase) am höchsten. Die Aktivität des Enzyms korreliert zur mitotischen Zellteilungsgeschwindigkeit und der damit verbundenen identischen DNA-Reduplikation.

In hochdifferenzierten Geweben mit abgeschlossener Zellproliferation (z.B. Nierenparenchym, Nervengewebe) dauert die postmitotische Ruhephase an. Deshalb wird die G_1-Phase hier G_0-Phase genannt. In diesen hinsichtlich der Vermehrung ruhenden Zellen ist die Thymidinkinase-Aktivität nur gering [3].

Cytobiochemically, thymidine kinase is an intracellular enzyme of mammalian cells which catalyses the phosphorylation of thymidine to thymidine monophosphate in the presence of adenosine triphosphate (ATP) (Figure 1).

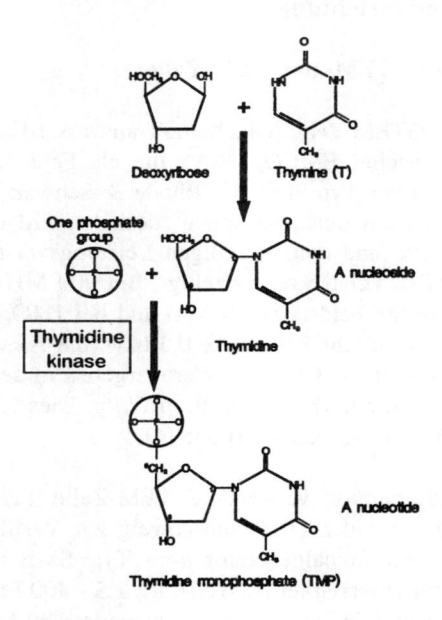

Figure 1   Biochemical action of thymidine kinase

The thymidine triphosphate formed from thymidine monophosphate is used by the cell for DNA synthesis during the S phase of the cell cycle. Within the cell cycle, which comprises the G_1, S, G_2, and M phase, thymidine kinase activity is highest in the postmitotic resting phase (G_1 phase) and the synthesis phase (S phase). Activity of the enzyme correlates with the mitotic cell division rate and thus with the identical reduplication of DNA.

In highly differentiated tissues with completed cell proliferation (e.g. renal parenchyma, nerve tissue), cells persist in the postmitotic resting phase. This is why the G_1 phase is referred to as the G_0 phase in such cells. Since the latter are resting cells in terms of proliferation, their thymidine kinase activity is very low [3].

2 Material und Methoden

2.1 HF-Expositionseinrichtungen

2.1.1 Versuchsaufbau GTEM- und TEM-Zelle

Für die Versuche in der GTEM-Zelle (Gigahertz-Transversal-Elektro-Magnetische Zelle Modell 5302, Hersteller EMCO, USA), die als Feldgenerator verwendet wird, dient ein HF-Generator Typ SMT 03 (Rhode & Schwarz) als Signalquelle. Der Signalgenerator ist nicht pulsmodulierbar, deshalb wird ein Pulsmodulator zwischen der Signalquelle und dem jeweiligen Leistungsverstärker (900 MHz-Verstärker und 1800 MHz-Verstärker) eingefügt. Bei 900 MHz (mit 217 Hz gepulst) beträgt die elektrische Feldstärke 19 V/m und bei 1800 MHz (mit 217 Hz gepulst) 26 V/m, die magnetische Feldstärke 0,5 bzw. 0,8 A/m und die magnetische Flußdichte 0,6 bzw. 1,0 µT. Die SAR-Werte ergeben in der GTEM-Zelle bei 900 MHz 12,5 mW/kg und bei 1800 MHz 91 mW/kg. Diese Angaben beziehen sich auf eine vertikale Lagerung (Kapitel II und [4]).

Die als weiterer Feldgenerator verwendete TEM-Zelle (Transversal-Elektro-Magnetische Zelle) wird von der TU Braunschweig zur Verfügung gestellt. Als Signalquelle wird hier ein Signalgenerator vom Typ SME 03 von Rhode & Schwarz, dem ein Leistungsverstärker (ENI 5100L; 1,5 - 400 MHz, 100 W) nachgeschaltet wird, verwendet. Die untersuchte Frequenz ist 380 MHz (mit 17,65 Hz gepulst).

Die Versuche werden im Bereich des SAR-Grenzwertes von 80 mW/kg durchgeführt. Die elektrische Feldstärke beträgt 19 V/m und die magnetische Feldstärke 0,6 A/m, das entspricht einer magnetischen Flußdichte von 0,76 µT [5].

Für die Versuche in der GTEM- und der TEM-Zelle werden Polystyrol-Röhrchen mit Schraubkappen und einem Füllvolumen von 16 ml (Falcon, Bestell-Nr. 2037) verwendet, die mit 3 ml Zellsuspension (GTEM-Zelle) bzw. 4 ml Zellsuspension (TEM-Zelle) gefüllt werden. Die Röhrchen mit den Zellsuspensionen werden in einem Acrylglas-Probenhalter, der an ein Ölthermostat angeschlossen ist, in die GTEM- bzw. TEM-Zelle gebracht und dort mittels Styroporhalter im Winkel von 45° gelagert.

Zur Aufrechterhaltung einer konstanten Temperatur von 37°C in der Versuchsanordnung wird ein Ölthermostatsystem verwendet. Dieses besteht aus einem Bad-

2 Material and Methods

2.1 HF exposure systems

2.1.1 Eperimental setup: GTEM and TEM cell

The experiments using the GTEM cell (gigahertz transverse electromagnetic cell, model 5302, manufacturer: EMCO, USA) as a field generator were performed with a type SMT 03 HF generator (Rhode & Schwarz, Germany) as a signal source. Since this signal generator cannot be pulse-modulated, a pulse modulator was interconnected between the signal source and the band amplifier (900-MHz amplifier and 1800-MHz amplifier). At 900 MHz and 1800 MHz (both pulsed with 217 Hz), the electric field strength was 19 V/m and 26 V/m, respectively, with a magnetic field strength of 0.5 and 0.8 A/m, and a magnetic flow density of 0.6 and 1.0 µT, respectively. The SAR target values in the GTEM cell were 12.5 mW/kg at 900 MHz and 91 mW/kg at 1800 MHz. These are the values for vertical positioning (Chapter II and [4]).

The TEM cell (transverse electromagnetic cell) used as the second field generator was kindly provided by the Technical University of Braunschweig. This cell uses a type SME 03 signal generator from Rhode & Schwarz as the signal source with a postconnected band amplifier (ENI 5100L; 1.5 - 400 MHz, 100 W). The frequency used in the study was 380 MHz (pulsed with 17.65 Hz).

The experiments were performed at a SAR target value of 80 mW/kg. The electric field strength was 19 V/m with a magnetic field strength of 0.6 A/m, corresponding to a magnetic flow density of 0.76 µT [5].

For the experiments in the GTEM and TEM cells, screw-topped 16-ml polystyrene tubes (Falcon, catalogue No. 2037) were used. These contained 3 ml (GTEM cell) or 4 ml (TEM cell) of the cell suspension. The tubes with the cell suspensions were introduced into the GTEM or TEM cell in an acrylic glass specimen holder connected to an oil thermostat. Inside the cell they were positioned at an angle of 45 degrees by means of a styrofoam holder.

Maintenance of a constant temperature of 37°C in the experimental setup was ensured by an oil thermostat system which comprised a bath thermostat (type

thermostaten (Typ Haake F3), der die Temperierflüssigkeit (Weißöl) umwälzt und über ein Schlauchsystem mit dem Probenhalter verbunden ist.

Ein identischer Probenhalter, der an ein zweites Thermostatsystem angeschlossen wird und ebenfalls einen Lagerungswinkel von 45° hat, steht für die Kontrollzellen zur Verfügung. Die Kontrollzellen werden in einer HF-Abschirmungsbox aufbewahrt, um ein magnetfeldfreies Wachstum zu gewährleisten.

Zur Kontrolle der Temperaturen in der TEM-Zelle und der HF-Box werden in den jeweiligen Thermostatkreislauf Temperaturfühler eingefügt. Zur Überprüfung der HF-Exposition in der TEM-Zelle diente eine HF-Detektor-Diode. Die Daten werden in einem angeschlossenen Rechner fortlaufend registriert und ausgewertet.

Die Dauer der Hochfrequenz-Feldexposition betrug in der GTEM-Zelle sowohl bei 900 als auch bei 1800 MHz jeweils 24 und 72 Stunden. In der TEM-Zelle dauert die HF-Exposition jeweils 24 Stunden.

2.1.2 Versuchsaufbau 900 MHz- und 1800 MHz-Hohlleiter

Für die Untersuchungen bei der Frequenz von 900 MHz wird als Feldgenerator ein von der TU Braunschweig zusammen mit der Bergischen Universität-Gesamthochschule Wuppertal entwickelter 900 MHz-Hohlleiter verwendet (Kapitel III und IV). Als Signalquelle dient für diese Untersuchungen ein Signalgenerator vom Typ SMT 03 von Rhode & Schwarz mit externem Pulsmodulator. Dem Signalgenerator wird ein Leistungsverstärker (BLWA Bonn; 890 - 960 MHz, 10 W) nachgeschaltet.

Die Versuche werden bei einem SAR-Wert von 200 mW/kg durchgeführt. Die elektrische Feldstärke beträgt 42 V/m und die magnetische Feldstärke 0,9 A/m, das entspricht einer magnetischen Flußdichte von 1,2 µT.

Der als Feldgenerator verwendete 1800 MHz-Hohlleiter wurde ebenfalls von der TU Braunschweig zur Verfügung gestellt. Als Signalquelle dient für diese Untersuchungen ein Signalgenerator vom Typ SME 03 von Rhode & Schwarz, dem ein Leistungsverstärker (BLWA Bonn; 1700 - 1900 MHz, 10 W) nachgeschaltet wird.

Die Versuche werden bei SAR-Werten von 680 und 1700 mW/kg durchgeführt. Die elektrische Feldstärke beträgt 108 V/m und die magnetische Feldstärke 2,4 A/m, das entspricht einer magnetischen Flußdichte von 3,1 µT [5].

Haake F3) for circulation of the cooling fluid (white oil) and was connected to the specimen holder via a tube system.

An identical specimen holder connected to a second thermostat system was used to position the control cells at an angle of 45 degrees. The control cultures were kept in a box shielded against HF (HF box) to ensure unexposed growth.

Temperatures in the TEM cell and HF box were monitored by temperature probes in the respective thermostat circuit. HF exposure in the TEM cell was monitored by an HF detector diode. The measuring data were continuously recorded and analysed by an online computer.

Four series of experiments were performed in the GTEM cell: cell cultures were exposed to 900 and 1800 MHz for 24 and 72 hours. HF exposure in the TEM cell was 24 hours.

2.1.2 Experimental setup: 900-MHz and 1800-MHz waveguide

The experiments at a frequency of 900-MHz were performed using as a field generator a 900-MHz waveguide developed by the Technical University of Braunschweig in collobaration with the Bergische Universität-Gesamthochschule Wuppertal (Chapters III and IV). The signal source in these experiments was a type SMT 03 signal generator from Rhode & Schwarz with an external pulse modulator and a postconnected band amplifier (BLWA, Bonn, Germany; 890 - 960 MHz, 10 W).

The experiments were performed with an SAR target value of 200 mW/kg. The electric field strength was 42 V/m with a magnetic field strength of 0.9 A/m, corresponding to a magnetic flow density of 1.2 µT.

The 1800-MHz waveguide used as the second field generator in these experiments was also made available by the Technical University of Braunschweig. The signal source was a type SME 03 signal generator from Rhode & Schwarz with a postconnected band amplifier (BLWA, Bonn; 1700 - 1900 MHz, 10 W).

The experiments were performed at SAR target values of 680 and 1700 mW/kg. The electric field strength was 108 V/m with a magnetic field strength of 2.4 A/m and a magnetic flow density of 3.1 µT [5].

Für die Hohlleiter-Versuche werden 14-ml-Polystyrol-Röhrchen mit Zwei-Positionen-Kappen (Falcon, Bestell-Nr. 2057) verwendet, die mit 4 ml Zellsuspension gefüllt werden. Die Polystyrol-Röhrchen mit den Zellsuspensionen werden in einem Probenhalter, der sich an der Vorderwand-Innenseite des jeweiligen Hohlleiters befindet und an das oben beschriebene Ölthermostat angeschlossen wird, befestigt. Der gesamte Hohlleiter wird im Winkel von 45° gelagert, um gegenüber den Untersuchungen in der GTEM- und TEM-Zelle vergleichbare Bedingungen zu schaffen.

Für die Kontrollzellen werden der oben beschriebene Probenhalter und die HF-Box verwendet. Die Temperaturen und das Hochfrequenzfeld werden auf die gleiche Weise wie bei den Untersuchungen in der TEM-Zelle geprüft.

Die Dauer der Hochfrequenz-Feldexposition betrug jeweils 24 Stunden.

2.2 Zellkultivierung

Für die In-vitro-Untersuchungen werden Zellen des humanen Leukämie-Stammes HL-60 (American Type Culture Collection Certified Cell Lines 240) verwendet. Die Zellen stammen von einer 35jährigen Frau, die an einer akuten myeloischen Leukämie erkrankt war. Bei diesen Zellen handelt es sich um entartete Promyelozyten. Normale Promyelozyten kommen in der Regel nur im Knochenmark vor, während die entarteten Promyelozyten (große, polymorphe Zellen mit breitem blauem Cytoplasma und groben azurophilen Granula, die zu sogenannten "Auer-Stäbchen" deformiert sein können) im Krankheitsverlauf auch in die periphere Blutbahn gelangen [6].

Die Zellen werden in RPMI 1640 Medium (aus Trockensubstanz hergestellt bzw. Flüssigmedium, Seromed) mit 8 % fötalem Kälberserum und 2 % Humanserum kultiviert. Weitere Zusätze sind Penicillin/Streptomycin-Lösung und Hepes-Puffer. Die Zellpassagen erfolgen alle 3-4 Tage unter pH-Wert-Kontrolle.

Für die Versuche werden die Zellsuspensionen immer in der gleichen Zelldichte von 40.000 Zellen/ml Suspension ("Ausgangszellzahl") hergestellt und dann auf die einzelnen für den Versuch benötigten Röhrchen verteilt, so daß inclusive des pH-Wertes gleiche Ausgangsbedingungen für alle verwendeten Zellsuspensionen vorliegen. In den verschiedenen Expositionseinrichtungen sind jeweils sechs Plätze für die zu exponierenden Zellkulturen in den Röhrchenhalterungen vorhanden. In der TEM-Zelle enthält der Probenhalter insgesamt neun Plätze, von denen sechs benutzt werden. Der Probenhalter für die HF-Box enthält ebenfalls sechs Plätze.

The waveguide experiments were performed using 14-ml polystyrene tubes with two-position caps (Falcon, catalogue No. 2057) and filled with 4 ml of the cell suspension. The polystyrene tubes containing the cell suspensions were fixed in a specimen holder, which was attached to the inner front wall of the respective waveguide and connected to the above-described oil thermostat. The entire waveguide was then positioned at an angle of 45 degrees to create experimental conditions comparable to those in the GTEM and TEM cells.

The control experiments were performed using the above-described specimen holder and HF box. Temperatures and the high-frequency field were monitored in the same way as in the TEM cell.

All cells were exposed to the high-frequency field for 24 hours.

2.2 Cell Culturing

The in-vitro experiments were performed with cells from the human leukemia stem HL-60 (American Type Culture Collection Certified Cell Lines 240). These cells had been obtained from a 35-year-old woman with acute myeloid leukemia. They are transformed promyelocytes. Normal promyelocytes are typically found only in bone marrow, whereas degenerated promyelocytes (large, polymorphic cells with a wide blue cytoplasm and coarse azurophilic granules, which may degenerate to form so-called Auer rods) also enter peripheral circulation in the course of leukemia [6].

The cells were cultured in RPMI 1640 medium (prepared at our laboratory from instant powder or purchased as liquid medium, Seromed) containing 8 % fetal calf serum and 2 % human serum and additional penicillin/streptomycin solution and HEPES buffer. The cell cultures were transferred to new medium under pH monitoring every 3 - 4 days.

The cell suspensions for all experiments were prepared with an initial cell density of 40,000 cells/ml of suspension ("initial cell count") and then distributed to the individual tubes required for the experiments in order to create identical initial conditions including pH for all cell suspensions studied. The tube holders in the different exposure systems and in the HF box each had six slots to receive the cell culture tubes, except for the TEM cell, where the holder had nine slots, of which only six were used.

2.3 Bestimmung der Thymidinkinase-Aktivität

Zur Ermittlung der Thymidinkinase-Aktivität in den Zellkultur-Überständen wird verfahrenstechnisch ein Radio-Enzym-Assay verwendet. Als Substrat wird in diesem Test ^{125}Jod-markiertes Desoxyuridin eingesetzt. Die Thymidinkinase in der Probe wandelt dieses Substrat zu ^{125}Jod-markiertem Desoxyuridin-Monophosphat um, welches an eine Trennmittel-Tablette gebunden wird. Das restliche radioaktiv markierte Substrat wird durch mehrere Waschschritte entfernt. Die verbleibende Radioaktivität wird gemessen und die Enzymaktivität mittels einer mitgeführten Standardkurve berechnet. Dabei ist die Radioaktivitätsmenge der Thymidinkinase-Aktivität direkt proportional [7].

3 Ergebnisse

3.1 Verdoppelungszeiten

Die Verdoppelungszeiten werden aus der Wachstumsdauer und der eingesetzten Zellzahl pro ml sowie der zum Versuchsende erhaltenen Zellzahl berechnet.

Die Mittelwerte und Standardabweichungen der Verdoppelungszeiten (VZ) der exponierten HL-60-Zellen im Vergleich zu den identisch behandelten HL-60-Kontrollzellen ohne Hochfrequenzfeldeinfluß sind in Tabelle 1 dargestellt.

Expositionseinrichtung	Frequenz	Expositionsdauer [h]	SAR-Wert [mW/kg]	Anzahl der Einzelteste	HF-Exposition VZ (MW ± s) [h]	Kontrollzellen VZ (MW ± s) [h]
GTEM-Zelle	1800 MHz	24	12,5	33	28,6 ± 2,3	28,2 ± 2,4
		72		30	25,2 ± 1,2	24,5 ± 1,3
	900 MHz	24	91	36	27,4 ± 2,4	27,8 ± 1,9
		72		48	27,3 ± 4,6	27,4 ± 4,9
TEM-Zelle	380 MHz	24	80	48	29,6 ± 2,7	29,9 ± 2,0
Hohlleiter	1800 MHz	24	680	48	25,1 ± 1,8	25,0 ± 1,8
			1700	42	26,8 ± 1,7	26,7 ± 1,5
	900 MHz	24	200	48	28,6 ± 3,1	29,0 ± 2,8

Tabelle 1 Mittelwerte und Standardabweichungen der Verdoppelungszeiten (VZ) der unter verschiedenen Bedingungen exponierten HL-60-Zellen im Vergleich zu den identisch behandelten HL-60-Kontrollzellen ohne Hochfrequenzfeldeinfluß

2.3 Determination of thymidine kinase activity

Thymidine kinase activity in the cell culture supernatants was determined by radioenzyme assay. The substrate used in this test is ^{125}I-labelled deoxyuridine. The thymidine kinase present in the sample converts this substrate to ^{125}I-labelled deoxyuridine monophosphate, which is bound to a separation tablet. Residues of the remaining radioactively labelled substrate are removed by several washing steps. The remaining radioactivity is measured and enzyme activity calculated by means of a standard curve included in the experimental setup. The radioactivity level is directly proportional to thymidine kinase activity [7].

3 Results

3.1 Doubling times

Doubling times are calculated from the duration of growth and the initial cell count and the number of cells present at the end of the experiment.

Table 1 summarises mean values and standard deviations of doubling times (DT) of the exposed HL-60 cells compared to the identically treated HL-60 control cells without high frequency exposure.

Exposure system	Frequency	Duration of exposure [h]	SAR value [mW/kg]	No. of experiments	HF exposure DT (mean ± SD) [h]	Control cells DT (mean ± SD) [h]
GTEM cell	1800 MHz	24	12.5	33	28.6 ± 2.3	28.2 ± 2.4
		72		30	25.2 ± 1.2	24.5 ± 1.3
	900 MHz	24	91	36	27.4 ± 2.4	27.8 ± 1.9
		72		48	27.3 ± 4.6	27.4 ± 4.9
TEM cell	380 MHz	24	80	48	29.6 ± 2.7	29.9 ± 2.0
Waveguide	1800 MHz	24	680	48	25.1 ± 1.8	25.0 ± 1.8
			1700	42	26.8 ± 1.7	26.7 ± 1.5
	900 MHz	24	200	48	28.6 ± 3.1	29.0 ± 2.8

Table 1   Mean values and standard deviations of doubling times (DT) of HL-60 cells under different exposure conditions compared to identically treated HL-60 control cells without high-frequency exposure

Die Mittelwerte der Verdoppelungszeiten der exponiertenten humanen HL-60-Leukämiezellen liegen bei allen Versuchsreihen zwischen 25,1 und 29,6 Stunden, bei den HL-60-Kontrollzellen zwischen 24,5 und 29,9 Stunden. Diese Streuung liegt im Bereich der normalen biologischen Variationsbreite.

Bild 2 zeigt die Ergebnisse aus Tabelle 1 in der grafischen Darstellung.

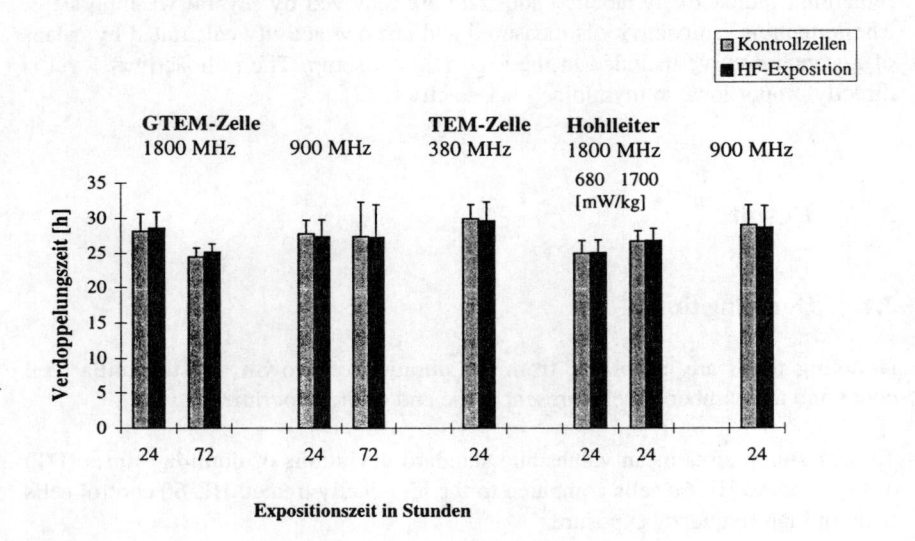

Bild 2 Mittelwerte und Standardabweichungen der Verdoppelungszeiten bei HF-Exposition im Vergleich zu den Kontrollen ohne Exposition

Die Verdoppelungszeiten der exponierten HL-60-Zellen unterscheiden sich statistisch nicht von denen der HL-60-Kontrollzellen. Zur Signifikanzprüfung der Mittelwerte und aller Einzelwerte wurde der Student´s T-Test mit einer Irrtumswahrscheinlichkeit von 5 % durchgeführt. Da $p > 0,05$ sind keine signifikanten Unterschiede zwischen der Verdoppelungszeit der HL-60-Kontrollzellen und der im Hochfrequenzfeld exponierten HL-60-Zellen festzustellen.

Mean doubling times in all experimental series ranged from 25.1 to 29.6 hours for exposed human HL-60 leukemia cells compared to 24.5 to 29.9 hours for HL-60 control cells. This variation is within the normal biological range.

Figure 2 is a graphic representation of the results given in Table 1.

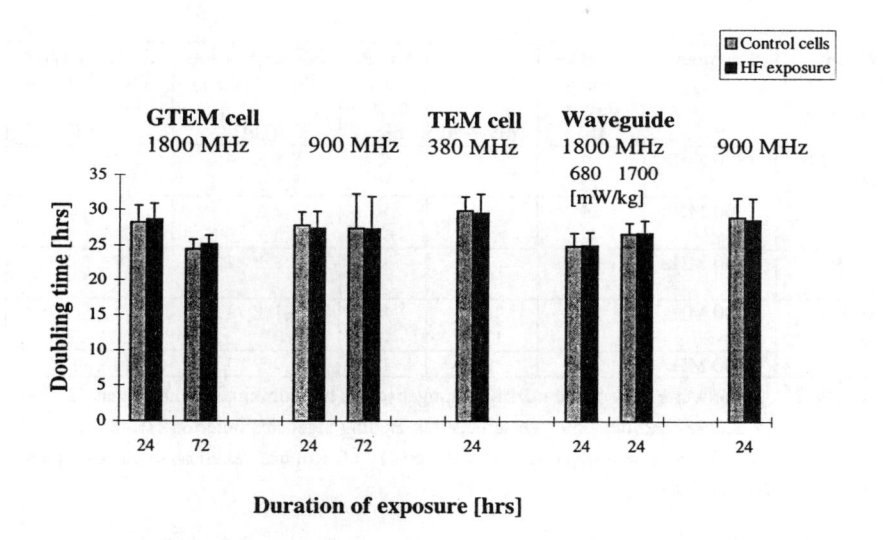

Figure 2 Mean values and standard deviations of doubling times of cells exposed to HF compared to unexposed control cells

The doubling times of the exposed HL-60 cells are not statistically different from those of the unexposed HL-60 control cells. All mean values and all individual values were tested for significance by means of Student's t-test using a level of significance of 5 %. Since $p > 0.05$, the differences in doubling time between the HL-60 cells exposed to a high-frequency field and the unexposed controls are not significant.

3.2 Thymidinkinase-Aktivität in Zellkultur-Überständen

Die Mittelwerte und Standardabweichungen der Thymidinkinase-Aktivitäten (TK) im Zellüberstand der exponierten HL-60-Zellen im Vergleich zu den identisch behandelten HL-60-Kontrollzellen ohne Hochfrequenzfeldeinfluß sind in Tabelle 2 dargestellt.

Expositionseinrichtung	Frequenz	Expositionsdauer [h]	SAR-Wert [mW/kg]	Anzahl der Einzelteste	HF-Exposition TK (MW ± s) [U/l]	Kontrollzellen TK (MW ± s) [U/l]
GTEM-Zelle	1800 MHz	24	12,5	33	8,8 ± 4,6	8,2 ± 3,9
		72		30	18,1 ± 11,1	19,8 ± 12,8
	900 MHz	24	91	36	11,2 ± 3,3	11,2 ± 2,9
		72		48	13,2 ± 9,5	12,8 ± 9,9
TEM-Zelle	380 MHz	24	80	48	2,8 ± 1,0	2,8 ± 0,9
Hohlleiter	1800 MHz	24	680	48	5,1 ± 1,4	5,2 ± 1,4
			1700	42	6,0 ± 3,8	6,1 ± 3,8
	900 MHz	24	200	48	2,9 ± 1,0	3,0 ± 0,9

Tabelle 2 Mittelwerte und Standardabweichungen der Thymidinkinase-Aktivitäten (TK) im Zellüberstand der unter verschiedenen Bedingungen exponierten HL-60-Zellen im Vergleich zu den identisch behandelten HL-60-Kontrollzellen ohne Hochfrequenzfeldeinfluß

Die Mittelwerte der Thymidinkinase-Aktivitäten im Zellkultur-Überstand der exponierten HL-60-Zellen liegen in einem Bereich zwischen 2,8 und 18,1 U/l, bei den Kontrollzellen befinden sich die Mittelwerte zwischen 2,8 und 19,8 U/l. Wie aus Bild 3 (graphische Darstellung der Ergebnisse aus Tabelle 2) ersichtlich, sind die Mittelwerte und Standardabweichungen innerhalb einer Versuchsreihe gleich, obwohl zwischen den einzelnen Versuchsreihen teilweise große Unterschiede festzustellen sind.

Die Mittelwerte und alle Einzelwerte der Thymidinkinase-Aktivitäten jeder Versuchsreihe wurden mit dem Student´s T-Test mit einer Irrtumswahrscheinlichkeit von 5 % auf Signifikanz geprüft. Da $p > 0,05$ sind keine signifikanten Unterschiede zwischen den Thymidinkinase-Aktivitäten der HL-60-Kontrollzellen und der im Hochfrequenzfeld exponierten HL-60-Zellen festzustellen.

3.2 Thymidine kinase activity in cell culture supernatants

Table 2 summarizes the mean values and standard deviations of thymidine kinase (TK) activities in cell culture supernatants of exposed HL-60 cells compared to unexposed but otherwise identically treated control cells.

Exposure system	Frequency	Duration of exposure [hrs]	SAR value [mW/kg]	No. of experiments	HF exposure TK (mean ± SD) [U/l]	Control cells TK (mean ± SD) [U/l]
GTEM cell	1800 MHz	24 72	12.5	33 30	8.8 ± 4.6 18.1 ± 11.1	8.2 ± 3.9 19.8 ± 12.8
	900 MHz	24 72	91	36 48	11.2 ± 3.3 13.2 ± 9.5	11.2 ± 2.9 12.8 ± 9.9
TEM cell	380 MHz	24	80	48	2.8 ± 1.0	2.8 ± 0.9
Wave-guide	1800 MHz	24	680 1700	48 42	5.1 ± 1.4 6.0 ± 3.8	5.2 ± 1.4 6.1 ± 3.8
	900 MHz	24	200	48	2.9 ± 1.0	3.0 ± 0.9

Table 2 Mean values and standard deviations of thymidine kinase (TK) activities in cell culture supernatants of HL-60 cells under different exposure conditions compared to identically treated HL-60 control cells without high-frequency exposure

Mean thymidine kinase activities in cell culture supernatants of exposed HL-60 cells ranged from 2.8 to 18.1 U/l compared to 2.8 to 19.8 U/l for control cells. Figure 3 (graphic representation of the results given inTable 2) shows that mean values and standard deviations are identical within individual series of experiments but may differ widely from one series to the next.

The mean values and all individual values of thymidine kinase activities of each series were tested for significance by means of Student's t-test using a level of significance of 5 %. Since $p > 0.05$, the differences in thymidine kinase activity between the HL-60 cells exposed to a high-frequency field and the unexposed controls are not significant.

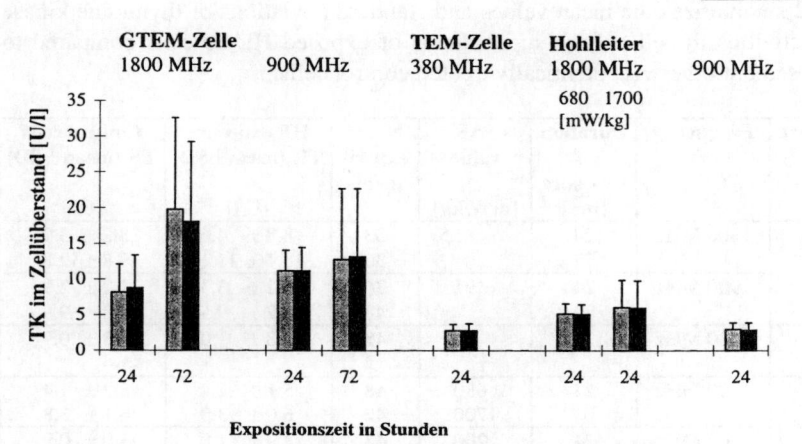

Bild 3 Mittelwerte und Standardabweichungen der Thymidinkinase-Aktivitäten (TK) im Zellüberstand der unter verschiedenen Bedingungen exponierten HL-60-Zellen im Vergleich zu den identisch behandelten HL-60-Kontrollzellen ohne Hochfrequenzfeldeinfluß

Die Unterschiede von Versuchsreihe zu Versuchsreihe sind in erster Linie dadurch bedingt, daß die Versuche insgesamt über einen langen Zeitraum stattfanden und sich dadurch bestimmte Chargenwechsel nicht vermeiden ließen. Die sehr hohen Thymidinkinase-Aktivitäten wurden nach Wechsel des bis dahin fertig zubereiteten und bei -20°C konservierten Trockenmediums zu Flüssig-Fertigmedium gefunden. Das führte offenbar zu einer Zell-Irritation (vor allem durch eine pH-Verschiebung).

Für die Untersuchungen im 900 MHz-Hohlleiter und in der TEM-Zelle wurde ein neuer HL-60-Zellstamm verwendet, nachdem der bis dahin verwendete Stamm eingegangen war. Dieser Zellstamm zeigte sehr niedrige TK-Aktivitäten im Zellüberstand im Vergleich zu dem davor verwendeten Stamm.

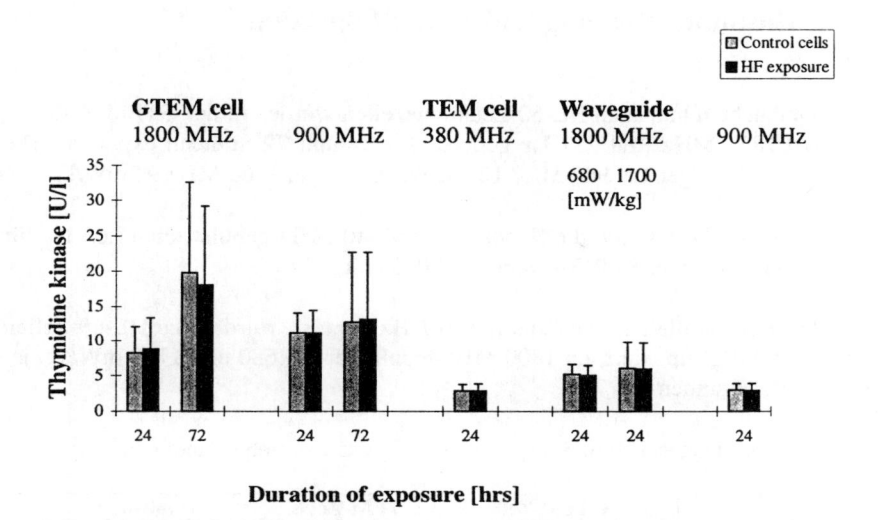

Figure 3 Mean values and standard deviations of thymidine kinase (TK) activities in cell culture supernatants of HL-60 cells under different exposure conditions compared to identically treated HL-60 control cells without high-frequency exposure

The differences between one series of experiments and the next are primarily due to the fact that the study was performed over a long period of time and it was thus not possible to use identical batches of supplies for all experiments. Very high thymidine kinase activity levels were found after switching from the initially used culture medium, which was prepared at our laboratory from instant powder and preserved at -20°C, to instant liquid medium. This switch probably led to an irritation of the cells (primarily resulting from a shift in pH).

The experiments in the 900-MHz waveguide and in the TEM cell had to be performed with cells from a new HL-60 stem after the initially used stem had died. The new stem showed very low TK activities in the culture supernatant compared to the first stem.

4 Zusammenfassung und Schlußfolgerung

Die untersuchten humanen HL-60-Leukämiezellen wurden in der GTEM-Zelle bei 900 und 1800 MHz (mit 217 Hz gepulst) für 24 und 72 Stunden exponiert. Die SAR-Werte betrugen bei 900 MHz 12,5 mW/kg und bei 1800 MHz 91 mW/kg.

In der TEM-Zelle erfolgte die Exposition bei 380 MHz gepulst mit 17,65 Hz für 24 Stunden bei einem SAR-Zielwert von 80 mW/kg.

Im 900 MHz-Hohlleiter, ebenfalls mit 217 Hz gepulst, wurden die HL-60-Zellen bei 200 mW/kg exponiert, im 1800 MHz-Hohlleiter bei 680 und 1700 mW/kg, jeweils für 24 Stunden.

Angaben zur elektrischen und magnetischen Feldstärke siehe Tabelle 3.

	GTEM-Zelle		TEM-Zelle	Hohlleiter	
Frequenz [MHz]	1800	900	380	1800	900
Pulsung [Hz]	217	217	17,65	217	217
elektrische Feldstärke [V/m]	26	19	19	108	42
magnetische Feldstärke [A/m]	0,8	0,5	0,6	2,4	0,9
magnetische Flußdichte [µT]	1,0	0,6	0,76	3,1	1,2
SAR-Wert [mW/kg]	91	12,5	80	1700 (680)	200

Tabelle 3   Expositionsbedingungen

Die im Hochfrequenzfeld in verschiedenen Expositionseinrichtungen bei unterschiedlichen Frequenzen und SAR-Werten exponierten HL-60-Zellen zeigen im Vergleich zu den mitgeführten identischen HL-60-Kontrollzellen ohne HF-Exposition keine vielfache Steigerung der Vermehrungsgeschwindigkeit als Teilaspekt des Wachstumsverhaltens, da sich sowohl die Verdoppelungszeiten als auch die im Zellüberstand gemessenen Thymidinkinase-Aktivitäten nicht wesentlich voneinander unterscheiden.

4 Summary and conclusion

The human HL-60 leukemia cells used in the present study were exposed to 900 and 1800 MHz (pulsed with 217 Hz) in the GTEM cell for 24 and 72 hours. The SAR target value was 12.5 mW/kg at 900 MHz and 91 mW/kg at 1800 MHz.

In the TEM cell, exposure was to 380 MHz pulsed with 17.65 Hz for 24 hours with an SAR target value of 80 mW/kg.

In the 900-MHz waveguide, which was likewise pulsed with 217 Hz, the HL-60 cells were exposed at 200 mW/kg; in the 1800-MHz waveguide at 680 and 1700 mW/kg. In all instances, the exposure time was 24 hours.

Data on electric and magnetic field see Table 3.

	GTEM cell		TEM cell	Waveguide	
Frequency [MHz]	1800	900	380	1800	900
Pulse rate [Hz]	217	217	17.65	217	217
Electric field strength [V/m]	26	19	19	108	42
Magnetic field strength [A/m]	0.8	0.5	0.6	2.4	0.9
Magnetic flow density [µT]	1.0	0.6	0.76	3.1	1.2
SAR value [mW/kg]	91	12.5	80	1700 (680)	200

Table 3   Exposure conditions

The HL-60 cells exposed to high-frequency fields in different exposure systems at different frequencies and SAR values showed no multiple increase in proliferation as one parameter of their growth behaviour compared to unexposed but otherwise identically treated HL-60 control cells. Neither doubling times nor thymidine kinase activities determined in the cell supernatants were found to markedly differ between exposed and unexposed cells.

Eine zusätzlich durchgeführte Signifikanzprüfung auf Unterschiede zwischen den Ergebnissen der Verdoppelungszeiten von exponierten HL-60-Zellen und HL-60-Kontrollzellen ohne Exposition und zwischen den Ergebnissen der Thymidinkinase-Aktivitäten im Zellüberstand mit und ohne HF-Exposition ergab statistisch keinen signifikanten Unterschied.

Somit ist ein Feld-Effekt (eine Wirkung der hochfrequenten elektromagnetischen Felder) auf die verwendeten Zellen nicht festzustellen.

Als Resultat läßt sich unter den hier untersuchten Hochfrequenzfeldexpositionen mit den Prüfparametern Verdoppelungszeit und Thymidinkinase-Aktivität eine zusätzliche Promotion bereits transformierter humaner weißer Blutzellen (Leukämiezellen) nicht nachweisen [8 - 13].

Damit ist eine Kanzerogenität von elektromagnetischen Feldern, wie sie in ähnlicher Weise in digitalen Mobilfunknetzen auftreten, auf Basis dieser Untersuchungen nicht festzustellen.

5 Literatur

[1] Fitzner, R.: Untersuchungen über Krebspromotion. In: Elektromagnetische Verträglichkeit biologischer Systeme. Band 4. (Hrsg.: Brinkmann, K.; Kärner, H.C.; Schaefer, H.), VDE-Verlag, Berlin, Offenbach, 1995

[2] Gronowitz, J. S.; Källander, C. F. R.; Diderholm, H.; Hagberg, H.; Petersson, U.: Application of an in vitro assay for serum thymidine kinase: Results on viral disease and malignancies in humans. Int. J. Cancer 33 (1984), S. 5-12

[3] Rhoades, R.; Pflanzer, R. (Hrsg.): Human Physiology. Second Edition. Fort Worth Philadelphia, San Diego: Saunders College Publishing, 1992

[4] Neibig, U.: Expositionseinrichtungen. Newsletter Edition Wissenschaft Ausgabe Nr. 3 der FGF e.V., Bonn 1995

[5] Brinkmann, K.; Eisenbrandt, H.; Elsner, R.; Storbeck, W.: Abschlußbericht über die Expositionsanlagen des Verbundvorhabens „Biologische Wirkungen hochfrequenter elektromagnetischer Felder". Technische Universität Braunschweig 1996

Additional statistical testing of the differences in doubling times and thymidine kinase activities in culture supernatants between HL-60 cells with and without high-frequency exposure revealed no statistical significance.

Thus, our study demonstrated no field effect (i.e. influence of high-frequency electromagnetic fields) on the cells investigated.

The results presented here show that there is no additional promotion of already transformed human white blood cells (leukemia cells) as determined in terms of doubling time and thymidine kinase activity under the high-frequency exposure conditions used in our study [8 - 13].

In conclusion, the results of our study suggest that electromagnetic fields as they occur in cellular phone digital networks do not have a cancerogenic effect.

5 Literature

[1] Fitzner, R.: Untersuchungen über Krebspromotion. In: Elektromagnetische Verträglichkeit biologischer Systeme. Band 4. (Eds.: Brinkmann, K.; Kärner, H.C.; Schaefer, H.), VDE-Verlag, Berlin, Offenbach, 1995

[2] Gronowitz, J. S.; Källander, C. F. R.; Diderholm, H.; Hagberg, H.; Petersson, U.: Application of an in vitro assay for serum thymidine kinase: Results on viral disease and malignancies in humans. Int. J. Cancer 33 (1984), pp. 5-12

[3] Rhoades, R.; Pflanzer, R. (Ed.): Human Physiology. Second Edition. Fort Worth Philadelphia, San Diego: Saunders College Publishing, 1992

[4] Neibig, U.: Expositionseinrichtungen. Newsletter Edition Wissenschaft Ausgabe Nr. 3 der FGF e.V., Bonn 1995

[5] Brinkmann, K.; Eisenbrandt, H.; Elsner, R.; Storbeck, W.: Abschlußbericht über die Expositionsanlagen des Verbundvorhabens „Biologische Wirkungen hochfrequenter elektromagnetischer Felder". Technische Universität Braunschweig 1996

[6] Begemann, H.; Rastetter, J. (Hrsg.): Atlas der Klinischen Hämatologie. 3. Auflage. Berlin, Heidelberg, New York: Springer 1978
[7] Gebrauchsinformation Prolifigen TK-REA. Sangtec Medical, Bromma, Schweden 1996
[8] Fitzner, R.; Langer, E.; Zemann, E.; Neibig, U.; Brinkmann, K.: Growth behaviour of human leukemic cells (promyelocytes) influenced by high frequency electromagnetic fields (1.8 GHz pulsed and 900 MHz pulsed) for the investigation of cancer promoting effects. Abstract book, 17th annual meeting of the BEMS in Boston, USA. BEMS, 7519 Ridge Road, Frederick, MD 21702, USA: BEMS (1995), S. 48 und 195
[9] Fitzner, R.; Langer, E.; Zemann, E.; Neibig, U.; Brinkmann, K.: Wachstumsverhalten von humanen Leukämiezellen (Promyelozyten) unter Einfluß von hochfrequenten elektromagnetischen Feldern (1,8 GHz und 900 MHz, jeweils mit 217 Hz gepulst) zur Prüfung auf krebspromovierende Effekte. Newsletter Edition Wissenschaft Nr. 1/95 der FGF e.V., Bonn 1995
[10] Fitzner, R.; Langer, E.; Bülow von, J.; Zemann, E.; Brinkmann, K.: Wachstumsverhalten von humanen Leukämiezellen unter Einfluß von hochfrequenten elektromagnetischen Feldern zur Prüfung auf krebspromovierende Effekte. In: Fromm, M. (Hrsg.): Jahrbuch des Fachbereichs Humanmedizin (UKBF) der Freien Universität Berlin. Band 2, Wissenschaftliche Kurzartikel (1995), S. 128-129
[11] Fitzner, R.; Langer, E.; Bülow von, J.; Zemann, E.; Brinkmann, K.: Wachstumsverhalten humaner Leukämiezellen unter Einfluß von hochfrequenten elektromagnetischen Feldern zur Prüfung auf krebspromovierende Effekte. Abstract book, Analytica Conference, München 1996, S. 497
[12] Fitzner, R.; Langer, E.; Bülow von, J.; Zemann, E.; Brinkmann, K.: Longterm influence of high frequency electromagnetic fields on growth behaviour of HL-60 cells to investigate cancer promoting effects. Abstract book, 18th annual meeting of the BEMS in Victoria, Kanada. BEMS, 7519 Ridge Road, Frederick, MD 21702, USA: BEMS (1995), S. 160-162
[13] Fitzner, R.; Langer, E.; Zemann, E.; Neibig, U.; Brinkmann, K.: Wachstumsverhalten humaner Leukämiezellen unter Einfluß von hochfrequenten elektromagnetischen Feldern. In: Umweltmedizinische Bedeutung elektromagnetischer Felder. Materialien zur Umweltmedizin 11. (Hrsg. Senatsverwaltung für Gesundheit und Soziales), Berlin: 1996, S. 41-47

[6] Begemann, H.; Rastetter, J. (Eds.): Atlas der Klinischen Hämatologie. 3. Auflage. Berlin, Heidelberg, New York: Springer 1978

[7] Gebrauchsinformation Prolifigen TK-REA. Sangtec Medical, Bromma Sweden 1996

[8] Fitzner, R.; Langer, E.; Zemann, E.; Neibig, U.; Brinkmann, K.: Growth behaviour of human leukemic cells (promyelocytes) influenced by high frequency electromagnetic fields (1.8 GHz pulsed and 900 MHz pulsed) for the investigation of cancer promoting effects. Abstract book, 17th annual meeting of the BEMS in Boston, USA. BEMS, 7519 Ridge Road, Frederick, MD 21702, USA: BEMS (1995), pp. 48 and 195

[9] Fitzner, R.; Langer, E.; Zemann, E.; Neibig, U.; Brinkmann, K.: Wachstumsverhalten von humanen Leukämiezellen (Promyelozyten) unter Einfluß von hochfrequenten elektromagnetischen Feldern (1,8 GHz und 900 MHz, jeweils mit 217 Hz gepulst) zur Prüfung auf krebspromovierende Effekte. Newsletter Edition Wissenschaft Nr. 1/95 der FGF e.V., Bonn 1995

[10] Fitzner, R.; Langer, E.; Bülow von, J.; Zemann, E.; Brinkmann, K.: Wachstumsverhalten von humanen Leukämiezellen unter Einfluß von hochfrequenten elektromagnetischen Feldern zur Prüfung auf krebspromovierende Effekte. In: Fromm, M. (Ed.): Jahrbuch des Fachbereichs Humanmedizin (UKBF) der Freien Universität Berlin. Band 2, Wissenschaftliche Kurzartikel (1995), pp. 128-129

[11] Fitzner, R.; Langer, E.; Bülow von, J.; Zemann, E.; Brinkmann, K.: Wachstumsverhalten humaner Leukämiezellen unter Einfluß von hochfrequenten elektromagnetischen Feldern zur Prüfung auf krebspromovierende Effekte. Abstract book, Analytica Conference, Munich 1996, p. 497

[12] Fitzner, R.; Langer, E.; Bülow von, J.; Zemann, E.; Brinkmann, K.: Longterm influence of high frequency electromagnetic fields on growth behaviour of HL-60 cells to investigate cancer promoting effects. Abstract book, 18th annual meeting of the BEMS in Victoria, Kanada. BEMS, 7519 Ridge Road, Frederick, MD 21702, USA: BEMS (1995), pp. 160-162

[13] Fitzner, R.; Langer, E.; Zemann, E.; Neibig, U.; Brinkmann, K.: Wachstumsverhalten humaner Leukämiezellen unter Einfluß von hochfrequenten elektromagnetischen Feldern. In: Umweltmedizinische Bedeutung elektromagnetischer Felder. Materialien zur Umweltmedizin 11. (Ed. Senatsverwaltung für Gesundheit und Soziales), Berlin: 1996, pp. 41-47

VIII Der Einfluß hochfrequenter elektromagnetischer Felder des Mobilfunkes auf die Kalziumhomöostase von erregbaren und nicht erregbaren Zellen

Priv.-Doz. Dr. rer. nat. *Rainer Meyer*, Dr. rer. nat. *Stephan Wolke*,
Dr. rer. nat *Frank Gollnick*, Dipl.-Phys. *Christoph von Westphalen*,
Dr. rer. nat. *Klaus W. Linz*,
Physiologisches Institut II,
Universität Bonn

1 Einleitung

Die intrazelluläre Kalziumkonzentration, $[Ca^{2+}]_i$, ist mit ca. 10^{-7} M/l um vier Größenordnungen niedriger als die extrazelluläre, $[Ca^{2+}]_o$, mit ca. $2*10^{-3}$ M/l. Die Aufrechterhaltung dieses Konzentrationsgefälles ist für die Zellen lebensnotwendig, da hohe intrazelluläre Kalziumkonzentrationen die Zellen irreversibel schädigen können. Tierische Zellen nutzen diesen hohen Konzentrationsgradienten von Kalzium als Signalsystem, denn eine Änderung der $[Ca^{2+}]_i$ um nur wenige Ionen bewirkt einen großen relativen Unterschied. Es lassen sich damit also leicht Signale mit einem hohen Signal-zu-Rausch-Abstand generieren. Kontraktion, Zellbewegung, synaptische Übertragung, die Immunantwort und auch die Zellteilung sind Beispiele für zelluläre Mechanismen, die von Kalzium kontrolliert werden (Übersichtsartikel: [1, 2, 3]). Eine Beeinflussung von zellulären Steuerungsmechanismen durch hochfrequente elektromagnetische Felder wird sich mit relativ hoher Wahrscheinlichkeit direkt oder indirekt in der Kalziumhomöostase von Zellen widerspiegeln. Eine Reihe von Untersuchungen haben eine Beeinflussung kalziumabhängiger Mechanismen durch unterschiedliche hochfrequente Felder gezeigt. So konnte der Durchmesser von Arteriolen durch die Anwesenheit hochfrequenter elektromagnetischer Felder von 10 MHz, die mit 10 kHz gepulst wurden, beeinflußt werden [4, 5]. Der Durchmesser der Arteriolen hängt von der $[Ca^{2+}]_i$ in den glatten Muskelzellen der Gefäßwand ab. In einer Serie von Experimenten in den Jahren 1975 - 1990 wurde gezeigt, daß sich der Kalziumausfluß aus erregbaren Zellen und Gewebe (neuronales bzw. Herz-Gewebe) durch die Anwesenheit hochfrequenter amplitudenmodulierter Felder beeinflussen läßt.

VIII The Influence of High-Frequency Electromagnetic Fields of Mobile Communication on the Calcium-Homeostasis of Excitable and Non-Excitable Cells

Priv.-Doz. Dr. rer. nat. *Rainer Meyer*, Dr. rer. nat. *Stephan Wolke*,
Dr. rer. nat *Frank Gollnick*, Dipl.-Phys. *Christoph von Westphalen*,
Dr. rer. nat. *Klaus W. Linz*,
Institute of Physiology II,
University of Bonn

1 Introduction

The intracellular calcium concentration, $[Ca^{2+}]_i$ is at 10^{-7} M/l by about four orders of magnitude smaller than the extracellular concentration, $[Ca^{2+}]_o$, of about $2*10^{-3}$ M/l. Maintaining this gradient is essential for the cells, as a high $[Ca^{2+}]_i$ will cause irreversible damage of the cells. Animal cells use this high concentration gradient as a signalling system, because a small change in the number of ions will induce a relatively big concentration difference. Thus it is easy to produce signals with a good signal-to-noise ratio by increasing the $[Ca^{2+}]_i$. Contraction, cellular movement, synaptic information transfer, immune response and cell division are examples of cellular mechanisms depending on the calcium concentration (for reviews cf.: [1, 2, 3]). Changes in cellular signalling mechanisms induced by high-frequency electromagnetic fields will most likely become visible as variations of the calcium-homeostasis of cells. A number of investigations have already shown effects of different high-frequency fields on calcium-dependent mechanisms. The diameter of small arteries was influenced by the presence of high-frequency fields of 10 MHz, which were pulsed at 10 kHz [4, 5]. The diameter of small arteries depends on the $[Ca^{2+}]_i$ of the smooth muscle cells in the wall of the blood vessel. In a series of investigations carried out between 1975 and 1990 it was shown that the calcium efflux from excitable cells and neuronal or heart tissue could be influenced by the presence of amplitude-modulated high-frequency fields.

Es wurden Felder unterschiedlicher Trägerfrequenzen von 50 MHz [6, 7], 147 MHz [8], 240 MHz [9], 450 MHz [10] und 915 MHz [11, 12] eingesetzt. Sie erzielten bei einer sinusförmigen Amplitudenmodulation mit 16 Hz einen maximalen Effekt.

Neben diesen Arbeiten gibt es weitere, die auf eine mögliche Sensibilität der elektrischen Membraneigenschaften erregbarer Zellen für hochfrequente Felder hinweisen [13, 14, 15]. Die elektrischen Membraneigenschaften, wie Membranpotential oder Membranleitfähigkeiten, kontrollieren wiederum die Kalziumhomöostase von erregbaren Zellen, so daß Änderungen in diesen Eigenschaften auch eine Verschiebung der $[Ca^{2+}]_i$ nach sich ziehen könnten. Es gibt also gute Hinweise, daß hochfrequente elektromagnetische Felder die Membraneigenschaften und die $[Ca^{2+}]_i$ von erregbaren Zellen beeinflussen können. Allerdings wurde die Wirkung hochfrequenter Felder der modernen Mobilfunknetze in ihrer Wirkung auf die Kalziumhomöostase erregbarer Zellen noch wenig beachtet.

Dies gilt auch für die Wirkung der Felder des Mobilfunks auf die Kalziumhomöostase von nicht erregbaren Zellen. Eine Empfindlichkeit des zellulären Immunsystems für niederfrequente magnetische Felder wird schon seit vielen Jahren diskutiert (Übersichtsartikel: [16]). Interessante Untersuchungen wurden in diesem Zusammenhang an kultivierten menschlichen Lymphozyten der T-Zellinie Jurkat durchgeführt. In Jurkat Zellen sollen durch 50 Hz magnetische Felder von ca. 100 µT Oszillationen der intrazellulären Kalziumkonzentration ausgelöst werden [17]. Dies ist einer der sehr frühen Schritte in der Einleitung der Immunantwort dieser Zellen. Die Sensitivität dieser Zellen für magnetische Felder soll nach diesen Untersuchungen in dem sogenannten T-Zellrezeptor liegen [18]. Die Ergebnisse dieser Untersuchungen sind zwar noch umstritten [19, 20, 21], trotzdem scheint diese Zellinie für die Untersuchung der Wirkung elektromagnetischer Felder auf das Immunsystem prädestiniert. Eine kürzlich erschienene Untersuchung an genetisch veränderten Mäusen zur Induktion bzw. Promotion von Tumoren des Immunsystems hat eine signifikante Erhöhung von Lymphomen durch die Einwirkung der Felder des digitalen Mobilfunkes ergeben [22]. Dies ist zwar noch eine einzelne Studie, die der Reproduktion bedarf, bevor daraus Schlußfolgerungen gezogen werden können, trotzdem stützt sie den Verdacht, daß auch niederfrequent gepulste hochfrequente Felder das Immunsystem beeinflussen können.

Die vorliegende Arbeit faßt eigene Untersuchungen zusammen, die sich mit einer Interaktion zwischen den Feldern des GSM-Mobilfunks und der Kalziumhomöostase unterschiedlicher Zelltypen beschäftigen [23, 24].

Fields of different carrier frequencies like 50 MHz [6, 7], 147 MHz [8], 240 MHz [9], 450 MHz [10], and 915 MHz [11, 12] were effective. The maximum effects were achieved, when the fields were modulated sinusoidally at 16 Hz.

Other investigations point to a possible sensitivity of the electrical membrane characteristics of excitable cells to high-frequency fields [13, 14, 15]. The electrical properties of the cell membrane, like resting potential or membrane conductance, control the calcium homeostasis of excitable cells. Therefore, changes in the electrical membrane characteristics might lead to shifts in the $[Ca^{2+}]_i$. Thus, there are well-established indications of the influence of high-frequency electromagnetic fields on the membrane properties and the calcium homeostasis of excitable cells. Nevertheless, the effects of fields with the patterns of modern cellular telecommunication on the calcium homeostasis of excitable cells have as yet been investigated only sparsely.

Only little is known about the effects of such fields on the calcium homeostasis of non-excitable cells, like blood cells. In contrast, a sensitivity of the cellular immune system to extremely low frequency magnetic fields has been discussed for many years (for review cf.:[16]). Interesting investigations of this mechanism have been carried out on the human T-cell line Jurkat. According to [17], 50 Hz magnetic fields of about 100 µT induce oscillations of the $[Ca^{2+}]_i$ in these cells. Oscillations of the $[Ca^{2+}]_i$ are one of the early events leading to the immune response of lymphocytes. Possibly the sensitivity to magnetic fields is located in the T-cell receptor of the Jurkat cells [18]. Although these results are still a point of discussion [19, 20, 21], the Jurkat T-cell line seems to be very well suited for the investigation of the influence of electromagnetic fields on the immune system. Another aspect of the immune system was investigated in a recent study on genetically manipulated mice. It revealed a significant elevation of the appearance of lymphomas due to the exposure of the animals to the fields of digital telecommunication [22]. However, this is a single investigation, which has to be reproduced before the results can be judged as having been established. Nevertheless, this study supports the idea that high-frequency fields, pulsed at low frequencies, may affect the immune system.

The present study summarises some of our investigations, which deal with the influence of high-frequency fields, pulsed according to the GSM-pattern (cf. Chapter I of this book), on the calcium homeostasis of excitable and non excitable cells [23, 24].

Bei den Messungen wurde ausschließlich die Frage untersucht, ob die akute Anwesenheit eines schwachen (athermischen) hochfrequenten Feldes Einfluß auf die Zellen nehmen kann. Als Modell für die erregbare Zelle wurde die Herzmuskelzelle des Meerschweinchens ausgewählt. An diesen Zellen wurden während der Einwirkung hochfrequenter Felder sowohl die $[Ca^{2+}]_i$ als auch die elektrischen Parameter Membranpotential und Aktionspotential gemessen. Als Modell für die nicht erregbare Zelle wurden T-Jurkat Zellen eingesetzt. An diesen Lymphozyten wurde die Auswirkung der GSM-Felder auf die $[Ca^{2+}]_i$ getestet.

2 Material und Methoden

2.1 Gewinnung und Kultur der Zellen

Isolierte Herzmuskelzellen des Meerschweinchens wurden durch eine enzymatische Auflösung des myokardialen Gewebes mit Hilfe der Enzyme Trypsin und Kollagenase gewonnen. Dazu wurde das extrahierte Herz nach Langendorff retrograd mit eine Reihe verschiedener Lösungen perfundiert. Eine detaillierte Beschreibung der Isolationstechnik findet sich in [25] und in [26].

Die T-Jurkat-Zellen, Klon E6-1 [27], wurden in Suspension in RPMI-Medium 1640 (entwickelt am Roswell Park Memorial Institute [28]) in Zellkulturflaschen gezogen. Das RPMI-Medium wurde mit 5 - 10 % fötalem Kälberserum (FCS) versetzt. Mit Hilfe der FCS-Konzentration wurde die Wachstumsgeschwindigkeit eingestellt, entsprechend fand der Medienwechsel und das Umsetzen der Zellen je nach FCS-Konzentration in einem Rhythmus von 2 - 4 Tagen statt.

2.2 Die Messung der $[Ca^{2+}]_i$

Die $[Ca^{2+}]_i$ wurde mit Hilfe des Fluoreszenzfarbstoffes Fura-2 gemessen [29]. Beide Zelltypen wurden mit der membrangängigen Farbstoffvariante als Acetoxymethylester, Fura-2/AM, beladen. Zur Beladung wurden die Herzmuskelzellen für 15 min bei 37°C in Tyrode-Lösung (Bestandteile in mmol/l: 135 NaCl; 4 KCl; 1,8 $CaCl_2$; 1 $MgCl_2$; 11 Glucose; 2 HEPES-Puffer (2-[4-(Hydroxyethyl)-1-piperazinyl]-ethansulfonsäure) pH 7,2; 1 g/l Rinder-Serum-Albumin (BSA)) mit 0,5 - 1 µmol/l Fura-2/AM inkubiert.

All experiments were designed to test the actual influence of weak (athermal) fields on cells. As an example of excitable cells, isolated myocytes of the guinea pig were choosen. In these cells, the $[Ca^{2+}]_i$ and the electrical membrane characteristics, resting potential and action potential, were recorded during the actual presence of the fields. As a representative of non-excitable cells, Jurkat T-lymphocytes were employed. The effect of GSM-fields on the $[Ca^{2+}]_i$ was tested in these cells.

2 Materials and methods

2.1 Isolation and culture of cells

Cardiac myocytes were enzymatically isolated from the guinea pig ventricle. Immediately after extraction, the heart was retrogradely perfused in Langendorff fashion with solutions containing trypsin and collagenase. A detailed description of the isolation procedure can be found elsewhere [25,26].

T-Jurkat cells, clone E6-1 [27], were cultured in suspension using RPMI 1640 medium (media designed at Roswell Park Memorial Institutes [28]). The RPMI medium contained 5 - 10 % foetal calf serum (FCS). The growth rate of the cells could be controlled by the FCS concentration. Accordingly, culture medium changes and passage of the cells were performed every 2 - 4 days.

2.2 Recording of $[Ca^{2+}]_i$

$[Ca^{2+}]_i$ was monitored by means of the Ca^{2+} sensitive fluorescent dye Fura-2 [29]. Both cell types were loaded with the membrane permeant form of the dye, the acetoxymethyl ester Fura-2/AM. Cardiac myocytes were incubated for 15 min at 37°C in Tyrode solution (components in mmol/l: 135 NaCl; 4 KCl; 1.8 $CaCl_2$; 1 $MgCl_2$; 11 glucose; 2 HEPES (2-[4-(hydroxyethyl)-1-piperazine]-ethanesulfonic acid) pH 7.2; 1 g/l bovine serum albumin (BSA)) containing 0.5 - 1 µmol/l Fura-2/AM.

Die Lymphozyten wurden für 30 - 60 min bei 37°C in Krebs-Ringer-Lösung (Bestandteile in mmol/l: 120 NaCl; 4,7 KCl; 1,2 KH_2PO_4; 1,2 $MgSO_4$; 1 $CaCl_2$; 20 HEPES pH 7,3; 10 Glucose; 1 g/l BSA) mit 2 - 4 µmol/l Fura-2/AM beladen.

Fura-2 gehört zu der Klasse der Zwei-Wellenlängen-Anregungs-Fluorochrome, genaueres zu deren Wirkungsweise findet sich in [26] und [30]. Die Fura-2 Fluoreszenz wurde in einem inversen Mikroskop, Zeiss IM 35, alternierend mit Licht von 340 und 380 nm Wellenlänge angeregt. Das emittierte Licht wurde mit Hilfe eines Bildverarbeitungssystems, Hamamatsu ICMS, visualisiert und aufgenommen. Im Abstand von je 10 s wurde jeweils ein Bildpaar, 340 und 380 nm Anregung, eingezogen, so daß sich ein zeitliches Auflösungsvermögen von jeweils 0,1 Hz ergab. Durch die pixelgerechte Division der beiden Bilder durcheinander (340/380) ergibt sich für jeden Bildpunkt ein Verhältniswert. Dieser Verhältniswert repräsentiert die jeweilige Kalziumkonzentration.

2.2.1 Der Versuchsablauf und die Auswertung

Alle Experimente wurden in Durchströmungskammern mit permanenter Perfusion und kontrollierter Temperatur bei 37°C durchgeführt. Der Boden der Kammer bestand aus einem Deckglas, um den Durchblick mit den Mikroskopobjektiven zu ermöglichen. Das Mikroskop war auf einem schwingungsgedämpften Tisch aufgebaut.

Die Experimente zur Messung der $[Ca^{2+}]_i$ bestanden unabhängig vom Zelltyp immer aus drei Phasen von jeweils 500 s Dauer: 1. Einer Vorlaufphase, in der die Zellen unbeeinflußt beobachtet wurden (Kontrolle); 2. Einer Expositions- oder Scheinexpositionsphase; 3. Einer Positivkontrollphase, in der durch eine Veränderung des extrazellulären Mediums eine chemische Stimulation vorgenommen wurde mit dem Ziel einer Erhöhung der $[Ca^{2+}]_i$. Die chemische Stimulation der Herzmuskelzellen erfolgte durch die Erhöhung der extrazellulären Kaliumkonzentration von 4 mmol/l auf 135 mmol/l bei gleichzeitiger Absenkung der NaCl-Konzentration. Die Lymphozyten wurden mit einem Anti-CD3-Antikörper in einer Konzentration von 0,5 µmol/l stimuliert (CD3 Leu-4, speziell für Lymphozyten selektioniert, Becton Dickinson, Heidelberg, BRD).

Die Auswertung erfolgte mit einem selbstentwickelten Programm. Dieses Programm erlaubt es, die Kalziumkonzentration jeder im Blickfeld befindlichen Zelle während eines Experimentes einzeln zu verfolgen (bis zu 120 Zellen gleichzeitig).

Lymphocytes were incubated for 30 - 60 min at 37°C in Krebs-Ringer solution (components in mmol/l: 120 NaCl; 4.7 KCl; 1.2 KH_2PO_4; 1.2 $MgSO_4$; 1 $CaCl_2$; 20 HEPES pH 7.3; 10 glucose; 1 g/l BSA) containing 2 - 4 µmol/l Fura-2/AM.

Fura-2 belongs to the class of dual-wavelength excitation fluorochromes; for a detailed description of their performance, see [26] and [30]. The Fura-2 fluorescence was excited alternatingly with light of 340 and 380 nm wavelength using a Zeiss IM 35 inverted microscope. Light emitted by the fluorochrome was acquired and visualized by means of a digital image analysis system (Hamamatsu ICMS). Every 10 s two images were acquired, one at 340 nm and the other at 380 nm excitation wavelength, leading to a temporal resolution of 0.1 Hz. From every pair of images, a ratio image was determined by calculating the ratio (340/380) for every two related pixels. The ratio image is directly proportional to the $[Ca^{2+}]_i$ of the cells.

2.2.1 Experimental setup and analysis

All measurements were carried out in permanently perfused experimental chambers at a controlled temperature of 37°C. The bottom of the chamber consisted of a glass cover slip to enable microscopic cell observation. The microscope was mounted on a shock absorbing table.

For both cell types, the $[Ca^{2+}]_i$ measurements were subdivided into three intervals, each lasting 500 s: 1. pre-run as control interval during which the cells were kept under physiological conditions; 2. field-exposure or sham-exposure interval; 3. positive control interval in which a chemical stimulation was carried out to increase $[Ca^{2+}]_i$. The chemical stimulation of the cardiac muscle cells was achieved by raising the extracellular K^+ concentration from 4 mmol/l to 135 mmol/l while simultaneously lowering the NaCl concentration. Lymphocytes were stimulated by application of 0.5 µmol/l of an anti-CD3 antibody (CD3 Leu-4, specifically selected for lymphocytes, Becton Dickinson, Heidelberg, Germany).

The analysis of the $[Ca^{2+}]_i$ recordings was carried out using a custom-made computer program. By means of this software the calcium concentration of every cell located within the visual field could be continuously monitored (up to 120 cells simultaneously).

Dazu wird auf jede Zelle automatisch ein Meßfenster positioniert, in dem die relativen $[Ca^{2+}]_i$-Werte bestimmt und gemittelt werden. Damit kann die relative $[Ca^{2+}]_i$ jeder Zelle als Funktion der Zeit aufgetragen werden. Die weitere Analyse der Daten erfolgte je nach Zelltyp unterschiedlich, da das Programm für die Auswertung während der Dauer der Messungen weiterentwickelt wurde.

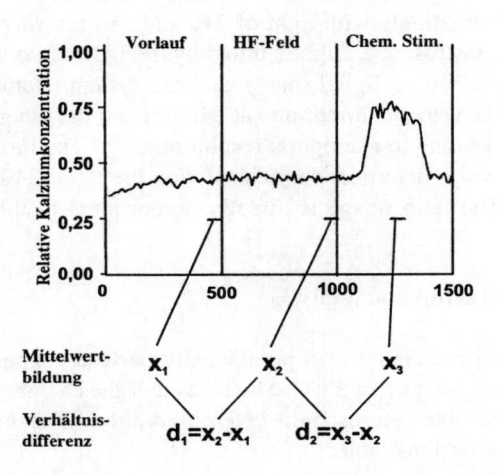

Bild 1 Schematische Darstellung des Versuchsablaufes und der Auswertung einer $[Ca^{2+}]_i$-Messung in Herzmuskelzellen. Die Meßkurve wurde an einer repräsentativen Zelle aufgenommen.

Bei den Herzmuskelzellen wurden in jeder Phase zehn Meßwerte einer Zelle gemittelt, und diese Mittelwerte wurden als charakteristisch für die $[Ca^{2+}]_i$ der Zelle in der entsprechenden Phase angesehen. Bildet man den Durchschnitt dieser Werte über alle Zellen, die gleich behandelt wurden, dann ergibt sich ein repräsentativer Wert für die relative $[Ca^{2+}]_i$ zu diesem Zeitpunkt (vgl. Bild 1. x1-x3). Die Differenzen zwischen diesen repräsentativen Werten sollten, wenn kein Unterschied in der $[Ca^{2+}]_i$ zwischen den Phasen besteht, in der Nähe von Null liegen, und wenn es Unterschiede gibt, signifikant davon verschieden sein. Signifikante Unterschiede werden im Fall der chemischen Stimulation erwartet.

Bei den Lymphozyten wurde die relative $[Ca^{2+}]_i$ einer jeden Zelle zunächst normiert. Dazu wurden die ersten drei Meßwerte gemittelt. Dieser Mittelwert wurde gleich 100 % gesetzt, und alle Werte wurden darauf normiert.

To achive this, a measuring window was automatically placed on every cell. Within these measuring windows, the relative $[Ca^{2+}]_i$ values were determined and averaged. This resulted in a continuous temporal registration of $[Ca^{2+}]_i$ for every cell. The subsequent analysis of the data was different, depending on the cell type, since the software was developed further during the course of this study.

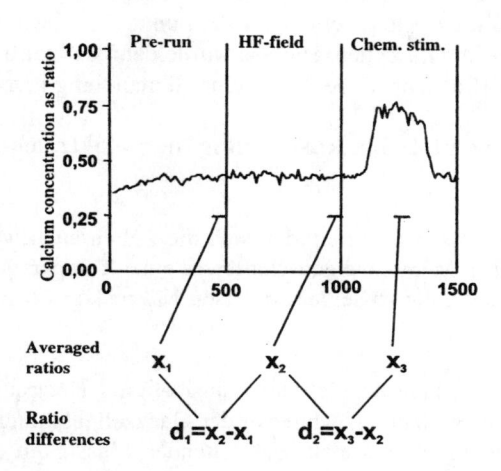

Figure 1 Design of the experiments on heart muscle cells. Each experiment consists of three intervals: 1. pre-run without field, 2. exposure or sham exposure, 3. chemical stimulation. The ratio of one representative cell is plotted vs. time. The field was 900 MHz pulsed with 217 Hz.

For cardiac myocytes, 10 data points were averaged in each of the three intervals. The resulting averaged values were taken as a measure of the $[Ca^{2+}]_i$ of this cell in the corresponding interval. Determination of the mean values for all cells treated by the same experimental procedure led to a representative description of the $[Ca^{2+}]_i$ within the respective intervals (cf. Figure 1; x_1-x_3). No or, at most, minor differences between these mean values indicate that there are no changes in $[Ca^{2+}]_i$ between the intervals. By contrast, significant differences should appear when $[Ca^{2+}]_i$ varies between the intervals. This is expected in case of the chemical stimulation.

For measurements with lymphocytes, the relative $[Ca^{2+}]_i$ were normalised for every cell. To do this, the first three data points were averaged. This average was set to 100 % and used for normalisation of further data points.

Diese Methode hat den Vorteil, daß Unterschiede in der Beladung der Zellen mit Fura-2/AM eliminiert werden. Die normierten Werte wurden für jede T-Jurkat-Zelle als Funktion der Zeit aufgetragen. Die Zellen wurden in zwei Gruppen aufgeteilt: in solche, die auf die chemische Stimulation mit einem Anstieg der $[Ca^{2+}]_i$ reagierten und solche, die nicht reagierten. Die Zellen, die nicht reagierten, wurden aus der Gruppe der hier betrachteten Zellen herausgenommen. Man erhält also für die relative $[Ca^{2+}]_i$ zu jedem beliebigen Zeitpunkt einen Mittelwert und eine Standardabweichung für alle Zellen. Hieraus wurde dann der zeitliche Verlauf der mittleren normierten $[Ca^{2+}]_i$ über alle Zellen einer Behandlung konstruiert.

2.3 Die Messung und die Auswertung der elektrischen Membranparameter

Wie bei der Messung der $[Ca^{2+}]_i$ befinden sich die Zellen auch während der Ableitung der elektrischen Membraneigenschaften in einer Temperatur-kontrollierten Durchströmungskammer, die auf einem inversen Mikroskop (Zeiss IM 35) montiert war.

Die elektrischen Ableitungen der Zellmembran isolierter Herzmuskelzellen wurden mit Hilfe der "patch clamp"-Technik in der Ganzzellableitung vorgenommen [31]. Dabei diente eine mit einer elektrisch leitenden Flüssigkeit (Bestandteile in mmol/l: 130 KCl; 2,5 $MgCl_2$; 1 EGTA (Ethylen glycol bis(2-aminoethylether)-N,N,N',N'-tetraacetat); 10 HEPES-Puffer mit NaOH auf pH 7,2) gefüllte Glaspipette als Elektrode. Diese Glaspipette war über eine Ag/AgCl-Elektrode mit dem Meßverstärker (EPC7, List, Darmstadt, BRD) verbunden. Diese Stelle, an der es zu einem Ladungstransfer aus der Flüssigkeit in den Draht kommt, ist empfindlich für die Einstreuung hochfrequenter Felder. Ein hochfrequentes Feld wird hier eine Spannung induzieren. Diese Spannung ist der elektrischen Feldstärke proportional. Um dieses Artefakt zu vermeiden, wurde der Elektrodenhalter so konstruiert, daß dieser Übergabepunkt außerhalb des Feldes lag. An der anderen Seite war die Glaselektrode ausgezogen mit einem äußeren Durchmesser von ca. 3 µm und einer inneren Öffnung von etwa 1 µm. Zur Messung wird die Spitze der Elektrode mit einem hydraulischen Mikromanipulator sanft auf die Zelle aufgesetzt und ein kleiner Unterdruck auf die Elektrode gegeben. Dadurch entsteht eine innige Verbindung zwischen Glasoberfläche und Zellmembran. Diese Verbindung ist so dicht, daß die Pipette mit der Zellmembran gegen den Extrazellulärraum einen Abdichtwiderstand im Gigaohm-Bereich bildet. Es wird dann erneut ein leichter Unterdruck an die Pipette angelegt, der die in die Pipettenöffnung hineingewölbte Zellmembran zum Platzen bringt. Dadurch erhält man einen offenen Zugang zum Zellinneren, dem Cytoplasma.

Aim of this procedure was to compensate differences in the Fura-2/AM loading of individual cells. For every T-Jurkat cell, the normalised data were plotted as a function of time. Depending on their reaction to chemical stimulation, the cells were assigned to two classes, one class of cells which responded to an increase in $[Ca^{2+}]_i$, and another class of non-responding cells. The latter was not further analysed in the study described here. As a result, a mean value with standard deviation of the relative $[Ca^{2+}]_i$ could be determined for every measuring point. These data led to a continuous time pattern of the mean $[Ca^{2+}]_i$ for all cells treated in the same way during the experimental procedure.

2.3 Determination and analysis of the electrical membrane parameters

For investigation of the electrical membrane parameters, the cells were placed within a temperature-controlled perfusion chamber, which was mounted on an inverted microscope (Zeiss IM 35) as in the case of $[Ca^{2+}]_i$ measurements.

Electrical recordings of cell membranes of isolated cardiac muscle cells were carried out by means of the "patch clamp" technique in the whole cell mode [31]. A glass micro-pipette filled with an electrolyte (components in mmol/l: 130 KCl; 2.5 $MgCl_2$; 1 EGTA (ethyleneglycol-bis(2-aminoethyl)-N,N,N',N'-tetraacetic acid); 10 HEPES, pH 7.2 with NaOH) was used as recording electrode. This glass pipette was connected to the measuring amplifier (EPC7, List, Darmstadt, Germany) via an Ag/AgCl electrode. The transition point, where a charge transfer from the solution into the wire takes place, is sensitive to a disturbance by high-frequency fields. At this point, a high-frequency field will induce a potential difference which is proportional to the electrical field strength. To avoid this artefact, the electrode holder was designed in such a way that the transition point was placed outside the field, i.e. outside the TEM cell or waveguide. The tip of the glass electrode was pulled out to obtain an external diameter of approx. 3 µm and an inner opening of about 1 µm. For the measurement, the tip of the electrode was gently placed on the cell surface by means of a hydraulic micromanipulator. After applying low negative pressure to the interior of the electrode, a tight seal between the glass surface and the cell membrane was established. The seal forms an electrical resistance between pipette solution and extracellular solution which is in the range of several gigaohm. By repeatedly applying negative pressure to the pipette, the membrane patch underneath the pipette tip can be ruptured, leading to a direct contact of the electrode solution with the cell interior, the cytoplasm.

Mißt man in dieser Konfiguration die Potentialdifferenz zwischen dieser Elektrode und einer Referenzelektrode in der Badlösung, so erfaßt man das Potential über der Zellmembran, das Membranpotential. Durch einen kurzen Strompuls aus der Elektrode in das Cytoplasma läßt sich ein Aktionspotential (Bild 4) auslösen. Aktionspotentiale lassen sich mit dieser Technik messen.

Zur Steuerung des Meßverstärkers und zur Aufzeichnung der Daten wurde ein Personalcomputer mit analog/digital bzw. digital/analog Wandlung eingesetzt. Die entsprechende "hard-" und "software" wurde von Axon Instruments (Foster City, CA, USA) hergestellt. Die Aktionspotentiale wurden bezüglich ihrer Dauer und ihres Spitzenwertes ausgewertet.

2.4 Die Erzeugung und Anwendung der hochfrequenten elektromagnetischen Felder

In der vorliegenden Untersuchung wurden hochfrequente Felder verschiedener Trägerfrequenzen (900 MHz und 1800 MHz) angewendet. Die Felder wurden mit einem Leistungsmeßsender (SLRD, BN 41004/50, Rhode & Schwarz, München, BRD) erzeugt.

Im Laufe der Experimente wurden zwei prinzipiell unterschiedliche Applikationsapparaturen entwickelt und eingesetzt: Eine breitbandige Transversal-Elektro-Magnetische-Zelle, TEM-Zelle, und ein schmalbandiger Hohlleiter. Die Feldverhältnisse in der TEM-Zelle sind in Kapitel II dieses Buches [32] annähernd beschrieben. Die TEM-Zelle wurde in allen Versuchen zur Messung der $[Ca^{2+}]_i$ an Herzmuskelzellen und an Lymphozyten eingesetzt. Zusätzlich wurden auch Messungen der elektrischen Parameter der Zellmembran darin durchgeführt (Bild 2). Die Versuchskammer befindet sich auf dem Boden der TEM-Zelle. Der Boden der TEM-Zelle ist mit einer Bohrung von 1 cm Durchmesser versehen, welche die mikroskopische Abbildung der Zellen in der Versuchskammer erlaubt. Diese Öffnung wurde in den Versuchen zur Messung der $[Ca^{2+}]_i$ mit dünnmaschigem Drahtgitter von 1 mm Maschenweite verschlossen. Die in Kapitel II dieses Buches [32] errechneten SAR-Werte stellen nur räumliche Mittelwerte dar, denn durch das Metallgitter ergeben sich in der Ebene 150 µm darüber, wo die Zellen liegen, Inhomogenitäten des Feldes. Die Feldlinien konvergieren auf die Drähte des Gitters, deshalb ist das Feld direkt über den Drähten stärker und in der Mitte der Gitterfelder schwächer als die errechneten Werte. Simulationsrechnungen der Arbeitsgruppe von Prof. Dr. V. Hansen, Lehrstuhl für Theoretische Elektrotechnik, Wuppertal (vgl. Adressenverzeichnis in Kapitel X dieses Buches) zeigten, daß die Feldstärke um den Faktor drei und die SAR-Werte um den Faktor neun schwankten.

In this mode, the potential difference across the cell membrane (the membrane potential) can be determined as potential difference between the recording electrode and a reference electrode located in the external solution. By applying a short current pulse via the recording electrode to the cytoplasm, action potentials can be elicited (Figure 4). The action potentials were recorded by this technique.

A personal computer equipped with an analog/digital, digital/analog converter was employed for control of the measuring amplifier and for data acquisition. The hardware and software was purchased from Axon instruments (Foster City, CA, USA). The recorded action potentials were analysed with regard to their duration and peak amplitude.

2.4   Generation and application of high-frequency electromagnetic fields

In the present study, high-frequency fields of different carrier frequencies (900 MHz and 1800 MHz) were applied. High-frequency fields were generated by an UHF power-signal generator (SLRD, BN 41004/50, Rhode & Schwarz, Munich, Germany).

In the course of this study, two basically different exposure systems were developed and used: A transversal electromagnetic (TEM) cell with high spectral width and a rectangular waveguide with small spectral width. The electrical field parameters within the TEM cell are described in Chapter II of this volume [32]. For all $[Ca^{2+}]_i$ recordings on cardiac myocytes and lymphocytes, the TEM cell was used. In addition, some of the measurements of electrical membrane parameters were carried out in this exposure setup (Figure 2). The experimental chamber was located on the bottom of the TEM cell. For microscopic observation of the cells, a hole with a diameter of 1 cm was drilled into the bottom of the TEM cell. For $[Ca^{2+}]_i$ recordings this aperture was covered with a fine-meshed wire netting (1 mm mesh size). The SAR values calculated in Chapter II of this volume [32] represent spatial mean values, since the metal wires cause inhomogeneities of the electrical field in the plane 150 µm above the wire mesh where the cells were located. The field lines converge to the wires, bringing about higher SAR values close to the wires and lower SAR values in the centre of a mesh. According to calculations by the group of Prof. Dr. V. Hansen, Department of Theoretical Electrical Engineering, University of Wuppertal, Germany (cf. address list in Chapter X of this volume), the electrical field strength varied by a factor of three and the SAR values by a factor of nine.

Diese Erfahrungen wurden bei der Konstruktion des Hohlleiters, der in Kapitel IV dieses Buches [33] näher beschrieben wird, berücksichtigt. Es wurde von der TEM-Zelle zu einem Hohlleiter gewechselt, um bei gleicher Senderleistung höhere SAR-Werte zu erzielen. Hier wurde die entsprechende Bohrung mit einem elektronenoptischen Objektträger mit einer Maschenweite von 50 μm verschlossen. Dies garantierte ein homogenes Feld in der Ebene der Zellen.

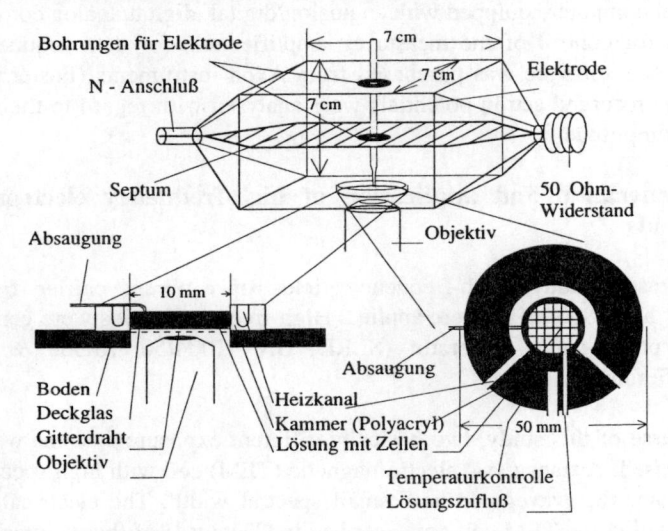

Bild 2 Schematische Darstellung der TEM-Zelle mit Versuchskammer sowie zwei Detailansichten der Versuchskammer (Schnitt und Aufsicht). Bild verändert nach [23].

3 Ergebnisse

3.1 Die Messung der $[Ca^{2+}]_i$ in isolierten Herzmuskelzellen

Für die hier beschriebenen Experimente wurde die $[Ca^{2+}]_i$ von rund 300 isolierten Herzmuskelzellen verfolgt. Die $[Ca^{2+}]_i$ der ruhenden Herzmuskelzelle ist stabil und schwankt auch über einen Beobachtungszeitraum von bis zu zwei Stunden praktisch nicht. In Bild 1 findet sich ein Beispiel für den Verlauf der relativen

These experiences were taken into account for the construction of the waveguide which is described in detail in Chapter IV of this volume [33]. The waveguide was used instead of the TEM cell to obtain higher SAR values with the same input power. The aperture in the bottom of the waveguide was closed by an electronmicroscopy grid (mesh width: 50 µm) which guaranteed a homogeneous electrical field in the plane of the cells.

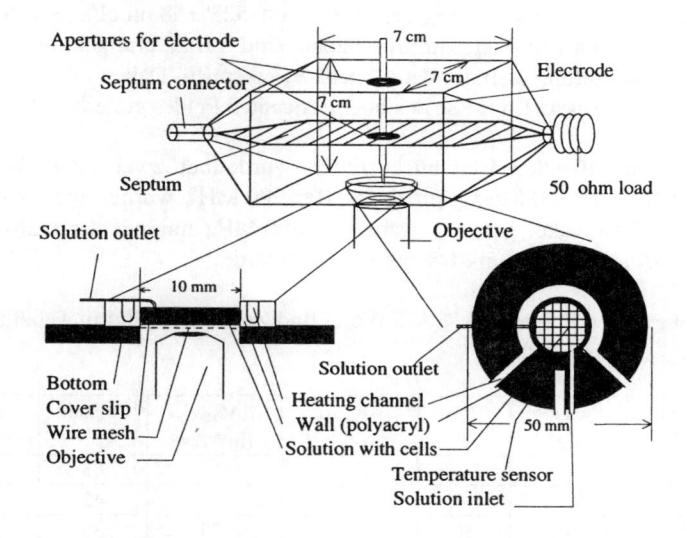

Figure 2   Schematic representation of the design of the TEM cell with the experimental chamber and two detailed views of the experimental chamber (cross-section and top view). The schematic is based on a figure in [23].

3   Results

3.1   Recording of the $[Ca^{2+}]_i$ in isolated heart myocytes

In the experiments presented here, the $[Ca^{2+}]_i$ of about 300 isolated myocytes was recorded. The $[Ca^{2+}]_i$ of the resting heart ventricular myocyte remains stable, even during an observation period of two hours.

$[Ca^{2+}]_i$ einer Zelle während eines Experimentes von 1500 s Dauer. In einigen repräsentativen Experimenten (61 Zellen) wurde die $[Ca^{2+}]_i$ kalibriert und in absolute Konzentrationen umgerechnet. Sie betrug hier 154 ±20 nmol/l. Während der chemischen Stimulation stieg die $[Ca^{2+}]_i$ deutlich an. Dies zeigte sich sowohl in den als Verhältniswerten ausgedrückten Kalziumkonzentrationen als auch in den in absolute Konzentrationen umgerechneten Werten. Eine Depolarisation auf 0 mV mit KCl führte zu einem Anstieg der $[Ca^{2+}]_i$ auf 523 ±58 nmol/l. Bei Zellen, die eine stabile Ruhekalziumkonzentration haben, sind Veränderungen, die auf äußere Einflüsse zurückzuführen sind, relativ leicht zu erkennen. Daher sollten bei diesem experimentellen Ansatz Einflüsse des hochfrequenten Feldes gut erkennbar sein.

Die $[Ca^{2+}]_i$ in ruhenden Herzmuskelzellen wurde bei zwei Trägerfrequenzen, nämlich 900 und 1800 MHz, gemessen. Bei 900 MHz wurde eine Reihe unterschiedlicher Pulsmuster getestet, während 1800 MHz nur mit der GSM Pulsung 217 Hz Puls/Pause Verhältnis 1/8 angewendet wurde.

Die angewendeten Pulsmuster, SAR-Werte und Zellzahlen sind in Tabelle 1 angegeben.

Trägerfreq. [MHz]	Pulsung [Hz]	Puls %	$SAR_{mittlerer}$ [mW/kg]	SAR_{Spitze} [mW/kg]	Zellzahl	T-Wert d_1/Schein
Schein.	--	--	--	--	55	--
900	kont.	--	59	59	42	0,89
900	16	50	29	57	30	-1,94
900	50	50	30	59	31	-1,45
900	217	14	15	123	39	-1,27
900	30.000	80	37	47	39	-2,57
1800	217	14	9	69	37	-1,15

Tabelle 1 Feldparameter, Zellzahlen und Ergebnisse der T-Tests bei der Messung der $[Ca^{2+}]_i$ in isolierten Herzmuskelzellen. Schein. = Scheinexposition; d_1/Schein = Prüfgrößen der T-Tests zwischen den scheinexponierten und den jeweils exponierten Zellen.

Wie schon im Abschnitt 2.2.1 und Bild 1 erläutert, wurden für jede Zelle zwei charakteristische Differenzwerte bestimmt. Errechnet man aus einem Experiment wie in Bild 1 den d_1-Wert, so wird dieser bei Null liegen, denn das Feld hatte die $[Ca^{2+}]_i$ nicht verändert. Bei Kontrollexperimenten mit Scheinexposition wird der d_1-Wert auch bei Null liegen, denn die Zellen wiesen eine konstante Ruhekalziumkonzentration auf, wenn sie nicht beeinflußt wurden. Der d_2-Wert, der sich aus einem Experiment wie in Bild 1 ergibt, sollte signifikant über Null liegen. Dies bestätigte sich in allen Fällen.

Figure 1 depicts the time course of the $[Ca^{2+}]_i$ of a single myocyte in ratio units during an experiment of 1500 s duration. In some representative experiments (61 cells), the $[Ca^{2+}]_i$ was calibrated and transformed into absolute concentration units. The mean $[Ca^{2+}]_i$ amounted to 154 ±20 nmol/l in our experiments. The chemical stimulation, a depolarisation with KCl to 0 mV, induced an increase of the $[Ca^{2+}]_i$ to 523 ±58 nmol/l. In cells with a stable internal calcium concentration, changes due to external influences can easily be identified. Thus, possible effects of the high-frequency fields on the $[Ca^{2+}]_i$ should be clearly detectable in these experiments.

The $[Ca^{2+}]_i$ in heart muscle cells was measured in the presence of two carrier frequencies, 900 and 1800 MHz. At 900 MHz, a number of different pulse patterns was tested. 1800 MHz was only applied with the GSM-pattern of 217 Hz pulsation frequency and 14 % duty cycle.

The tested pulse patterns, SAR values, and cell numbers are summarised in Table 1.

Carrier freq. [MHz]	Pulse freq. [Hz]	Pulse %	SAR_{mean} [mW/kg]	SAR_{peak} [mW/kg]	Number of cells	T-value d_1/sham
Sham	--	--	--	--	55	--
900	cont.	--	59	59	42	0.89
900	16	50	29	57	30	-1.94
900	50	50	30	59	31	-1.45
900	217	14	15	123	39	-1.27
900	30,000	80	37	47	39	-2.57
1800	217	14	9	69	37	-1.15

Table 1 Field characteristics, numbers of cells, and results of the T-tests of the $[Ca^{2+}]_i$ measurements in isolated heart myocytes. Sham = sham exposure; d_1/sham = results of the comparison of exposed and sham-exposed cells by the Student's T-test.

For each cell, two characteristic difference values, d_1 and d_2, were calculated as explained in section 2.2.1 and Figure 1. A d_1-value, calculated from an experiment like the one in Figure 1, will be around zero, because the field did not influence the $[Ca^{2+}]_i$. In control experiments with sham exposure, the d_1-value is also expected to vary around zero, as the cells maintain a stable $[Ca^{2+}]_i$ during rest, if they are not treated in any way. The d_2-value, taken from an experiment like in Figure 1, is expected to be significant above zero. These assumptions proved to be correct in all the cases.

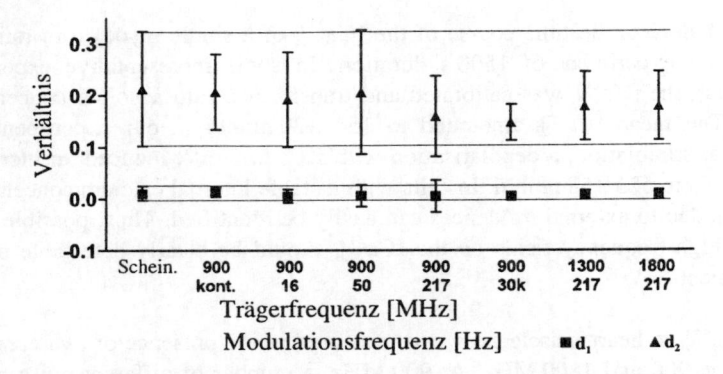

Bild 3 Auftragung der Differenzwerte d_1 und d_2 gegen die Behandlungen. Die Standardabweichungen der scheinexponierten Zellen (Schein.) sind durch Linien gekennzeichnet.

Um zu statistisch relevanten, repräsentativen Werten zu gelangen, wurden die Differenzwerte d_1 und d_2 über die Gesamtheit aller Zellen einer Gruppe gemittelt. Die Ergebnisse dieser Berechnungen sind in Bild 3 gegen die Behandlungen aufgetragen. Alle d_1-Werte liegen in der Nähe von Null. Der Wert für die Scheinexposition beträgt 0,011 ±0,014. Alle anderen d_1-Werte liegen innerhalb der Standardabweichung dieses Kontrollwertes, damit zeigt sich schon optisch, daß kaum Unterschiede zwischen den Werten vorhanden waren. Mit Hilfe des Student's T-Tests wurden die d_1-Werte der exponierten Zellen mit denen der Scheinexponierten verglichen. Die Prüfgrößen sind in Tabelle 1 aufgelistet, es ergaben sich keine signifikanten Unterschiede. Die d_2-Werte liegen in allen Fällen deutlich über den d_1-Werten. Daraus kann man ableiten, daß die als Positivkontrolle eingesetzte chemische Stimulation einen Effekt gehabt hat und daß die Zellen zu einer Veränderung der $[Ca^{2+}]_i$ fähig sind. Das Fehlen einer Reaktion auf das Feld ist also nicht auf die Unfähigkeit der Zellen, ihre $[Ca^{2+}]_i$ zu verändern, zurückzuführen. Die hier dargestellten Messungen stellen nur einen Ausschnitt aus einer größeren Meßreihe dar, die in [23] und [24] ausführlicher beschrieben ist. Die Messung mit 900 MHz und 50 Hz (Modulationsfrequenz) wurde für diese Untersuchung neu erstellt.

3.2 Die Messung von Membranpotential und Aktionspotentialen an isolierten Herzmuskelzellen

Die ruhende Herzmuskelzelle, wie sie bei den Messungen der $[Ca^{2+}]_i$ untersucht wurde, befindet sich in einer Situation, die in situ nur kurzzeitig, nämlich während

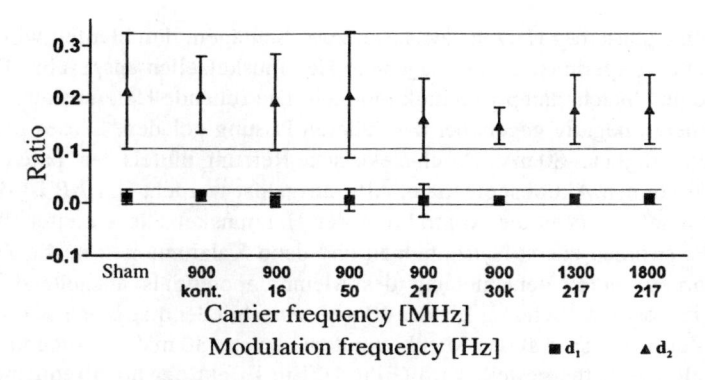

Figure 3 Plot of the ratio differences d_1 and d_2 vs. the exposure pattern. The standard deviations of the sham-exposed cells (sham) are marked by horizontal lines.

To gain representative and statistically relevant values, the mean of the difference values d_1 and d_2 was calculated from each treatment group of cells. The results of these calculations are plotted in Figure 3 vs. the exposure patterns. All d_1-values are around zero. The value for sham exposure amounts to 0.011 ±0.014. All other d_1-values lie within the limits given by the standard deviation of the sham exposure value. Thus, it becomes obvious that the differences between the treatment groups were small. By means of the Student's T-test (double-sided, unpaired), the d_1-values of the exposure groups were compared with the values of the sham exposed cells. The T-values are listed in Table 1. Significant differences were not detected in any case. The d_2-values were in all cases well above the d_1-values. This can be taken as a proof of the effectiveness of the chemical stimulation. In addition, it shows that the cells were able to vary their $[Ca^{2+}]_i$ upon external stimulus. Thus, the lack of a response to the presence of the high-frequency fields cannot be attributed to an inability of the cells to change their calcium concentration. The results demonstrated here represent a part of a larger series of experiments described in more detail in [23] and [24]. The treatment group with 900 MHz and 50 Hz pulsation frequency was reinvestigated for this study.

3.2 Recording of membrane and action potentials from isolated heart myocytes

During the normal heart cycle, mycytes are at rest only during the refilling of the heart, therefore the investigation of the $[Ca^{2+}]_i$ during rest will represent only part of the heart cell physiology.

der Füllungsphase des Herzens zwischen zwei Schlägen, durchlaufen wird. Daher wurden auch Experimente an schlagenden Herzmuskelzellen ausgeführt. Dies war mit Hilfe der "patch clamp"-Technik möglich. Die ruhende Herzmuskelzelle ist in ihrem Inneren negativ gegenüber der äußeren Lösung geladen. Dieses Membranpotential beträgt ca. -80 mV. Durch elektrische Reizung mittels der "patch clamp"-Elektrode können Aktionspotentiale, APs, ausgelöst werden. Ein AP ist das elektrische Signal, welches die Kontraktion der Herzmuskelzelle einleitet. Während eines APs strömen zuerst Natriumionen und dann Kalziumionen in die Zelle ein. Dies führt zu einer Verschiebung des Membranpotentials ausgehend von ca. -80 mV in positive Richtung bis ca. 40 mV. Anschließend strömen Kaliumionen aus der Zelle aus, so daß das Membranpotential von -80 mV der ruhenden Herzmuskelzelle wiederhergestellt wird (Bild 4). Ein Effekt der hochfrequenten elektromagnetischen Felder auf diese dynamischen Vorgänge in der Herzmuskelzelle sollte sich daher in einer Veränderung des APs ausdrücken. Deshalb wurden die APs von Herzmuskelzellen unter der Einwirkung solcher Felder gemessen.

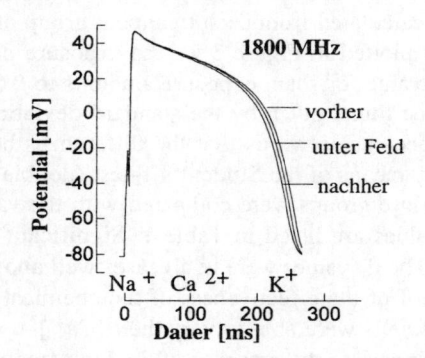

Bild 4 Aktionspotentialregistrierungen von einer Herzzelle. Die Ströme, die während der einzelnen Phasen des APs fließen, sind eingezeichnet. Die Aufstrichsphase des APs wird von einem Na^+-Einstrom, die Plateauphase von einem Ca^{2+}-Einstrom und die Repolarisation von einem K^+-Ausstrom getragen.

Um den direkten methodischen Anschluß dieser elektrischen Messungen an die $[Ca^{2+}]_i$-Messungen aus Abschnitt 3.1 zu erhalten, wurden in der TEM-Zelle unter den gleichen äußeren Bedingungen AP-Ableitungen vorgenommen. Die Messungen wurden unter 900 MHz bei GSM-Pulsung durchgeführt. Der SAR-Wert hatte den in Tabelle 1 aufgelisteten Betrag von ca. 15 mW/kg. Das Aktionspotential unterliegt während eines Experimentes normalerweise einer geringen spontanen Verkürzung. Diese Verkürzung ist die Folge einer Verringerung des Kalziumein-

Experiments on beating myocytes were, therefore, performed in addition. This could be done by means of the patch clamp technique. Compared to the external solution, the cytoplasm of the resting heart myocyte is negatively charged. This resting potential amounts to about -80 mV. By electrical stimulation via the patch clamp electrode, action potentials (APs) can be elicited. An AP is the electrical signal which induces the contraction of a ventricular myocyte. During the AP, sodium ions and subsequently calcium ions enter the cell. This inflow of cations results in a shift of the membrane potential in positive direction starting at -80 mV and reaching its top at approx. 40 mV. The inflow of Na^+ and Ca^{2+} is counterbalanced by an outflow of K^+, which leave the cell until the resting potential of -80 mV has been restored (Figure 4). An influence of high-frequency fields on these dynamic events in the myocytes will cause changes in the AP shape. Therefore, APs were recorded for heart muscle cells in the presence of these fields.

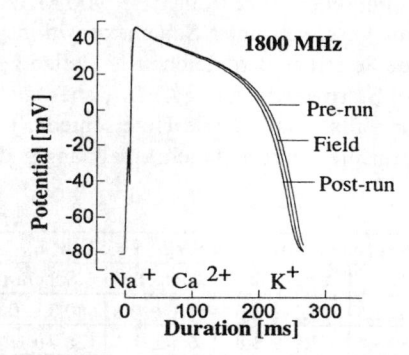

Figure 4 Action potential recording of a heart cell. The ionic currents flowing during the different phases are marked. The upstroke of the AP is carried by a Na^+ inward current, the plateau phase is maintained by a Ca^{2+} inward current and the repolarisation is caused by a K^+ outward current.

AP recordings were performed in the TEM cell under exactly the same conditions as reported for the $[Ca^{2+}]_i$ recordings in section 3.1, to collect the corresponding information about the beating cell. In the TEM cell, the influence of 900-MHz field pulsed according to the GSM-Standard was tested. The SAR value was 15 mW/kg as listed in Table 1. During an experiment, the AP duration usually shortens progressively.

stromes und einer Vergrößerung des Kaliumausstromes. Dieser sogenannte "run down" entsteht durch einen Verlust von Substanzen aus der Zelle an die Elektrode. Auch in den hier gezeigten Messungen ist eine solche Verkürzung des APs sichtbar. Die Dauer eines APs wurde immer bei 90 % Repolarisation bestimmt, APD_{90}. Unter Scheinexposition, also ohne Einwirkung des Feldes, verkürzte sich die APD_{90} bei den Experimenten in der TEM-Zelle um 11,5 ms von 367,6 auf 355,1 ms und bei den Experimenten im Hohlleiter um 5,4 ms von 241,9 auf 236,5 ms. Eine ähnliche Verkürzung wurde auch unter der Einwirkung des Feldes beobachtet, bei 900 MHz um 17 ms von 401,5 auf 384,5 ms sowie unter 1800 MHz um 4,9 ms von 251,8 auf 246,9 ms. Die Unterschiede sind bei 900 MHz etwas größer als bei 1800 MHz, dies liegt aber nicht an der Feldeinwirkung sondern daran, daß für den ersten Teil der Experimente (Kontrolle/Feld/Kontrolle) aus methodischen Gründen andere Zellen verwendet wurden als für den zweiten Teil (Kontrolle/Schein./Kontrolle). Bei 900 MHz wurden sechs Zellen unter Feld und acht zum Vergleich unter Scheinexposition gemessen, bei 1800 MHz wurden jeweils beide Serien an den gleichen 13 Zellen gemessen. Deshalb ergaben sich zwischen den Startwerten in der APD_{90}, aber auch im Ruhepotential, U_{Ruhe}, bei 900 MHz ebenfalls relativ große Unterschiede, jedoch war die Tendenz während eines Experimentes immer gleich, unabhängig davon, ob das Feld anwesend war oder nicht.

900 MHz GSM-Pulsung; SAR 15 mW/kg; n = 6 bzw. 8						
	Kontrolle	Feld	Kontrolle	Kontrolle	Schein.	Kontrolle
U_{Ruhe} [mV]	-76,9 ± 1,6	-77,1 ± 1,5	-77,3 ± 1,6	-81,1 ± 0,8	-80,8 ± 0,8	-80,9 ± 0,8
U_{peak} [mV]	124,3 ± 3,6	123,8 ± 3,8	123,9 ± 3,8	126,5 ± 1,1	126,7 ± 1,4	126,5 ± 1,3
APD_{90} [ms]	401,5 ±75,2	386,5 ±72,6	384,5 ±73,2	367,6 ±26,3	361,3 ±26,4	355,1 ±25,7
1800 MHz GSM-Pulsung; SAR 500 mW/kg; n = 13						
U_{Ruhe} [mV]	-80,8 ± 1,0	-81,2 ± 0,9	-81,2 ± 0,9	-80,7 ± 1,0	-80,9 ± 1,1	-81,2 ± 1,1
U_{peak} [mV]	125,9 ± 1,3	126,0 ± 1,3	126,0 ± 1,2	125,7 ± 1,3	125,5 ± 1,3	125,3 ± 1,4
APD_{90} [ms]	251,8 ±13,6	249,3 ±13,8	246,9 ±13,3	241,9 ±13,3	239,4 ±14,0	236,5 ±14,3

Tabelle 2 Parameter der Auswertung der Aktionspotentialmessungen der Versuche bei 900 MHz in der TEM-Zelle und 1800 MHz in dem Hohlleiter. Membranpotential: U_{Ruhe}; Differenz zwischen Membranpotential und Spitze des Aktionspotentials: U_{peak}; Dauer des Aktionspotentials bis zu einer Repolarisation auf 90 % des Membranpotentials: APD_{90}.

Auch der dritte ausgewertete Parameter, die maximale Amplitude des APs, wurde unter keiner der Meßbedingungen durch die Anwesenheit des Feldes beeinträchtigt. In Kontrollexperimenten, die hier nicht im einzelnen dargestellt sind, wurde überprüft, ob die untersuchten Parameter des APs für andere physikalische Reize

This shortening of the AP duration is due to a decrease in the calcium inward current and an increase in the potassium outward current. This phenomenon is called "run down" and is caused by a loss of substances from the cytoplasm to the electrode. A run-down-dependent shortening of the AP is also visible in the experiments demonstrated here. The duration of an AP was always determined at 90 % of repolarisation, APD_{90}. In the TEM cell during sham exposure, i.e. without any influence of the field, the APD_{90} shortened by 11.5 ms from 367.6 to 355.1 ms, and in the rectangular waveguide it decreased by 5.4 ms from 241.9 to 236.5 ms. A comparable decrease of the APD_{90} was also obtained during the presence of the high-frequency fields, at 900 MHz by 17 ms from 401.5 to 384.5 ms, and at 1800 MHz by 4.9 ms from 251.8 to 246.9 ms. The differences between sham and exposure were bigger in the case of the 900 MHz experiments than in those with 1800 MHz. This was not due to an influence of the fields, but for methodological reasons two groups of cells had to be employed for the experiments: at 900 MHz one for the first part (control/field/control) and another for the second part (control/sham/control). At 900 MHz, APs from six cells were recorded and compared to eight cells observed during sham exposure. At 1800 MHz, both series could be performed on the same 13 cells. Therefore, with the lower carrier frequency, the differences in starting points of APD_{90} and resting potential, U_{rest}, are relatively bigger than those obtained in the 1800 MHz experiments. Nevertheless, the changes in the measured parameters were the same in all experiments independently of the prensence or absence of the fields.

	900 MHz GSM pattern; SAR 15 mW/kg; n = 6 or 8					
	Control	Field	Control	Control	Sham	Control
U_{rest} [mV]	-76.9 ± 1.6	-77.1 ± 1.5	-77.3 ± 1.6	-81.1 ± 0.8	-80.8 ± 0.8	-80.9 ± 0.8
U_{peak} [mV]	124.3 ± 3.6	123.8 ± 3.8	123.9 ± 3.8	126.5 ± 1.1	126.7 ± 1.4	126.5 ± 1.3
APD_{90} [ms]	401.5 ±75.2	386.5 ±72.6	384.5 ±73.2	367.6 ±26.3	361.3 ±26.4	355.1 ±25.7
	1800 MHz GSM pattern; SAR 500 mW/kg; n = 13					
U_{rest} [mV]	-80.8 ± 1.0	-81.2 ± 0.9	-81.2 ± 0.9	-80.7 ± 1.0	-80.9 ± 1.1	-81.2 ± 1.1
U_{peak} [mV]	125.9 ± 1.3	126.0 ± 1.3	126.0 ± 1.2	125.7 ± 1.3	125.5 ± 1.3	125.3 ± 1.4
APD_{90} [ms]	251.8 ±13.6	249.3 ±13.8	246.9 ±13.5	241.9 ±13.3	239.4 ±14.0	236.5 ±14.3

Table 2 Evaluation of the action potential recordings at 900 MHz in the TEM cell and 1800 MHz in the waveguide. Resting potential: U_{rest}; difference between resting potential and peak of the AP: U_{peak}; duration of the AP until 90 % of repolarisation is reached: APD_{90}.

The third evaluated parameter of the AP, the peak amplitude, was also independent of the presence of the high-frequency fields.

empfindlich sind. Bei Zellen aus der gleichen Serie, wie die bei 1800 MHz gemessenen Zellen, ergab sich durch eine Erniedrigung der Temperatur auf 24°C eine um 154 ms längere APD_{90}, so daß man von einer deutlichen Empfindlichkeit des APs ausgehen kann. Es hat sich also aus diesen Experimenten kein Anzeichen für eine Veränderung der elektrischen Parameter durch die Anwesenheit eines GSM-Feldes ergeben. Eine ausführlichere Darstellung dieser Experimente, die auch Membranstrommessungen des Kalziumstromes enthalten wird, ist z.Z. in Vorbereitung.

3.3 Die Messung der $[Ca^{2+}]_i$ in T-Jurkat Lymphozyten

Im Gegensatz zu den Herzmuskelzellen, die ohne äußere Beeinflussung keine Änderungen in der $[Ca^{2+}]_i$ zeigen, entwickeln die T-Jurkat Lymphozyten zu einem gewissen Prozentsatz spontane Veränderungen der $[Ca^{2+}]_i$. In Bild 5 sind Registrierungen der $[Ca^{2+}]_i$ von zwei einzelnen T-Jurkat Lymphozyten gezeigt. Eine der Zellen zeigte während der ersten 1000 s Beobachtungszeit keine wesentlichen Veränderungen in der $[Ca^{2+}]_i$, während die zweite periodische Veränderungen der $[Ca^{2+}]_i$, Ca^{2+}-Oszillationen, entwickelte. Nach 1000 s Beobachtungszeit wurden die Zellen einem chemischen Reiz, einer Stimulation mit einem Antikörper gegen den T-Zellrezeptor, ausgesetzt. Auf diesen Stimulus antworteten beide Zellen mit einer deutlichen Erhöhung der $[Ca^{2+}]_i$. Nur Zellen, die auf diesen Reiz in der entsprechenden Weise reagiert haben, wurden in die hier dargestellte weitere Auswertung einbezogen.

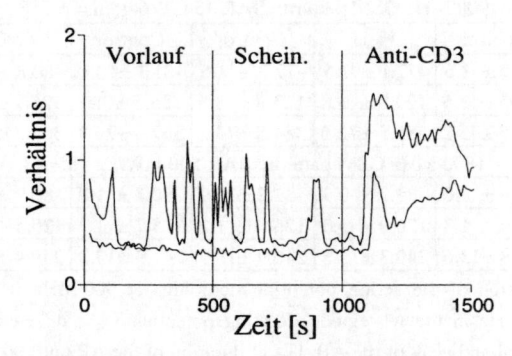

Bild 5 Zeitlicher Verlauf der relativen $[Ca^{2+}]_i$ von zwei T-Jurkat Zellen, die auf die chemische Stimulation reagierten. Die Ruhe-$[Ca^{2+}]_i$ betrug ca. 100 nmol/l und lag hier bei ca. 0,4 relativen Einheiten. Die Zellen befanden sich in der TEM-Zelle, das Feld war jedoch ausgeschaltet. Eine Zelle zeigte nur Grundrauschen, die zweite oszilliert ständig.

In control experiments, not demonstrated in detail here, we checked, whether the tested parameters of the AP were sensitive to another physical stimulus, a change in temperature. Cells taken from the same group as those measured at 1800 MHz exhibited a 154 ms longer mean APD_{90} at 24°C than those demonstrated in Table 2. This shows that the measured electrical membrane properties are clearly sensitive to physical stimuli. Nevertheless, the presence of the GSM-fields did not induce changes in the electrical membrane properties measured here. A more detailed demonstration of the patch clamp experiments including voltage clamp recordings of the membrane currents is in preparation.

3.3 Recording of $[Ca^{2+}]_i$ in T-Jurkat lymphocytes

In contrast to heart muscle cells, which maintain a stable $[Ca^{2+}]_i$ as long as they are not stimulated, a certain amount of T-Jurkat lymphocytes spontaneously produces fluctuations in $[Ca^{2+}]_i$. In Figure 5, the time course of the $[Ca^{2+}]_i$ of two single T-Jurkat cells is plotted. One of them exhibited a nearly stable resting $[Ca^{2+}]_i$ during the 1000 s observation time, whereas the $[Ca^{2+}]_i$ of the second one changed periodically, it developed Ca^{2+} oscillations. After 1000 s, both cells were stimulated chemically by application of an antibody against the T-cell receptor. Both responded to the stimulus by a distinct elevation of the $[Ca^{2+}]_i$. Only cells which reacted similarly to the stimulus were incorporated in the further evaluation.

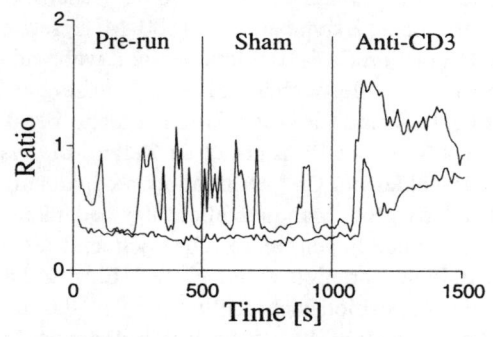

Figure 5 Time course of the relative $[Ca^{2+}]_i$ in two T-Jurkat cells, which both reacted to the chemical stimulation with anti-CD3 antibody. The resting $[Ca^{2+}]_i$ of about 100 nmol/l corresponded here to about 0.4 ratio units. The cells were located inside the TEM cell. The field was switched off. One cell exhibited a stable $[Ca^{2+}]_i$ and the other developed regular oscillations.

Von den 1272 insgesamt hier untersuchten Zellen, 833 bei 900 MHz und 439 bei 1800 MHz, reagierten 67 % auf den chemischen Stimulus. Von diesen zeigten jeweils ca. 80 % während der ersten 1000 s Aktivität (mindestens eine deutliche Ca^{2+}-Oszillation) unabhängig davon, ob ein Feld anwesend war oder nicht. Da die Zellen zu einem hohen Prozentsatz spontane Ca^{2+}-Oszillationen entwickeln, gestaltete sich die Auswertung schwieriger als bei den Herzmuskelzellen. Zwei Fragen waren zu stellen:

1. Entwickeln während der Anwesenheit des Feldes mehr oder weniger Zellen Ca^{2+}-Oszillationen als während der Scheinexposition?
2. Werden die Ca^{2+}-Oszillationen in ihrer Frequenz oder Amplitude durch die Anwesenheit des Feldes beinflußt?

Durch eine entsprechende Auswertung haben wir versucht, beide Fragen zu beantworten.

Um die erste Frage zu beantworten, wurden die Zellen, die während der verschiedenen Phasen mit Oszillationen begannen oder sie beendeten, ausgezählt. Unter dem Einfluß des Feldes von 900 MHz mit einem SAR-Wert von 15,4 mW/kg fingen 30,6 % der Zellen an, Ca^{2+}-Oszillationen zu entwickeln und während der Scheinexposition 33 %. Im Vergleich dazu beendeten 3,2 % der vormals aktiven Zellen im Feld die Oszillationen und 4 % während der Scheinexposition. Hier sind praktisch keine Unterschiede erkennbar. Bei 1800 MHz setzten bei 21,2 % der Zellen während der Exposition Ca^{2+}-Oszillationen ein, während der Scheinexposition jedoch nur bei 13 %. 7 % der vorher aktiven Zellen zeigten bei der Anwesenheit des 1800 MHz Feldes keine Ca^{2+}-Oszillationen mehr, bei der entsprechenden Scheinexposition nur 4,6 %. Der Prozentsatz an Zellen, die während der Anwesenheit des 1800 MHz-Feldes mit Ca^{2+}-Oszillationen begannen, erscheint im Vergleich zur Kontrolle relativ groß. Man muß allerdings bedenken, daß die absoluten Zellzahlen, die dem zugrunde liegen, nicht sehr hoch sind (36/14 Zellen), so daß allein daher eine zufällige Variation einen großen Einfluß hätte. Dafür spricht auch, daß während der Exposition mehr Zellen die Ca^{2+}-Oszillationen beendeten als während der Scheinexposition. Insgesamt waren die exponierten Zellen in den Experimenten mit 1800 MHz etwas aktiver als die scheinexponierten, was sich ebenfalls in einer prozentual größeren Gruppe an Zellen, die auf die Stimulation reagierten (72 % im Vergleich zu 52 %), zeigte. Die Ergebnisse bei 1800 MHz Feldern sind nicht so eindeutig negativ wie bei den 900 MHz Feldern. Aus den Experimenten bei 900 MHz ergibt sich keinerlei Hinweis darauf, daß die Zahl der Zellen, die Ca^{2+}-Oszillationen entwickeln, beeinflußt wird. Aus den Experimenten mit 1800 MHz läßt sich eine solch klare Aussage nicht ableiten.

1272 cells were investigated, 833 in the experiments with 900 MHz and 439 in those with 1800 MHz. 67 % of these cells responded to the stimulus. 80 % of the responding cells exhibited at least one destinct Ca^{2+} peak during the first 1000 s, independently of the presence of a field. As spontaneous Ca^{2+} oscillations appeared in a high percentage of these cells, the evaluation of the experimental results was more complicated than in the case of the heart muscle cells. To classify the behaviour of the cells and to work out possible effects of the high-frequency fields, two questions had to be answered.

1. Is the number of cells developing Ca^{2+} oscillations during exposure bigger or smaller than during sham exposure?
2. Is the frequency or the amplitude of the Ca^{2+} oscillations affected by the field exposure?

By different evaluation procedures we tried to find answers to both questions.

To find an answer to the first question, the numbers of cells which started or ceased Ca^{2+} oscillations in the different phases were counted by hand. During the exposure to the 900-MHz field (SAR 15.4 mW/kg), 30.6 % of the cells started Ca^{2+} oscillations, during sham exposure 33 %. On the other hand, 3.2 % of the cells ceased the oscillations during the exposure and 4 % during the sham exposure. Thus, differences could not be detected in this case. In the presence of 1800-MHz fields, 21.2 % of the cells started to oscillate, during sham exposure only 13 %. 7 % of the formerly active cells did not exhibit oscillations during the presence of the 1800-MHz field, while during the respective sham exposures, 4.6 % stopped oscillating. The percentage of cells which started to oscillate during the exposure in the 1800-MHz field is high compared to that during sham. Nevertheless, the absolute numbers of cells, from which the percentages have been calculated, have to be taken into account. These numbers are small (36/14), which is why small accidental variations would lead to big changes. In favour of an accidental difference is also the observation that more cells stopped to oscillate during exposure than during sham exposure. All in all, the cells in the exposed group were more active than those in the sham group, which is visible during the pre-run and in the reaction to the stimulation (72 % of the exposed cells responded, and 52 % of the sham exposed). The results obtained with 1800-MHz fields are not as markedly negative as those with the 900-MHz fields, which did not give any indication that the number of cells exhibiting Ca^{2+} oscillations is influenced by the fields. Such a clear statement cannot be deduced from the experiments with 1800-MHz fields.

Zur Beantwortung der zweiten Frage wurden die normierten $[Ca^{2+}]_i$ aller Anti-CD3 positiven Zellen einer Behandlung jeweils gemittelt. Zwei Beispiele sind in Bild 6 und 7 angegeben. Zur genaueren Beurteilung wurden die Werte während der ersten Phase (Vorlauf) und der zweiten Phase (Scheinexposition) jeweils einer linearen Regressionsanalyse unterzogen, und die Regressionsgeraden eingezeichnet. Während des Vorlaufes wurden die ersten Werte vor Erreichen einer stabilen $[Ca^{2+}]_i$ nicht berücksichtigt. Vergleicht man die beiden Regressiongeraden miteinander, dann sieht man keinen Unterschied zwischen Vorlauf und Scheinexposition, beide Geraden gehen ineinander über. Eine Veränderung durch die Scheinexposition ist nicht erkennbar. Die Stimulation führt zu einer zweistufigen Antwort der Zellen. Dies kann durch die Reaktion der Zellen selbst hervorgerufen sein, wie in Bild 5 sichtbar, aber auch dadurch, daß der Antikörper die Zellen zu unterschiedlichen Zeitpunkten erreicht hat. Daher kann bei diesem experimentellen Ansatz die Form der Antwort auf die Stimulation nicht als Kriterium für die Beurteilung einer Wirkung des Feldes herangezogen werden.

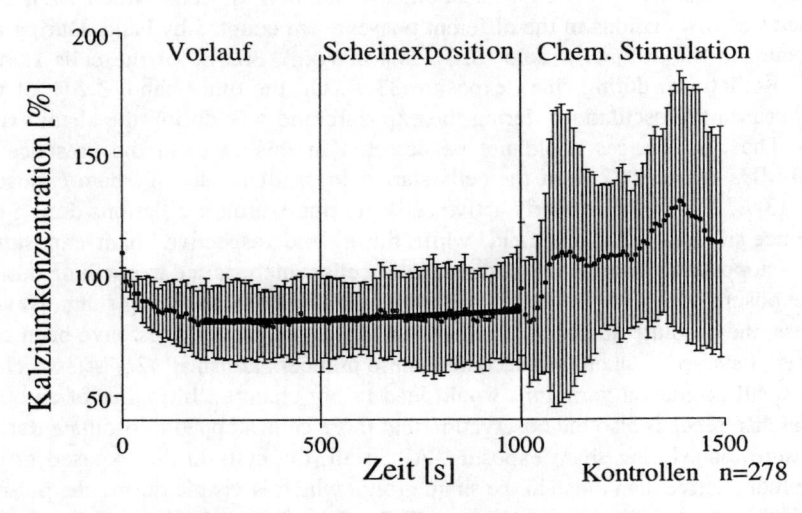

Bild 6 Mittlerer zeitlicher Verlauf der $[Ca^{2+}]_i$ der Anti-CD3 positiven, scheinexponierten Zellen. Auf der Ordinate ist die normierte $[Ca^{2+}]_i$ in %, auf der Abszisse ist die Zeit aufgetragen. Jeder Meßwert ist mit Standardabweichung eingetragen, zusätzlich wurden die Werte während des Vorlaufes und der Scheinexposition mit je einer Regressionsgeraden hinterlegt.

To find an answer to the second question, the standardised $[Ca^{2+}]_i$ of all anti-CD3 positive cells of each group were averaged. Two examples are given in Figures 6 and 7. For detailed assessment, the data during the first phase (pre-run) and the second phase (sham exposure) were subjected to a linear regression analysis, and the regression lines were plotted in the same figure (Figure 6). During the pre-run, only data recorded after a steady state of $[Ca^{2+}]_i$ had been reached were incorporated in the analysis. A comparison of the regression lines during pre-run and sham exposure does not reveal any differences. Both lines merge into one another perfectly. The sham exposure did not cause any deviation of the regression line. The stimulation induced a two-step response of the cells. This may be reflecting the reaction of the individual cells, as shown in Figure 5. But this response can also be due to the fact that the antibody reached the cells at different times in different experiments. Therefore, the development of the antibody response cannot be taken as a criterion for the judgement of field effects in these experiments.

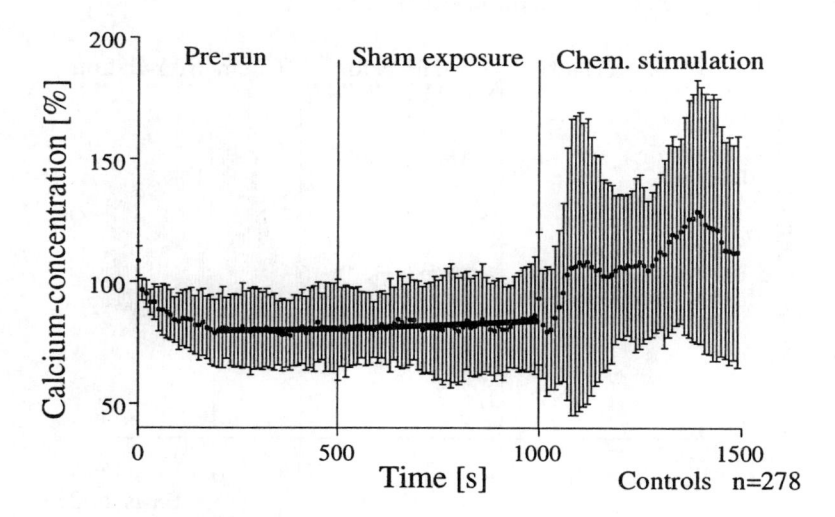

Figure 6 Averaged time course of the $[Ca^{2+}]_i$ of anti-CD3 positive sham-exposed cells. The standardised $[Ca^{2+}]_i$ is plotted as a function of time. All data are plotted with the respective standard deviations. The measured points during the pre-run and the sham exposure are approximated by two regression lines.

Vergleicht man die Situation unter der Scheinexposition mit der unter Feldexposition in Bild 7, dann kann man erkennen, daß es nicht mehr möglich ist, die Meßpunkte während der Vorlaufphase und der Expositionsphase mit zwei glatt ineinander übergehenden Regressionsgeraden anzunähern. Kurz nach dem Einschalten des Feldes kommt es zu einem kleinen Anstieg der $[Ca^{2+}]_i$, die Steigung der zweiten Regressionsgeraden wird dadurch deutlich beeinflußt. Es kann also sein, daß das Einschalten des Feldes hier einen Einfluß auf die $[Ca^{2+}]_i$ genommen hat. Ein ganz ähnliches Bild hat sich auch bei den Experimenten mit 1800 MHz ergeben. Ob es sich bei dieser kleinen Abweichung der $[Ca^{2+}]_i$ beim Einschalten des Feldes um einen wirklichen Einfluß des Feldes, ein Artefakt oder eine zufälligen Variation der $[Ca^{2+}]_i$ handelt, bleibt noch offen, da exakt dieser Versuchsansatz noch nicht wiederholt wurde. Allerdings haben wir ähnliche Veränderungen in der $[Ca^{2+}]_i$ bei anderen Versuchen mit Lymphozyten schon mehrfach gesehen, und sie ließen sich bei einer Vergrößerung der Stichprobe oder einer Reproduktion der ganzen Serie nicht mehr wiederholen. Eine detailliertere Beschreibung der Experimente an den T-Jurkat Zellen findet sich in [24].

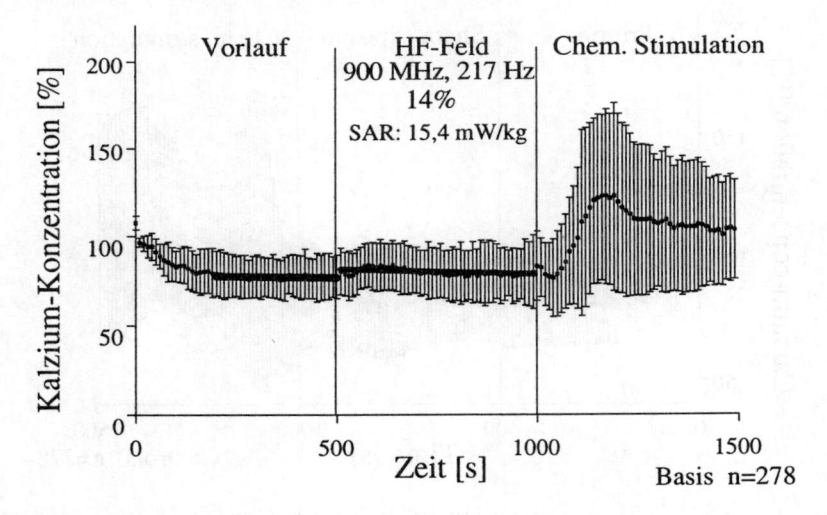

Bild 7   Mittlerer zeitlicher Verlauf der $[Ca^{2+}]_i$ der Anti-CD3 positiven, exponierten Zellen. Auf der Ordinate ist die normierte $[Ca^{2+}]_i$ in %, auf der Abszisse ist die Zeit aufgetragen. Jeder Meßwert ist mit Standardabweichung eingetragen, zusätzlich wurden die Werte während des Vorlaufes und der Feldexposition durch je eine Regressionsgerade angenähert.

A comparison of the results during sham exposure (Figure 6) with those during exposure (Figure 7) reveals that it was not possible to fit the points during pre-run and exposure to two perfectly merging regression lines as in the sham exposure experiment. Soon after switching on the field, a small rise in the $[Ca^{2+}]_i$ developed. This is also reflected by the slope of the regression line. The small rise in $[Ca^{2+}]_i$ may be caused by switching on the field. The experiments with 1800 MHz showed a comparable rise in the $[Ca^{2+}]_i$. Whether this small increase in the $[Ca^{2+}]_i$ was caused by the field, an artifact, or an accidental variation of the $[Ca^{2+}]_i$ cannot be decided yet. A replication of the experiments is necessary to clarify this point. Nevertheless, we have obtained comparable variations in the $[Ca^{2+}]_i$ in other experiments with lymphocytes. These could not be repeated when the sample size was increased, nor could they be reproduced in a new experimental series. A more detailed description of the experiments with the T-Jurkat cells is given in [24].

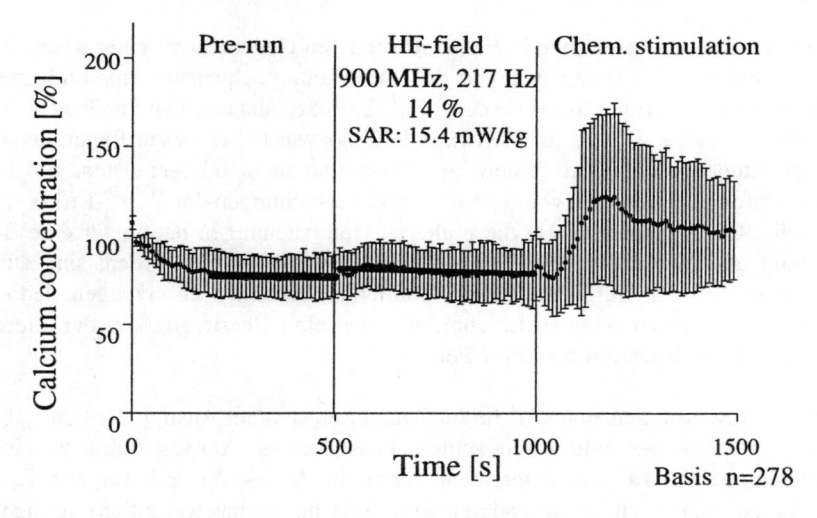

Figure 7 Averaged time course of the $[Ca^{2+}]_i$ of anti-CD3 positive cells exposed to 900 MHz. The standardised $[Ca^{2+}]_i$ is plotted as a function of time. All data are plotted with the respective standard deviations. The measured points during the pre-run and the exposure are approximated by two regression lines.

4 Diskussion

Die Untersuchung des Kalziumhaushaltes von Herzmuskelzellen und auch der elektrischen Parameter ihrer Zellmembranen hat unter unseren Bedingungen keinen Hinweis auf eine Beeinflußbarkeit der Zellen durch hochfrequente elektromagnetische Felder mit GSM-Pulsung erbracht. Bedingt durch die relativ niedrigen SAR-Werte bei den $[Ca^{2+}]_i$-Messungen und den elektrischen Messungen in der TEM-Zelle lassen sich Wirkungen bei höheren SAR-Werten nicht ausschließen. Auch sogenannte Leistungsfenster, bei denen nur in einem eng begrenzten Leistungsbereich eine Wirkung erzielt werden kann, sind bei diesem experimentellen Ansatz nicht erkennbar. Allerdings sind derartige Effekte für die Situation der GSM-Pulsung auch noch nicht bekannt.

Unsere Beobachtungen stehen in einem scheinbaren Gegensatz zu einer Reihe von Untersuchungen, bei denen während der Anwendung schwacher amplitudenmodulierter Felder eine Veränderung des $^{45}Ca^{2+}$-Effluxes aus erregbarem Gewebe beobachtet wurde [6, 7, 8, 9, 10, 11, 12]. Allerdings wurde bei diesen Experimenten mit amplitudenmodulierten Feldern gearbeitet und nicht mit gepulsten, wie bei Mobiltelefonen. Außerdem wurde in diesen Untersuchungen der $^{45}Ca^{2+}$-Efflux und nicht die $[Ca^{2+}]_i$ gemessen. Da diese älteren Untersuchungen häufig für eine Beurteilung der Wirkung von GSM-Feldern mit herangezogen wurden, sind auch diese Felder in den Verdacht geraten, ähnliche Wirkungen zu erzeugen. Jedoch sprechen die hier vorgelegten Ergebnisse gegen eine Übertragbarkeit der älteren Befunde auf die Situation des GSM-Feldes.

Im Fall der Messungen an den T-Jurkat Zellen ließ sich ein Anstieg der $[Ca^{2+}]_i$ bei dem Einschalten des Feldes beobachten. Dieser kleine Anstieg führte zu einer Verschiebung der Regressionsgeraden durch die Meßwerte. Ein vergleichbarer Anstieg der $[Ca^{2+}]_i$ zu einem anderen Zeitpunkt hätte eine wesentlich geringere Auswirkung auf die Regressionsgeraden gehabt. Daher kann hier eine mögliche Überbewertung einer zufälligen Veränderung vorliegen. Ob es sich bei dem hier festgestellten vorübergehenden Anstieg der $[Ca^{2+}]_i$ um einen wirklichen Einfluß des Feldes handelte oder um ein Zufallsprodukt, muß noch offen bleiben.

4 Discussion

The experiments dealing with the calcium homeostasis and the electrical properties of the membrane of the heart myocytes did not reveal any susceptibility of these cells to weak athermal high-frequency fields of GSM-pulse pattern. Due to the relatively low SAR values applied during $[Ca^{2+}]_i$ and electrical recordings in the TEM cell, effects at higher power levels cannot be excluded completely. If an effect was only present in a narrow power range, i.e. power windows, it may have been missed in these experiments. Nevertheless, power windows have not yet been described for field effects due to GSM-pulse patterns.

Our results seem to be in contrast to a series of experiments in which the presence of weak sinusoidally amplitude-modulated high-frequency fields induced changes in the $^{45}Ca^{2+}$ efflux from excitable tissue [6, 7, 8, 9, 10, 11, 12]. In these experiments, however, fields with sinusoidal amplitude modulation, and not pulsed fields as in the case of GSM mobile telephones, were applied. Moreover, in these experiments the $^{45}Ca^{2+}$ efflux instead of the $[Ca^{2+}]_i$ was monitored. As these older investigations were also used for the evaluation of the effects of GSM fields, these fields are also suspected of developing comparable influences. Nevertheless, our evidence points against transferring these older findings to the field pattern of GSM.

In the case of the measurements on T-Jurkat cells, a small increase in the $[Ca^{2+}]_i$ could be monitored after switching on the field. This small increase resulted in a shift of the regression line overlaying the measured values. If the $[Ca^{2+}]_i$ had increased to a comparable level at another moment, the effect on the regression line would have been smaller. Therefore, the shift of the regression line may represent an artificial overestimation of an accidental event. Whether the transient increase in $[Ca^{2+}]_i$ monitored in our experiments reflects a real field effect or is due to an accidental event, cannot be decided on the basis of our experiments.

5 Zusammenfassung

In der vorliegenden Untersuchung wurden erregbare und nicht erregbare Zellen bezüglich ihrer Empfindlichkeit gegenüber schwachen gepulsten hochfrequenten elektromagnetischen Feldern untersucht. An Herzmuskelzellen wurden die intrazelluläre Kalziumkonzentration sowie Membran- und Aktionspotentiale verfolgt. Eine Beeinflussung durch GSM-Felder und andere Pulsungen bei 900 und 1800 MHz mit SAR-Werten zwischen 9 und 500 mW/kg konnte nicht festgestellt werden. Bei Messungen an einer Zellinie von menschlichen Lymphozyten, T-Jurkat, wurden keine sehr deutlichen Veränderungen festgestellt, jedoch ein kleiner Anstieg der intrazellulären Kalziumkonzentration, der beim Einschalten eines GSM-Feldes von 900 (SAR 15 mW/kg) oder 1800 MHz (9 mW/kg) auftrat. Inwieweit es sich hier um ein zufälliges Ereignis oder um einen echten Effekt des Feldes handelt, kann an Hand der vorliegenden Untersuchungen nicht zweifelsfrei festgestellt werden.

6 Literatur

[1] Carafoli, E.: Intracellular calcium homeostasis. Annu. Rev. Biochem. 56 (1987) S. 395-433
[2] Berridge, M.J.: Inositol trisphosphate and calcium signalling. Nature 361 (1993) S. 315-325
[3] Clapham, D.E.: Calcium signalling. Cell 80 (1995) S. 259-268
[4] Miura, M.; Okada, J.: Non-thermal vasodilatation by radio frequency burst-type electromagnetic field radiation in the frog. J. Physiol. 435 (1991) S. 257-273
[5] Miura, M. et al.: Increase of nitric oxide and cyclic GMP of rat cerebellum by radio frequency burst-type electromagnetic field radiation. J. Physiol. 461 (1993) S. 513-524
[6] Blackman, C.F. et al.: Calcium-ion efflux from brain tissue: Power-density vs. internal field-intensity dependencies at 50-MHz RF radiation. Bioelectromagnetics 1 (1980) S. 277-283
[7] Blackman, C.F. et al.,: The influence of temperature during electric- and magnetic-field-induced alteration of calcium-ion release from in vitro brain tissue. Bioelectromagnetics 12 (1991) S. 173-182

5 Summary

In the present investigation, excitable and non-excitable cells were tested with respect to their sensitivity to pulsed high-frequency electromagnetic fields. In heart ventricular myocytes, the intracellular calcium concentration, resting potentials, and action potentials were recorded. An influence of 900 and 1800-MHz fields, pulsed according to the GSM-Standard or with different patterns at SAR values between 9 and 500 mW/kg, on the measured parameters could not be detected. In experiments on human T-lymphocytes of the Jurkat cell line, absolutely clear changes in the $[Ca^{2+}]_i$ due to the fields were not visible. However, a small increase in the $[Ca^{2+}]_i$ appeared after switching on a field of 900 (SAR 15 mW/kg) or 1800 MHz (9 mW/kg), pulsed according to the GSM-Standard. Whether the observed increase represented a real field effect or was due to an accidental event cannot be decided with certainty from these experiments.

6 Literature

[1] Carafoli, E.: Intracellular calcium homeostasis. Annu. Rev. Biochem. 56 (1987) pp. 395-433
[2] Berridge, M.J.: Inositol trisphosphate and calcium signalling. Nature 361 (1993) pp. 315-325
[3] Clapham, D.E.: Calcium signalling. Cell 80 (1995) pp. 259-268
[4] Miura, M.; Okada, J.: Non-thermal vasodilatation by radio frequency burst-type electromagnetic field radiation in the frog. J. Physiol. 435 (1991) pp. 257-273
[5] Miura, M. et al.: Increase of nitric oxide and cyclic GMP of rat cerebellum by radio frequency burst-type electromagnetic field radiation. J. Physiol. 461 (1993) pp. 513-524
[6] Blackman, C.F. et al.: Calcium-ion efflux from brain tissue: Power-density vs. internal field-intensity dependencies at 50-MHz RF radiation. Bioelectromagnetics 1 (1980) pp. 277-283
[7] Blackman, C.F. et al.,: The influence of temperature during electric- and magnetic-field-induced alteration of calcium-ion release from in vitro brain tissue. Bioelectromagnetics 12 (1991) pp. 173-182

[8] Bawin, S.M. et al.: Effects of modulated VHF fields on the central nervous system. Ann. N.Y. Acad. Sci. 247 (1975) S. 74-81
[9] Schwartz, J.L. et al.: Exposure of frog hearts to CW or amplitude-modulated VHF fields: selective efflux of calcium ions at 16 Hz. Bioelectromagnetics 11 (1990) S. 349-358
[10] Bawin, S.M. et al.: Possible mechanism of weak electromagnetic field coupling in brain tissue. Bioelectrochem. Bioenerg. 5 (1978) S. 67-78
[11] Dutta, S.K. et al.: Microwave radiation-induced calcium ion efflux from human neuroblastoma cells in culture. Bioelectromagnetics 5 (1984) S. 71-78
[12] Dutta, S.K. et al.: Radiofrequency radiation-induced calcium ion efflux enhancement from human and other neuroblastoma cells in culture. Bioelectromagnetics 10 (1989) S. 197-202
[13] Field, A.S. et al.: The effect of pulsed microwaves on passive electrical properties and interspike intervals of snail neurons. Bioelectromagnetics 14 (1993) S. 503-520
[14] Kullnick, U.: Influence of weak non-thermic highfrequency electromagnetic fields on the resting potential of nerve cells. Bioelectrochem. Bioenerg. 27 (1992) S. 293-304.
[15] Tarricone, L. et al.: Ach receptor channel's interaction with MW fields. Bioelectrochem. Bioenerg. 30 (1993) S. 275-285
[16] Walleczek, J.: Electromagnetic field effects on cells of the immune system: the role of calcium signalling. FASEB J. 6 (1992) S. 3177-3185
[17] Lindström, E. et al.: Intracellular calcium oscillations induced in a T-cell line by a weak 50 Hz magnetic field. J. Cell. Physiol. 156 (1993) S. 395-398
[18] Korzh-Sleptsova, I.L. et al.: Low frequency MFs increased inositol 1,4,5-trisphosphate levels in the Jurkat cell line. FEBS Lett. 359 (1995) S. 151-154
[19] Galvanovskis et al.: The influence of 50-Hz magnetic fields on cytoplasmic Ca^{2+} oscillations in human leukemia T-cells. Sci. Tot. Environ. 180 (1995) S. 19-33
[20] Gollnick, F. et al.: Single cell calcium imaging in Jurkat T-Lymphocytes during application of 50 Hz magnetic fields. Abstract Book 17th BEMS-Meeting, Boston, 5, 1995, S. 8
[21] Gollnick, F. et al.: Weak indication for 50 Hz effects on Jurkat T-lymphocytes revealed by refined single cell calcium analysis. Abstract Book 19th BEMS-Meeting, Bologna, 1997, 120
[22] Repacholi, M.H. et al.: Lymphomas in Eµ-*Pim 1* transgenic mice exposed to pulsed 900 MHz electromagnetic fields. Rad. Res. 147 (1997) S. 631-640.

[8] Bawin, S.M. et al.: Effects of modulated VHF fields on the central nervous system. Ann. N.Y. Acad. Sci. 247 (1975) pp. 74-81
[9] Schwartz, J.L. et al.: Exposure of frog hearts to CW or amplitude-modulated VHF fields: selective efflux of calcium ions at 16 Hz. Bioelectromagnetics 11 (1990) pp. 349-358
[10] Bawin, S.M et al.: Possible mechanism of weak electromagnetic field coupling in brain tissue. Bioelectrochem. Bioenerg. 5 (1978) pp. 67-78
[11] Dutta, S.K. et al.: Microwave radiation-induced calcium ion efflux from human neuroblastoma cells in culture. Bioelectromagnetics 5 (1984) pp. 71-78
[12] Dutta, S.K. et al.: Radiofrequency radiation-induced calcium ion efflux enhancement from human and other neuroblastoma cells in culture. Bioelectromagnetics 10 (1989) pp. 197-202
[13] Field, A.S. et al.: The effect of pulsed microwaves on passive electrical properties and interspike intervals of snail neurons. Bioelectromagnetics 14 (1993) pp. 503-520
[14] Kullnick, U.: Influence of weak non-thermic highfrequency electromagnetic fields on the resting potential of nerve cells. Bioelectrochem. Bioenerg. 27 (1992) pp. 293-304.
[15] Tarricone, L. et al.: Ach receptor channel's interaction with MW fields. Bioelectrochem. Bioenerg. 30 (1993) pp. 275-285
[16] Walleczek, J.: Electromagnetic field effects on cells of the immune system: the role of calcium signalling. FASEB J. 6 (1992) pp. 3177-3185
[17] Lindström, E. et al.: Intracellular calcium oscillations induced in a T-cell line by a weak 50 Hz magnetic field. J. Cell. Physiol. 156 (1993) pp. 395-398
[18] Korzh-Sleptsova, I.L. et al.: Low frequency MFs increased inositol 1,4,5-trisphosphate levels in the Jurkat cell line. FEBS Lett. 359 (1995) pp. 151-154
[19] Galvanovskis et al.: The influence of 50-Hz magnetic fields on cytoplasmic Ca^{2+} oscillations in human leukemia T-cells. Sci. Tot. Environ. 180 (1995) pp. 19-33
[20] Gollnick, F. et al.: Single cell calcium imaging in Jurkat T-Lymphocytes during application of 50 Hz magnetic fields. Abstract Book 17th BEMS-Meeting, Boston, 5, 1995, p. 8
[21] Gollnick, F. et al.: Weak indication for 50 Hz effects on Jurkat T-lymphocytes revealed by refined single cell calcium analysis. Abstract Book 19th BEMS-Meeting, Bologna, 1997, p. 120
[22] Repacholi, M.H. et al.: Lymphomas in Eμ-*Pim 1* transgenic mice exposed to pulsed 900 MHz electromagnetic fields. Rad. Res. 147 (1997) pp. 631-640.

[23] Wolke, S. et al.: Calcium homeostasis of isolated heart muscle cells exposed to pulsed high-frequency electromagnetic fields. Bioelectromagnetics 17 (1996) S. 144-153

[24] Meyer, R. et al.: Die Wirkung von hochfrequenten elektromagnetischen Feldern auf menschliche kultivierte T-Lymphozyten (Jurkat). Newsletter der Forschungsgemeinschaft Funk Edition Wissenschaft, Nr. 10 (1996) S. 2-22.

[25] Stegemann, M. et al.: The cell surface of isolated cardiac myocytes. J. Mol. Cell. Cardiol. 22 (1990) S. 787-803

[26] Meyer, R. et al.: Der Einfluß hochfrequenter EM-Felder auf die Calcium-Homöostase von Herzmuskelzellen und Lymphozyten. Newsletter der Forschungsgemeinschaft Funk Edition Wissenschaft, Nr. 2 (1995) S. 5-27

[27] Weiss, A. et al.: The role of T3 surface molecules in the activation of human T-cells: A two-stimulus requirement for IL 2 production reflects events occuring at a pre-translational level. J. Immunol. 133 (1984) S. 123-128

[28] Moore, G.E. et al.: Culture of normal human leucocytes. J. A. M. A. 199 (1967) S. 519-524

[29] Grynkiewicz, G. et al.: A new generation of Ca^{2+}-indicators with greatly improved fluorescence properties. J. Biol. Chem. 260 (1985) S. 3440-3450

[30] Thomas, A.P.; Delaville, F.: The use of fluorescent indicators for measurements of cytosolic-free calcium concentration in cell populations and single cells. In: Cellular Calcium - A practical approach. (McCormack, J.G.; Cobbold, P.H. Hrsg.) IRL Press at Oxford University Press, Oxford New York, Tokyo, 1991, S. 1-54

[31] Hamill, O.P. et al: Improved patch clamp techniques for high resolution current recording from cells and cell-free membrane patches. Pflügers. Arch. 391 (1981) S. 85-100

[32] Neibig, U.: Expositionsanlagen des 1. Forschungsvorhabens. In: Band 5: Elektromagnetische Verträglichkeit Biologischer Systeme. Biologische Wirkungen hochfrequenter elektromagnetischer Felder des Mobil- und Polizeifunks. (Hrsg.: Brinkmann, K.; Friedrich, G.) vde-Verlag, Berlin, Offenbach, 1997, S. 43-73

[33] Streckert, J.; Hansen, Konzeption von Hochfrequenzexpositionseinrichtungen für die Experimente in Bonn und Essen. In: Band 5: Elektromagnetische Verträglichkeit Biologischer Systeme. Biologische Wirkungen hochfrequenter elektromagnetischer Felder des Mobil- und Polizeifunks. (Hrsg.: Brinkmann, K.; Friedrich, G.) vde-Verlag, Berlin, Offenbach, 1997, S. 103-133

[23] Wolke, S. et al.: Calcium homeostasis of isolated heart muscle cells exposed to pulsed high-frequency electromagnetic fields. Bioelectromagnetics 17 (1996) pp. 144-153

[24] Meyer, R. et al.: Die Wirkung von hochfrequenten elektromagnetischen Feldern auf menschliche kultivierte T-Lymphozyten (Jurkat). Newsletter der Forschungsgemeinschaft Funk Edition Wissenschaft, Nr. 10 (1996) pp. 2-22.

[25] Stegemann, M. et al.: The cell surface of isolated cardiac myocytes. J. Mol. Cell. Cardiol. 22 (1990) pp. 787-803

[26] Meyer, R. et al.: Der Einfluß hochfrequenter EM-Felder auf die Calcium-Homöostase von Herzmuskelzellen und Lymphozyten. Newsletter der Forschungsgemeinschaft Funk Edition Wissenschaft, Nr. 2 (1995) pp. 5-27

[27] Weiss, A. et al.: The role of T3 surface molecules in the activation of human T-cells: A two-stimulus requirement for IL 2 production reflects events occuring at a pre-translational level. J. Immunol. 133 (1984) pp. 123-128

[28] Moore, G.E. et al.: Culture of normal human leucocytes. J. A. M. A. 199 (1967) pp. 519-524

[29] Grynkiewicz, G. et al.: A new generation of Ca^{2+}-indicators with greatly improved fluorescence properties. J. Biol. Chem. 260 (1985) pp. 3440-3450

[30] Thomas, A.P.; Delaville, F.: The use of fluorescent indicators for measurements of cytosolic-free calcium concentration in cell populations and single cells. In: Cellular Calcium - A practical approach. (eds.: McCormack, J.G.; Cobbold, P.H.) IRL Press at Oxford University Press, Oxford New York, Tokyo, 1991, pp. 1-54

[31] Hamill, O.P. et al: Improved patch clamp techniques for high resolution current recording from cells and cell-free membrane patches. Pflügers. Arch. 391 (1981) pp. 85-100

[32] Neibig, U.: Expositionsanlagen des 1. Forschungsvorhabens. In: Band 5: Elektromagnetische Verträglichkeit Biologischer Systeme. Biologische Wirkungen hochfrequenter elektromagnetischer Felder des Mobil- und Polizeifunks. (eds.: Brinkmann, K.; Friedrich, G.) vde-Verlag, Berlin, Offenbach, 1997, pp. 43-73

[33] Streckert, J.; Hansen, Konzeption von Hochfrequenzexpositionseinrichtungen für die Experimente in Bonn und Essen. In: Band 5: Elektromagnetische Verträglichkeit Biologischer Systeme. Biologische Wirkungen hochfrequenter elektromagnetischer Felder des Mobil- und Polizeifunks. (eds.: Brinkmann, K.; Friedrich, G.) vde-Verlag, Berlin, Offenbach, 1997, pp. 103-133

IX Medizinische Diskussion experimenteller Ergebnisse, Risiken und Verträglichkeiten hochfrequenter elektromagnetischer Felder

Prof. Dr. med. *Hans-Joachim Dulce* (e.m.),
Institut für Klinische Chemie und Pathobiochemie,
Universitätsklinikum Benjamin Franklin der Freien Universität Berlin

1 Diskussion

Hochfrequente elektromagnetische Felder (EMF) treten im Bereich unserer technisierten Umwelt sowohl im privaten als auch im öffentlichen und industriellen Bereich der Gesellschaft überwiegend durch Fernseh- und Hörfunksender, mobile Funksysteme (Handies oder Autotelefone/Portables), Radargeräte, Produktionsmaschinen mit hochfrequenter Leistung, Mikrowellengeräte, medizinische Geräte zur Therapie u.a. auf. Diese Geräte arbeiten in einem Frequenzbereich von 30 kHz bis 300 GHz. Die vorstehenden Kapitel beschränken sich allerdings auf Frequenzen von 180 bis 1800 MHz mit im wesentlichen gepulsten Signalen.

Hochfrequente Felder erzeugen Wärme. Sie dringen aber mit zunehmender Frequenz weniger in Zellen und Gewebe ein als die Felder der Niederfrequenz (z.B. 50/60 Hz). Ebenso wie den niederfrequenten elektrischen und magnetischen Feldern werden auch den hochfrequenten EMF eine Beeinflussung des Zellstoffwechsels und eine krebserzeugende Wirkung sowie Irritationen von Sinneswahrnehmungen vorgeworfen.

Aus medizinischer Sicht sind aber die vorliegenden, größtenteils experimentellen Befunde kritisch auf ihre Übertragbarkeit auf den menschlichen Organismus zu prüfen und in die sozio-ökonomische sowie ökologische Risikobewertung einzubeziehen.

Krebs entsteht durch mutative Veränderungen der genetischen Information von Zellen und ein gleichzeitig ausgelöstes ungeordnetes Wachstum mit Verschleppung von Krebszellen in entfernte Organe bei schlechter immunologischer

IX Discussion of Test Results, Risks and Compatibility of High-Frequency Electromagnetic Fields from a Medical Point of View

Prof. Dr. med. *Hans-Joachim Dulce* (e.m.),
Institute of Clinical Chemistry and "Pathobiochemie",
Free University of Berlin

1 Discussion

In our highly technical world, we are exposed to high-frequency electromagnetic fields (EMF) in the private, but also in the public and industrial sectors of society. These fields are primarily attributable to TV and radio transmitters, mobile radio systems (handies or car telephones/portables), radar systems, production machinery of high-frequency rating, microwave ovens, medico-therapeutical equipment etc., systems which operate within a frequency range of 30 kHz to 300 GHz. The previous chapters are, however, restricted to frequencies within a range of 180 and 1800 MHz, generally using pulsed signals.

High-frequency fields produce heat. But at higher frequencies, the fields are less likely to penetrate cells and tissue than low-frequency fields (e.g. 50 to 60 Hz). High-frequency electric and magnetic fields are like low-frequency EMF supposed to affect the cell metabolism and they are associated with cancerogenic effects and irritations of the sensory perception.

From a medical point of view, the available findings, which for the most part are based on experimentation, have to be critically examined as to their applicability to the human organism, and they have to be included in the socio-economic and ecological risk assessment.

Cancer is a result of mutative changes in the genetic information of cells and simultaneously triggered random growth in connection with cancer cells migrating to remote organs, which takes place in the presence of poor immune resistance.

Abwehrlage. Als Ursache der Genmutationen werden kanzerogene Stoffe wie Teerprodukte (Raucher), Chemikalien, Viren oder ähnliches angesehen.

Hinsichtlich der Kanzerogenität von gepulsten hochfrequenten EMF sind in vitro viele nicht-thermische Untersuchungen an humanen Lymphozyten und Leukämiezellen (siehe vorstehende Arbeiten) sowie Tierversuche durchgeführt worden [1].

Sämtliche Befunde ergaben keine Hinweise auf eine Beschleunigung des Zellwachstums, der Proliferation oder eine Änderung der immunologischen Abwehrmechanismen. Es wurden experimentell Bereiche der Ionentransportkanäle und Membranpotentiale, die etwas mit Wachstum zu tun haben, und der Proliferation abgedeckt. Die spezifische Absorptionsrate (SAR), die bei den für die Experimente eingesetzten TEM-Meßzellen zwischen 12,5 und 91 mW/kg lag, konnte in den Hohlleitern auf 200 bis 1700 mW/kg gesteigert werden. Man kann deshalb aus diesen negativen Befunden ableiten, daß beim Menschen keine beschleunigte Zellproliferation durch hochfrequente EMF im nicht-thermischen Bereich zu erwarten ist. Bei Handygebrauch mit maximalen Leistungen von 2 W im D-Netz und 1 W im E-Netz werden die erzeugten SAR-Werte die zulässigen Grenzwerte nicht überschreiten. Diese liegen als Mittelwerte über den ganzen Körper bei 80 mW/kg und für Teilkörperbereiche (z.B. das Auge) bei 2000 mW/kg [2].

Es ergaben sich auch keine Hinweise auf eine mutative Entstehung von Krebszellen, wie Messungen der Zellzykluszeiten, des Schwesterchromatidaustausches und der Chromosomenanalyse bei Lymphozytenkulturen unter Einfluß von hochfrequenten EMF von 380 bis 1800 MHz zeigen.

Ein thermischer Effekt beim Handygebrauch auf das Zellwachstum und die Krebsentstehung ist für den menschlichen Organismus bei Einhaltung der Grenzwerte praktisch nicht zu diskutieren. Temperatursteigerungen im Gewebe von 1°C treten erst bei SAR-Werten weit über 2000 mW/kg auf. Bei SAR-Werten unter 500 mW/kg gibt es keine Temperatursteigerungen im Gewebe und keine nachweisbaren Veränderungen an Herzmuskelmembranen.

Bei SAR-Werten oberhalb von 2 bis 4 W/kg hat man bei Mäusen deutliche Körpertemperaturerhöhungen von mehr als 1°C beobachtet, wodurch offensichtlich teratogene Effekte auf Embryonen und eine verstärkte Tumorbildung ausgelöst wurden. Diese Befunde sind auf den Menschen aber nicht übertragbar, weil die menschliche Thermotoleranz bedingt durch die Kreislaufregulation weit besser als bei der Maus ist.

Genetic mutations are attributed to such cancerogenic substances as tar products (smokers), chemicals, viruses and the like.

The cancerogenic effects of pulsed high-frequency EMF were examined in a large number of non-thermal tests conducted in vitro using human lymphocytes and leukaemia cells (see previous chapters), but also in animal tests [1].

None of the findings suggests accelerated cell growth, proliferation or changes in the immune resistance. The areas covered by experimentation are ion transfer channels and membrane potentials, which are growth-related, as well as proliferation. The specific absorption rate (SAR), which in the TEM measuring cells used in the experiments was found to be between 12.5 and 91 mW/kg, could be increased to values between 200 and 1700 mW/kg in the waveguides. It can be concluded from these negative findings that accelerated cell proliferation does not have to be expected to occur in human beings as a result of high-frequency EMF in the non-thermal range. As the maximum wattage for handies is 2 W in the D-system and 1 W in the E-system, any SAR values produced will remain below the official limit, which is 80 mW/kg as a whole-body average, and around 2000 mW/kg for parts of the body (e.g. the eye) [2].

Neither was there any indication of mutative formation of cancer cells, as measurements made for the cell cycle times, the sister-chromatid exchange and the chromosomal analyses for lymphocyte cultures exposed to high-frequency EMF of 380 to 1800 MHz show.

Thermal effects of the use of handies on cell growth and development of cancer need practically not be discussed for the human organism, as long as limiting values are observed. An increase in tissue temperature of 1°C only occurs when the SAR by far exceeds values of 2000 mW/kg. At an SAR of less than 500 mW/kg, the tissue temperature does not rise and verifiable changes in the heart-muscle membranes do not occur.

In mice, SAR values of 2 to 4 W/kg and over clearly produced a body temperature increase of 1°C plus, which obviously triggered teratogenic effects on embryos and intensified tumoural growth. These findings can, however, not be transferred to humans, who, because of their circulatory regulation mechanism have a by far better thermal tolerance than mice.

Bei in vitro-Untersuchungen ist grundsätzlich zu beachten, daß Temperatursteigerungen unter Hochfrequenzeinwirkung immer Enzymaktivitäten und Zellwachstum steigern. Bei den hier dargestellten Versuchen wurde die Temperatur in der Nährflüssigkeit durch geeignete Maßnahmen auf 37°C ±0,1°C konstant gehalten. Daraus lassen sich aber keine direkten Schlüsse auf die Verhältnisse im menschlichen Körper unter Hochfrequenzeinwirkung ziehen. Nur in unmittelbarer Nähe einer Handy-Antenne kann es bei anhaltendem Gebrauch zu einer zu vernachlässigenden Wärmewirkung kommen. Nach Untersuchungen an Kopfmodellen erreicht der Wärmeeffekt niemals das Hirngewebe, weil Luft oder Haut und Knochen die Zusatzwärme schnell ableiten. Bis 0,5 W Sendeleistung ist im C-Netz kein Mindestabstand von der Antenne nötig. Das gleiche gilt für das E-Netz bis 1 W und für das D-Netz bis 2 W.

Alle diese Daten machen eine Krebsentstehung im Organismus des Menschen durch hochfrequente EMF sehr unwahrscheinlich. Allerdings sind bisher keine Modelle untersucht worden, die bei Zellen die Umwandlung vom normalen in den Krebsstoffwechsel zur Meßgrundlage hatten. Solche Modelle würden weitere Informationen zur Frage der Mutagenität von athermischen Hochfrequenzstrahlungen geben.

Zur Zeit liegen keine Fallstudien darüber vor, daß Handy-Benutzer häufiger an Krebs erkranken als „handyfreie" Bevölkerungskreise. Bei ca. 2 Mill. Menschen konnten B. Floderus u.a. (1970 - 1984, [3]) keine Beziehung zwischen EMF und Krebs feststellen. Ähnliches gilt für die Exposition durch andere Radiofrequenzen [4].

Auch der Vorwurf, Feststationen mit Sendeantennen für den Mobilfunk würden das Krebsrisiko erhöhen, und die Psyche und das Verhalten von Menschen beeinflussen, entbehrt einer Begründung, da bei den üblichen Sendemasten für Hochfrequenzstrahlung bei hinreichendem Abstand nur Flußdichten unterhalb der Grenzwerte entstehen [5]. Für die Dachantennen bei Autotelefonen sollte ein Sicherheitsabstand im C-Netz von 30 cm und im D- und E-Netz von 5 cm eingehalten werden.

In connection with in vitro-tests it is important to note that a high-frequency induced rise in temperature always results in intensified enzymatic activities and cell growth. In the experiments discussed here, the temperature in the nutrient medium was maintained at a constant 37°C ±0,1°C. This does, however, not permit of any direct conclusions as regards the conditions in a human body exposed to high-frequency fields. Only in the immediate vicinity of a handy aerial and in connection with continued usage, can negligible thermal effects be observed. Investigations made for the model of a head show that the thermal effect never reaches the cerebral tissue, because air or skin and bones will quickly discharge any excess heat. Up to transmission powers of 0.5 W, a particular distance from the aerial does not have to be observed in the C-system. The same applies to the E-system up to 1 W and the D-system up to 2 W.

All these findings render the incidence of cancer in the human organism as a result of high-frequency EMF highly unlikely. Models in which for cells the transformation from normal to cancerous metabolism is measured, have to date not been investigated. Such models would supply additional information on questions of the mutagenic effects of non-thermal high-frequency radiation.

For the time being there are no case studies which might indicate that cancer is more frequent among handy users than among the "handy-less" population. For about 2 million people, B. Floderus et al. (1970 - 1984 [3]) could not establish any relationship between EMF and cancer. This similarly applies to radio frequency exposure [4].

Also, allegations that fixed stations with sending aerials for mobile radio applications could represent an increased cancer risk and influence human psyche and behaviour cannot be substantiated, as in connection with conventional aerial masts for high-frequency radiation, the flux densities remain at an adequate distance below the limits [5]. For roof-mounted aerials for car telephones, a safety clearance of 30 cm should be maintained in the C-system and one of 5 cm in the D and E-systems.

Hochfrequente EMF treffen aber nicht nur auf lebende Körper, sondern auch auf elektronische, medizinische Geräte wie z.B. Herzschrittmacher, Steuergeräte, Infusionspumpen und Meßgeräte. Die Beeinflussung durch Handy-Benutzung hängt dabei von der Sendeleistung der Handies, von der Entfernung der Handy-Antenne zum Gerät sowie von der Abschirmung der Geräte ab. Ein Sicherheitsabstand von 1 bis 2 m zu Antennen der D- und E-Netz-Handies reicht in der Regel aus, um Gerätefunktionen nicht zu beeinflussen [2]. Bei Herzschrittmachern genügen Abstände zur Handy-Antenne von ca. 20 bis 25 cm, um eine elektromagnetische Beeinflussung auszuschließen [6]. Das heißt, die Handies sollten bei Betrieb nicht in unmittelbarere Nähe des Herzschrittmachers gehalten werden.

Studien [7] belegen, daß ca. 30 % der Schrittmacher durch C- und D-Netz-Handies beeinflussbar sind, wenn sie in weniger als 20 cm Entfernung vom Herzschrittmacher getragen werden. Das E-Netz-Handy mit maximal 1 W Sendeleistung beeinflußt Schrittmacher nicht.

Der mobile Funkverkehr ist eine der bedeutendsten Innovationen der letzten Jahrzehnte. Die Bevölkerung sollte nicht durch Spekulationen über schädliche Wirkungen von hochfrequenter elektromagnetischer Strahlung, die die Grundlage des Mobilfunks sind, verunsichert werden, ohne daß man einwandfreie Beweise dafür besitzt. Die Übertragung von experimentellen Daten auf den menschlichen Organismus muß die wirklichen Expositionsdaten und die Aussagekraft der Daten hinsichtlich Stoffwechselschäden berücksichtigen. Betrachtet man diese Verhältnisse, dann wird erkennbar, daß bei hochfrequenten EMF des Mobilfunks SAR-Werte von 80 mW/kg für den ganzen Körper und 2 W/kg für Teile des Körpers des Menschen nie erreicht werden. Bisher gibt es nur negative Resultate in Bezug auf Stoffwechselschäden. Eine kausale Verknüpfung von Daten an Zellmodellen mit Krankheiten des Menschen wird in der Presse oft voreilig durch Laien vorgenommen. Erst wenn eine durchgängige Kausalität eines pathogenen Einflusses der hochfrequenten EMF auf biochemische Reaktionen, subzelluläre Strukturen, Zellkulturen bis hin zum Organismus des Menschen erwiesen ist, könnte man gesicherte Erkenntnisse der Öffentlichkeit präsentieren. Davon sind wir nicht nur weit entfernt, sondern es sprechen die meisten Befunde gegen die Existenz einer solchen Kausalkette.

High-frequency EMF do, however, not only affect living organisms, but also electronic medical appliances, such as cardiac pacemakers, control units, infusion pumps, and measuring devices. Any handy-induced influence depends on the handy transmission power, the clearance between the handy aerial and the appliance, and also the appliance shielding. A safety clearance of 1 m to 2 m from D and E-system handies are generally adequate to ensure that appliance functions remain unaffected [2]. For cardiac pacemakers, clearances of approx. 20 to 25 cm are sufficient to positively exclude any handy-aerial related electromagnetic induction [6]. This implies that handies should not be in the immediate vicinity of a pacemaker when used.

Investigations [7] show that about 30 % of all pacemakers may be influenced by C and D-system handies when same are carried within 20 cm of pacemakers. The E-system handy with a maximum transmission power of 1 W does not influence pacemakers.

Mobile radio communication is one of the most significant innovations of the last few decades. The population should not be disquieted by speculations on harmful effects of high-frequency electromagnetic radiation, which after all is the underlying principle of mobile radio systems, as long as clear evidence is missing. When transferring experimental data to the human organism, actual exposure data and the validity of these data in respect of metabolic damage has to be duly accounted for. When contemplating these conditions it is evident that the high-frequency EMF of mobile radio systems never produce SAR values of 80 mW/kg for the whole body and 2 W/kg for parts of the human body. So far, all the results concerning metabolic damages were negative. Causal links between data established for cell models and human diseases are often prematurely presented in the press by laymen. Only when a consistent causal chain becomes manifest for the pathogenic influence of high-frequency EMF on biochemical reactions, subcellular structures, cell cultures and, finally, the human organism, might verified findings be presented to the public. Not only are we far from it, most findings also speak against the existence of any such causal chain.

Schließlich müssen bei allen Betrachtungen dieser Art wirkliche Lebens- und Krankheitsrisiken mit den nur vermuteten Risiken der EMF verglichen werden. Das kanzerogene Risiko anderer Umweltbedingungen, wie z.B. Verkehrsabgase oder Rauchen, unter denen wir z.T. freiwillig leben, ist weitaus größer als das in der Öffentlichkeit diskutierte Risiko hochfrequenter EMF.

Bei den Handies ist das Nutzen/Risikoverhältnis nahezu vollständig auf die Seite des Nutzens verschoben, weil durch die Geräte herstellerseitig die Risikogrenzwerte so weit unterschritten werden, daß es praktisch zu keiner Hochfrequenzabsorption im Körper kommt.

2   Literatur

[1] J. C. Chagnaud, Veyret, B. Despres, B. France: Effects of pulsed microwaves on chemically induced tumours in rats. 17. Annual meeting BEMS, USA, Boston 1995
[2] Strahlenthemen: Mobilfunk und Sendetürme. Informationsblatt des Bundesamts für Strahlenschutz, November 1995
[3] Floderus, Stenlind, C. Revsson, T. Sweden: Cancer incidence and magnetic field exposure based on a Exposure matrix. 17. Annual meeting BEMS, USA, Boston 1995
[4] L. G. Erdreich: Problems of exposure assessment in radiofrequency epidemiology Research, USA. 17. Annual meeting BEMS, USA, Boston 1995
[5] Strahlenthemen: Radio- und Mikrowellen. Informationsblatt des Bundesamts für Strahlenschutz, November 1994
[6] Von H.-J. Meckelburg, K. Jahre, K. Matkey: Störfestigkeit von Herzschrittmachern im Frequenzbereich bis 2,5 GHz. Newsletter Edition Wissenschaft Nr. 5 der FGF e.V., Bonn, 1996
[7] W. Irnich, L. Batz, R. Müller, R. Tobisch: Störbeeinflussung von Herzschrittmachern durch Mobilfunkgeräte. Newsletter Edition Wissenschaft Nr. 7 der FGF e.V., Bonn, 1996

In the final analysis, any reflections of this kind have to contrast real risks of life and health with the only assumed EMF risks. The possible cancerogenic effects of other environmental hazards, e.g. the exhaust gases produced by our traffic or smoking, to which we may expose ourselves voluntarily, represent a much greater risk than that of the widely discussed EMF.

In connection with handies, the benefit/risk ratio has almost entirely shifted to the benefit end, because producers remain so much below the risk limits that high-frequency absorption by the body can practically not take place.

2 Literature

[1] J. C. Chagnaud, Veyret, B. Despres, B. France: Effects of pulsed microwaves on chemically induced tumours in rats. 17. Annual meeting BEMS, USA, Boston 1995

[2] Strahlenthemen: Mobilfunk und Sendetürme. Informationsblatt des Bundesamts für Strahlenschutz, November 1995

[3] Floderus, Stenlind, C. Revsson, T. Sweden: Cancer incidence and magnetic field exposure based on a Exposure matrix. 17. Annual meeting BEMS, USA, Boston 1995

[4] L. G. Erdreich: Problems of exposure assessment in radiofrequency epidemiology Research, USA. 17. Annual meeting BEMS, USA, Boston 1995

[5] Strahlenthemen: Radio- und Mikrowellen. Informationsblatt des Bundesamts für Strahlenschutz, November 1994

[6] Von H.-J. Meckelburg, K. Jahre, K. Matkey: Störfestigkeit von Herzschrittmachern im Frequenzbereich bis 2,5 GHz. Newsletter Edition Wissenschaft Nr. 5 der FGF e.V., Bonn, 1996

[7] W. Irnich, L. Batz, R. Müller, R. Tobisch: Störbeeinflussung von Herzschrittmachern durch Mobilfunkgeräte. Newsletter Edition Wissenschaft Nr. 7 der FGF e.V., Bonn, 1996

X Verzeichnis der beteiligten Institute

Institut für Klinische Chemie und Pathobiochemie
Universitätsklinikum Benjamin Franklin
Freie Universität Berlin
Hindenburgdamm 30
12200 Berlin

Institut für Hochfrequenztechnik
Technische Universität Berlin
Einsteinufer 25
10587 Berlin

Physiologisches Institut II
Universität Bonn
Wilhelmstraße 31
53111 Bonn

Institut für Hochspannungstechnik und Elektrische Energieanlagen
Abteilung Hochspannungstechnik
Technische Universität Braunschweig
Pockelsstraße 4
38106 Braunschweig

Institut für Nachrichtentechnik
Technische Universität Braunschweig
Schleinitzstraße 21-24
38106 Braunschweig

Institut für Humanbiologie
Abteilung Humangenetik und Cytogenetik
Technische Universität Braunschweig
Gaußstraße 17
38106 Braunschweig

X   List of Participating Institutes

Institute for Clinical Chemistry and "Pathobiochemie"
Benjamin Franklin Medical School
Free University of Berlin
Hindenburgdamm 30
12200 Berlin

Institute for High-Frequency Engineering
Technical University of Berlin
Einsteinufer 25
10587 Berlin

Institute of Physiology II
University of Bonn
Wilhelmstraße 31
53111 Bonn

Institut für Hochspannungstechnik und Elektrische Energieanlagen
Abteilung Hochspannungstechnik
Technical University of Braunschweig
Pockelsstraße 4
38106 Braunschweig

Institute for Telecommunications Technology
Technical University of Braunschweig
Schleinitzstraße 21-24
38106 Braunschweig

Institute of Human Biology
Department of Human Genetics and Cytogenetics
Technical University of Braunschweig
Gaußstraße 17
38106 Braunschweig

Fachbereich 9, Genetik
Universität-Gesamthochschule Essen
Universitätsstraße 5
45141 Essen

Lehrstuhl für Theoretische Elektrotechnik
Bergische Universität-Gesamthochschule Wuppertal
Gaußstraße 20
42097 Wuppertal

Department of Genetics
University of Essen
Universitätsstraße 5
45141 Essen

Department of Theoretical Electrical Engineering
Bergische Universität-Gesamthochschule Wuppertal
Gaußstraße 20
42097 Wuppertal